科学出版社“十三五”普通高等教育本科规划教材

大学物理实验

（上册）

主　编　詹卫伸

副主编　王　硕

科　学　出　版　社

北　京

内 容 简 介

本书是科学出版社“十三五”普通高等教育本科规划教材,分为上下册.上册包括大学物理实验规范、基础性物理实验和著名物理实验简介,下册为综合设计性物理实验.第一篇大学物理实验规范，包括有效数字及其运算规则、测量与误差、测量的不确定度、物理实验数据处理方法以及物理实验与物理实验报告，不确定度的处理符合国家规范.第二篇基础性物理实验，包含与力学、热学、光学、电磁学、量子物理等相关的经典物理实验.第三篇介绍了若干著名物理实验，激发学生的学习兴趣，拓宽学生的视野.第四篇综合设计性物理实验，涉及力学、热学、电磁学、光学、原子物理以及材料、传感、通信等与物理相关的综合设计性实验.本书内容翔实，层次清晰，结构合理，每个实验都有详细背景资料及在工程技术中的应用，并且对每个实验的理论、使用的仪器设备、操作、数据处理等都作了详细的介绍，具有很强的实用性.

本书可作为理工类本科生大学物理实验教材，也可作为从事物理实验教学的教师和工程技术人员的教学参考书以及物理类本科生普通物理实验教材.

图书在版编目(CIP)数据

大学物理实验. 上册 / 詹卫伸主编. —北京：科学出版社，2016.8
科学出版社“十三五”普通高等教育本科规划教材
ISBN 978-7-03-049369-9

Ⅰ. ①大… Ⅱ. ①詹… Ⅲ. ①物理学-实验-高等学校-教材
Ⅳ. ①O4-33

中国版本图书馆 CIP 数据核字(2016)第 160000 号

责任编辑：昌 盛 罗 吉/责任校对：张凤琴
责任印制：赵 博/封面设计：迷底书装

科学出版社出版
北京东黄城根北街 16 号
邮政编码：100717
http://www.sciencep.com
北京富资园科技发展有限公司印刷
科学出版社发行 各地新华书店经销
*
2016 年 8 月第 一 版 开本：787 × 1092 1/16
2025 年 1 月第十一次印刷 印张：13
字数：308 000

定价：39.00 元

(如有印装质量问题，我社负责调换)

《大学物理实验》编委会

主　编　詹卫伸

副主编　王　硕

编　委　程大海　孙宏恩　刘边卓

　　　　李　睿　王小风

前　　言

为了适应国家中长期教育改革和发展规划纲要对新时期人才培养的需求，根据理工科类大学物理实验课程教学基本要求，我们组织编写了本教材. 其目的在于培养学生严谨的科学思维和创新能力，培养学生理论联系实际，特别是与科学技术发展相适应的综合能力. 使学生对知识的应用和迁移能力得到提升，从而提高学生提出问题、分析问题和解决问题的能力. 通过创新设计性实验培养学生创新意识和创新思维，并且为学生提供一部实用的大学物理实验讲义，学生可以通过阅读实验讲义独立完成实验项目. 在内容安排上以把握住综合性、探索性为原则，为了反映实验教学内容的时代特色和新学科的实验内容，增加了近代科学研究与工程技术应用广泛的现代物理技术，强化了物理实验与工程应用学科的密切联系，拓宽了应用和创新的思维空间.

本书力图为读者提供既符合国家测量标准又非常实用的物理实验指导书. 全书包括：大学物理实验规范(有效数字及其运算规则、测量与误差、测量的不确定度、物理实验的数据处理方法、物理实验与物理实验报告)、大学物理实验(24 个实验，分为基础性物理实验和综合设计性物理实验，上册有 8 个实验，下册有 16 个实验)、著名物理实验简介(20 项).

本书的写作特点如下：

(1) 不确定度. 本书有关“不确定度”的处理问题，尽量符合国家质量技术监督局发布的“规范”，使学生对国家的“测试规范”有一个全面的了解. 同时，考虑到学生物理实验的特点，力图达到“国家规范”与本科生物理实验相结合的目的.

(2) 实用性. 我们根据多年的实践，认为给学生提供尽量多的资料是必要的. 本书对每个实验的理论、使用的仪器设备、操作、数据处理等都作了详细的介绍，以方便学生预习及对课后的数据进行处理，真正达到教学目的，同时对每个实验还提供了相关参考文献.

(3) 实验数据处理提示. 由于本书要求物理实验的数据处理特别是不确定度的处理要与国家规范接轨，对低年级的本科生来说是很困难的，如果不加以引导，将难以达到教学目的. 因此，本书每个实验都有针对该实验的数据处理的详尽指导.

(4) 背景材料. 本书在每个实验题目的开始就介绍实验的详细背景资料和该实验以及相关实验在工程技术中的应用知识，以开阔学生的视野.

(5) 著名物理实验简介. 为了提高学生的学习兴趣，我们组织编写了著名物理实验简介(20个题目)，供学生阅读.

本书由詹卫伸担任主编，王硕担任副主编，程大海、孙宏恩、刘边卓、李睿、王小风参加编写. 其中，大学物理实验规范由詹卫伸编写；上册的基础性物理实验由詹卫伸主笔，王硕、刘边卓、程大海、王小风参与编写；下册的综合设计性物理实验由詹卫伸、王硕、刘边卓、程大海、孙宏恩、李睿编写；著名物理实验简介由王硕、刘边卓、程大海、王小风、孙宏恩编写. 本书由詹卫伸制定写作大纲，由詹卫伸和王硕统稿，物理实验中心全体人员集体讨论编写.

本书在编写过程中参考了兄弟院校大量的教材，在此一并表示感谢.

本书的编写和出版得到了大连理工大学盘锦校区教学事务部和基础教学部的大力支持，在此表示感谢.

编　者

2016年5月

目　　录

第一篇

大学物理实验规范

测量是科学研究、工农业生产、国内外贸易乃至日常生活各个领域不可缺少的一项工作. 测量的目的是确定被测量的值或获取测量结果. 测量结果的质量(品质)往往会直接影响企事业单位乃至国家的经济利益. 例如，如果对出口货物称重不准就会造成很大的损失，多了就会白白送给外商，少了则要赔款. 测量结果的质量还是决定科学实验成败的重要因素之一. 例如，对卫星的质量或对运载火箭燃料的质量若测量不准，就有可能导致卫星发射因推力不准而失败. 测量结果的质量也会影响健康和安全. 例如，在使用放射线检查和治疗疾病时，若对剂量测量不准，过少则达不到治病的目的，延误治疗；过多则会对人体造成伤害. 测量结果和由测量结果得出的结论还可能成为执法和决策的重要依据. 因此，当报告测量结果时，必须对其测量质量给出定量的说明，以确定测量结果的可信程度. 测量不确定度就是对测量结果质量的定量表征，测量结果的可用性在很大程度上取决于其不确定度的大小，所以测量结果必须附有不确定度说明才是完整并有意义的.

物理实验离不开对物理量的测量，由于测量方法、测量仪器、测量人员、测量条件等因素的限制，对某一物理量的测量不可能是无限精确的，即测量中的误差是不可避免的. 没有测量误差的基本知识，就不可能获得正确的测量值；不会计算测量结果的不确定度，就不能正确表达和评价测量结果；不会处理数据或处理数据方法不当，就得不到正确的实验结果. 由此可见，测量误差、不确定度与数据处理的基本知识在整个实验中占有非常重要的地位. 本篇从实验教学的角度出发，主要介绍误差和不确定度的基本概念、测量结果不确定度的计算、实验数据处理和实验结果表达等方面的基本知识. 这些知识不仅在每个物理实验中要用到，而且对于今后从事科学实验也是必须要了解和掌握的. 由于这部分内容涉及面较广，如果进行深入的讨论，需要具备丰富的实践经验和较多的数学知识，因此不能指望通过一两次学习就完全掌握. 我们要求实验者首先对提到的问题有初步的了解，以后结合每一个具体实验再仔细阅读有关内容，通过实际运用逐步加以掌握.

误差分析、不确定度计算以及数据处理贯穿于实验的全过程，它表现在实验前的实验设计与论证，实验进行过程中的控制与监视，实验结束后的数据处理和结果分析.

本篇的内容尽量保持与国家计量技术规范《JJG 1027—91 测量误差及数据处理》和《JJF 1059—2012 测量不确定度评定与表示》一致，力图使实验者通过“普通物理实验”这门重要的基础课的学习，掌握测量技术的国家规范；力图为读者在学习其他实验课以及将来从事科学研究实验和工程技术测量工作中贯彻国家技术规范打下良好的基础.

考虑到国家技术规范是适合于全部计量测试行业的规范，而不同行业又有自身的特点，尤其考虑到学生物理实验，测量的重复次数和测量的条件都达不到国家规范的要求，我们在测量的数据处理中增加了一些内容；考虑到教学的需要，对国家规范的有些方面进行了一些简化处理. 这些在本篇的各章节中都将加以说明，以引起读者注意.

通过本篇的学习和今后各个实验中的运用，要求达到：

(1) 掌握有效数字的概念及其运算规则，了解有效数字与不确定度的关系.

(2) 建立误差和不确定度的概念，正确估算不确定度，懂得如何正确完整地表示实验测量结果.

(3) 了解系统误差对测量结果的影响，学习发现某些系统误差、减小系统误差及削弱其影响的方法.

(4) 掌握列表法、作图法、逐差法和回归法等常用的数据处理方法.

第 1 章　有效数字及其运算规则

由于物理测量中总存在误差，因而直接测得量的数值只能是一个近似数并具有某种不确定性，由直接测得量通过计算求得的间接测得量也是一个近似数并具有某种不确定性，而测量不确定度决定了测量值的数字只能是有限位数，不能随意取舍. 因此，在物理量测量中，必须按照下面介绍的“**有效数字**”的表示方法和运算规则来正确表达实验结果.

一、有效数字的一般概念

测量结果都是含有误差的，因此表示测量结果的数都是有一定准确度的近似数，对这些数值的记录和计算应当与一般的数字运算有区别. 表示测量结果的数字是有严格要求的，在测量中，测量结果值的取位应根据误差来确定. 在有误差的位数以前的各位数字叫可靠数字，都应当记；有误差的位数叫欠准数字(或可疑数字)，也应当记；而误差以后的数字则是不可靠的，用任何数字表示都是无效的，这些数字就不应当记. 因此，我们把测量结果中可靠的几位数字加上欠准的一位数字，统称为测量结果的有效数字. 有效数字的个数称为有效数字的位数. 例如，4.35 cm 是三位有效数字，而 4.350 cm 是四位有效数字.

需要指出的是，一个物理量的数值和数学上的一个数有着不同的意义. 在数学上，4.35 和 4.350 是没有区别的；但在测量的意义上，4.35 cm 和 4.350 cm 是不同的，前者表示 cm 百分位上的数字 5 是估读的欠准数，它有可能不是 5；而后者表示 cm 的百分位这个数准确测量出来就是 5，cm 的百分位这个“0”才是欠准的. 可见，对于同一个物理量的测量来说，有效数字的位数越多，表示测量精度越高.

关于有效数字应注意几个问题：

(1) 有效数字的位数与十进制单位的变换无关，即与小数点的位置无关. 有效数字的位数不随单位的变化而变化. 例如，1.36 mm 是三位有效数字，写成 0.00136 m，仍是三位有效数字.

(2) 有效数字的科学表示法. 在书写很大或很小的数字，而数字的有效位数又不多时，通常写成 $\times 10^n$(n 可正可负)的标准形式，称为有效数字的科学表示法.

(3) 计算公式中的常数，如 π 、e、$\sqrt{2}$ 及 1/3 等，其有效位数可根据需要任意选取. 计算中，一般应比参加运算的各数中有效数字位数最多的还要多取一位.

二、有效数字的修约规则

为了简化运算过程，在进行运算以前，需要对各直接测量量的有效数字进行适当的取位和数值的进舍修约. 数字的修约、变换、运算等基本上不应增大测量值最后结果的不确定度，这是一条基本原则. 测量值的数字的舍入，首先要确定需要保留的有效数字位数，保留数字的位数确定以后，后面多余的数字就应予以舍入修约，其规则如下：

(1)拟舍弃数字的最左一位数字小于5时，则舍去，即保留的各位数字不变；

(2)拟舍弃数字的最左一位数字大于5，或者是5而其后跟有非0的数字时，则进1，即保留的末位数字加1；

(3)拟舍弃数字的最左一位数字为5，而右边无数字或皆为0时，若所保留的末位数字为奇数则进一，为偶数或0则舍弃，即“单进双不进”；

(4)负数的修约，取绝对值，按上述规则修约，然后再加上负号；

(5)不允许连续修约. 在确定拟舍弃位后，应当一次修约获得结果，不得逐次修约.

例如：可疑位为mm，则舍弃位应为mm的十分位，对15.4546 mm进行修约.

正确做法：15.4546 mm一次修约为15 mm.

错误做法：15.4546 mm→15.455 mm→15.46 mm→15.5 mm→16 mm.

可见，错误做法会导致错误结果.

上述规则也称为数字修约的偶数规则，即“四舍六入五凑偶”规则.

根据上述规则，要将下列各数保留四位有效数字，修约后的数据为：

①3.14159→3.142(拟舍去的第五位为5，其后有不为0的数字，故进1)；

②2.71729→2.717(拟舍去的第五位为2，小于5，后面全舍)；

③4.51050→4.510(拟舍去的第五位为5，其后全为零，且第4位为0，舍弃)；

④3.21550→3.216(拟舍去的第五位为5，其后全为零，但第四位为5，是奇数，应进1，即第四位加1)；

⑤6.378501→6.379(拟舍去的第五位为5，但其后有不为0的数字，进1，即第四位加1)；

⑥7.691499→7.691(拟舍去的第五位为4，小于5，应舍弃).

三、有效数字的一般运算规则

间接测量量是由直接测量量经过一定函数关系计算出来的，而各直接测量量的大小和有效数字位数一般都不相同，这就要求对有效数字的运算有一个统一的规则，使得不同的实验者处理同一组数据，得到相同的结果. 有效数字运算取舍的原则是运算结果保留一位可疑数字.

1. 加减法运算

几个数相加减时，最后结果的可疑数字与各数之中最先出现的可疑数字对齐.

【例1-1】 求 $Y_1 = A + B$，$Y_2 = A - C$，其中 $A = 103.\underline{3}$，$B = 13.56\underline{1}$，$C = 1.65\underline{2}$.

解

$$\begin{array}{r} 103.\underline{3} \\ +\ \ 13.56\underline{1} \\ \hline 116.\underline{861} \end{array} \qquad \begin{array}{r} 103.\underline{3} \\ -\ \ 1.65\underline{2} \\ \hline 101.\underline{648} \end{array}$$

由此：$Y_1 = 116.\underline{9}$，4位有效数字；$Y_2 = 101.\underline{6}$，4位有效数字.

2. 乘除运算

几个数相乘除，计算结果的有效数字位数一般与各数值中有效数字最少的位数相同

(或最多再多保留一位)；有进位或退位时有可能多一位或少一位.

【例 1-2】　计算 $X_1 = 1.111\underline{1} \times 1.1\underline{1}$，$X_2 = 4821\underline{6} \div 12\underline{3}$，$X_3 = 8.65\underline{4} \times 4.\underline{6}$，$X_4 = 3.9\underline{8} \div 8.65\underline{1}$.

解

$$
\begin{array}{r}
1.111\underline{1} \\
\times \quad 1.1\underline{1} \\
\hline
\underline{1}\underline{1}\underline{1}\underline{1}\underline{1} \\
\underline{1}\underline{1}\underline{1}\underline{1}\underline{1} \\
\underline{1}\underline{1}\underline{1}\underline{1}\underline{1} \\
\hline
1.2\underline{3}\underline{3}\underline{3}\underline{2}\underline{1}
\end{array}
\qquad
\begin{array}{r}
39\underline{2} \\
12\underline{3}\,\overline{)\,4821\underline{6}} \\
36\underline{9} \\
\hline
11\underline{3}1 \\
11\underline{0}\underline{7} \\
\hline
\underline{2}\underline{4}\underline{6} \\
\underline{2}\underline{4}\underline{6} \\
\hline
\underline{0}
\end{array}
$$

$X_1 = 1.2\underline{3}$　　　　$X_2 = 39\underline{2}$

$$
\begin{array}{r}
8.65\underline{4} \\
\times \quad 4.\underline{6} \\
\hline
5\underline{1}\underline{9}\underline{2}\underline{4} \\
3461\underline{6} \\
\hline
39.\underline{8}\underline{0}\underline{8}\underline{4}
\end{array}
\qquad
\begin{array}{r}
0.4\underline{6}\underline{0} \\
8.65\underline{4}\,\overline{)\,3.9\underline{8}\underline{0}\underline{0}} \\
3461\underline{6} \\
\hline
5\underline{1}\underline{9}\underline{4}\underline{0} \\
51924\!\!\!\!\underline{} \\
\hline
\underline{1}\underline{6}
\end{array}
$$

$X_3 = 39.\underline{8}$ (多一位)　　　　$X_4 = 0.4\underline{6}$ (少一位)

3. 函数运算的有效数字取位

在进行函数运算时，不能搬用四则运算的有效数字运算规则，而是应对函数取全微分，由直接测量量(自变量)的误差或不确定度计算函数的全微分，在取函数的全微分的有效数字位数为一位数的前提下，修约函数值的有效数字位数. 若直接测量量没有标明误差或不确定度，则在直接测量值的最后一位数取 1，作为误差或不确定度，代入公式进行运算.

1) 对数

【例 1-3】　已知 $x = 25.4$　求 $y = \ln x$.

解

$$\Delta(\ln x) = \frac{\Delta x}{x}$$

取直接测量量 x 的最后一位为 1，作为 Δx，即 $\Delta x = 0.1$，则

$$\Delta(\ln x) = \frac{0.1}{25.4} = 0.003937007$$

根据修约规则：$\Delta(\ln x) = 0.004$，故 $\ln x$ 的尾数应保留到小数点后三位，即

$$y = \ln x = \ln 25.4 = 3.234749174$$

根据修约规则为

$$\ln x = 3.235$$

若给出Δx，已知$x = 25.4 \pm 0.5$，求$y = \ln x$.

由$\Delta x = 0.5$，可得

$$\Delta(\ln x) = \frac{0.5}{25.4} = 0.019685039$$

根据修约规则：$\Delta(\ln x) = 0.02$，故$\ln x$的尾数应保留到小数点后两位，即

$$y = \ln x = \ln 25.4 = 3.234749174$$

根据修约规则为

$$\ln x = 3.23$$

2)指数

【例 1-4】 已知x=9.34 求$y = e^x$.

解 $$\Delta y = e^x \cdot \Delta x$$

取Δx=0.01，则

$$\Delta y = e^{9.34} \times 0.01 = 113.8440824$$

根据修约规则为

$$\Delta y = 1 \times 10^2$$

而

$$y = e^x = 11384.40824$$

故$y = 114 \times 10^2 = 1.14 \times 10^4$，共有三位有效数字.

3)开方

【例 1-5】 已知$n = 14$，$x = 9.34$，求$y = x^{\frac{1}{n}}$.

解 $$\Delta y = \frac{1}{n} \cdot x^{\frac{1-n}{n}} \cdot \Delta x$$

取$\Delta x = 0.01$，则

$$\Delta y = \frac{1}{14} \times 9.34^{-\frac{13}{14}} \times 0.01 = 0.00009$$

而

$$y = \sqrt[14]{9.34} = 1.173033706$$

修约为：$y = 1.17303$，共六位有效数字.

4)三角函数

【例 1-6】 已知$x = 9^\circ 24'$，求$y = \cos x$.

解 $$\Delta y = -\sin x \cdot \Delta x$$

自变量x的最小单位为分，取

$$\Delta x = 1' = \frac{\pi}{180} \times \frac{1}{60} = 0.0003\ (\text{rad})$$

$$\Delta y = -\sin x \cdot \Delta x = -\sin 9°24' \times 0.0003 = -0.000048997 = -0.00005$$

$$y = \cos x = \cos 9°24' = 0.986572161$$

修约为

$$y = 0.98657$$

四、测量结果的有效数字位数

1. 测量结果的表示

测量结果通常表示为

被测量量=(测量结果的值±不确定度)单位　　(置信度)

或

被测量量=测量结果的值(不确定度)单位　　(置信度)

关于测量和不确定度，后面要进行详细介绍，这里只说明测量结果表示中数值的有效位.

2. 不确定度的有效数字位数

不确定度的值通常只取一位(最多取两位)有效数字. **本书规定，不确定度只取一位有效数字**. 如果表示成相对不确定度的形式，取两位有效数字.

不确定度在计算过程中要多保留一位，即运算过程中的数值取两位有效数字，直到算出最终的不确定度，才修约成一位有效数字(只进不舍).

3. 测量结果的有效数字位数

测量结果的修约与其不确定度的修约相等，即不确定度给到哪一位，测量结果也应给到哪一位. 通俗的说法是，测量结果的有效数字的位数要根据最终不确定度来进行修约.

在数据处理过程中，计算过程中可能弄不清测量不确定度的大小，事先无法确定测量结果给出到哪一位，就先按有效数字的运算处理；直到计算出测量的不确定度，再对测量结果进行有效数字的修约.

第 2 章　测量与误差

一、测量

1. 测量的定义

物理实验离不开对物理量的测量. 测量就是将待测物理量与选作计量标准的同类物理量进行比较，并得出其倍数的过程. 倍数值称为待测物理量的数值，选作的计量标准称为单位. 因此，一个物理量的测量值应由数值和单位两部分组成，缺一不可.

2. 单位

按照中华人民共和国法定计量单位的规定，物理量单位均是以国际单位制(SI)为基础的，其中长度(米)、质量(千克)、时间(秒)、电流强度(安培)、热力学温标(开尔文)、物质的量(摩尔)和发光强度(坎德拉)是基本单位，其他物理量的单位可以由这些基本单位导出，故称为导出单位.

3. 测量的分类

测量可分为直接测量和间接测量.

直接测量：可以用测量仪器仪表或量具直接读出测量值的测量，称为直接测量. 例如，用米尺测量长度、用温度计测量温度、用电压表测电压等都是直接测量，所得的物理量(如长度、温度、电压等)称为直接测量量.

间接测量：有些物理量无法进行直接测量，而需要依据待测物理量与若干个直接测量量的函数关系求出，这样的测量就称为间接测量. 大多数的物理量都是间接测量量. 例如，用单摆测重力加速度 g 时，T(周期)、L(摆长)是直接测量量，而 g 就是间接测量量.

从测量条件上，测量可分为等精度测量和不等精度测量.

等精度测量：在对某一物理量进行多次重复测量过程中，每次测量条件都相同的一系列测量称为等精度测量. 例如，同一个人在同一仪器上采用同样的测量方法对同一待测物理量进行多次重复测量，每次测量的可靠程度都相同，这些测量就是等精度测量.

不等精度测量：在对某一物理量进行多次重复测量时，测量条件完全不同或部分不同，各测量结果的可靠程度自然也不同的测量称为不等精度测量. 例如，在对某一物理量进行多次测量时，选用的仪器不同，或测量方法不同，或测量人员不同等都属于不等精度测量.

一般来讲，在实验中，保持测量条件完全相同的多次测量是极其困难的. 但当某一条件的变化对测量结果影响不大时，仍可视这种测量为等精度测量. 等精度测量的数据处理比较容易，所以绝大多数实验都采用等精度测量.

4. 测量的读数和记录

在进行测量时，正确的读数和记录是关键. 对于不同仪器有多种读数方法，将在以后的实验中具体进行介绍，在此仅谈一般规则.

(1) 如实记录仪器上显示的数值，作为原始数据. 对指针式仪表和有刻度盘或标尺的仪器，通常在直接测量时要求估读一位(该位是有效数字的可疑位). 估读数一般取最小分度的 1/10～1/2.

(2) 若仪表的示值不是连续变化而是以最小步长跳跃变化的，如数字式显示仪表，则谈不上估读，只要记录全部数据即可.

(3) 需要指出是有一些仪表，虽然也有指针和刻度盘，但指针跳动是以最小分格为单位的，如最常用的钟表，有以秒为最小分度的时钟，也有以 1/10 或 1/100 秒为最小分度的秒表. 因此，对此类仪表不需要估读.

(4) 对于各类带有游标(或角游标)的仪器装置，是依靠判断两个刻度中那条线对齐来进行读数的，这时一般记下对齐线的数值，不必进行更细的估读.

二、测量误差

在一定条件下，任何一个物理量的大小都是客观存在的，都有一个实实在在、不以人的意志为转移的客观量值，称为**真值**. 在测量过程中，我们总希望准确地测得待测量的真值. 但是，任何测量总是依据一定的理论和方法，使用一定的仪器，在一定的环境中，由一定的人员进行的. 由于实验理论的近似性，实验仪器的灵敏度和分辨能力的局限性，实验环境的不稳定性和人的实验技能和判断能力的影响等，使测量值与待测量的真值之间总存在着差异，我们把这种差异称为**测量误差**.

若某物理量的测量值为 x，真值为 A，则测量误差定义为

$$\varepsilon = x - A \tag{2-1}$$

上式所定义的测量误差反映了测量值偏离真值的大小和方向，因此又称 ε 为**绝对误差**. 一般来说，真值仅是一个理想的概念，只有通过完善的测量才能获得. 但是，严格的完善测量难以做到，故真值就不能确定. 实际测量中，一般只能根据测量结果确定测量的最佳值. 通常取多次重复测量的算术平均值作为最佳值.

仅根据绝对误差的大小难以评价一个测量结果的可靠程度，还需要与测定值进行比较，为此引入**相对误差**的概念

$$\text{相对误差}=\frac{\text{绝对误差}}{\text{测量最佳值}}\times 100\% \tag{2-2}$$

误差存在于一切测量过程的始终. 在实验设计、仪器本身的精度、环境条件以及实验数据处理中都可能存在误差，因此分析测量中可能产生的各种误差，尽可能消除其影响，并对最后结果中未能消除的误差做出估计，就是物理实验和许多科学实验中不可缺少的工作. 为此，必须进一步研究误差的性质和来源.

误差按其性质和产生的原因可分为系统误差、随机误差和粗大误差三大类.

1. 系统误差

在一定条件下，对同一物理量进行多次重复测量(等精度测量)时，误差的大小和符号均保持不变；而当条件改变时，误差按某种确定的规律变化(如递增、递减、周期性变化等)，这类误差称为**系统误差**，其特点是：确定性、有规律性、可修正性.

1)系统误差的来源

(1)仪器的结构和标准不完善或使用不当引起的误差. 如天平不等臂、分光计读数装置的偏心差、电表的示值与实际值不符等都属于仪器的缺陷，在使用时，可采用适当方法加以减小或消除. 仪器设备安装调整不妥，不满足规定的使用状态，如不水平、不垂直、偏心、零点不准等使用不当的情况应尽量避免.

(2)理论或方法误差. 它是由测量所依据的理论公式的近似或实验条件达不到理论公式所规定的要求引起的. 如单摆测重力加速度时，所用公式的近似性；伏安法测电阻时，不考虑电表内阻的影响等.

(3)环境误差. 它是由外部环境，如温度、湿度、光照等与仪器要求的环境条件不一致而引起的误差.

(4)实验人员的生理或心理特点所造成的误差. 如停表计时时，总是超前或滞后；对仪表读数时总是偏一方斜视等.

2)系统误差按对其掌握程度可分为已定系统误差和未定系统误差以及变值系统误差.

(1)已定系统误差. 在一定的条件下，采用一定的方法，对误差取值的变化规律及其大小和符号都能确切掌握的系统误差. 一经发现，在测量结果中可以修正.

(2)未定系统误差. 指不能确切掌握误差取值的变化规律及其大小和符号，而仅知最大误差范围(或极值误差)的系统误差.

(3)变值系统误差. 这种误差在测量过程中呈现规律性变化. 这种变化，有的可能随时间而变，有的可能随位置而变，因此又可分为：①线性系统误差：误差按线性规律变化，误差公式是线性函数；②周期系统误差：误差按周期规律变化，误差公式是周期函数；③复杂规律变化：误差按非线性、非周期的复杂规律变化，误差公式是非线性函数.

系统误差产生的原因往往可知或能掌握，一经查明就应设法消除其影响. 对未能消除的系统误差，如它的符号和大小是确定的，则可对测量值加以修正；若它的符号和大小都是不确定的，则可设法减小其影响并估计出误差范围.

3)发现系统误差的方法

(1)数据分析法. 当随机误差比较小时，待测量的绝对误差不是随机变化而呈规律性变化，如线性增大或减小、周期性变化等，则测量中一定存在系统误差.

(2)理论分析法. 分析实验依据的理论公式所要求的条件在实验测量过程中是否得到满足；分析实验仪器要求的条件是否得到满足；实验不满足仪器的使用条件时也会产生系统误差.

(3)对比法. 这种方法适合于固定的系统误差.

①实验方法对比. 用不同方法测量同一物理量，在随机误差允许的范围内观察结果是否一致.

②仪器对比法. 例如，用两个电表接入同一电路，对比两个表的读数，如果其中一个是标准表，就可得出另一个表的修正值.

③改变测量条件进行对比. 例如，电流正向与电流反向读数；在增加砝码过程与减少砝码过程中读数，观察结果是否一致.

4) 系统误差的消除与修正

任何实验仪器、理论模型、实验条件，都不可能理想到不产生系统误差的程度. 对于系统误差，一是进行修正，二是消除其影响.

(1) 消除产生系统误差的根源. 如果能够找到产生系统误差的根源，无论是理论模型、实验仪器还是实验条件，我们都可以使其更完善，从而减小系统误差的影响.

(2) 用修正值对测量结果进行修正. 用标准仪器对测量仪器进行校准，找出修正值或校准曲线，对结果进行修正. 对由理论公式的近似造成的误差，找出修正值进行修正.

(3) 选择适当的测量方法，减小和消除系统误差.

①交换法. 在测量过程中对某些条件进行交换，使产生系统误差的原因对测量结果起相反的作用. 例如，为了消除天平不等臂而产生的系统误差，可将被测物作交换测量.

②替换法. 保持测量条件不变，选择一个大小适当的已知量替代被测量而不引起测量仪器示值的改变，则被测未知量就等于这个已知量. 由于在替代的两次测量中，测量仪器的状态和示值都相同，从而消除了测量过程带来的系统误差.

③抵消法. 改变测量中的某些条件进行两次测量，使两次测量中误差的大小相等、符号相反，取其平均值作为测量结果以消除系统误差.

此外，等时距对称观测法可消除按线性规律变化的变值系统误差；半周期偶数测量法可消除按周期性变化的变值系统误差.

2. 随机误差

在测量过程中，即使系统误差消除以后，在相同条件下，多次重复测量(等精度测量)同一物理量时，仍然不会得到完全相同的结果，其测量值分散在一定的范围内，所得误差时正时负，绝对值时大时小，即不能预测也无法控制，呈现无规则的起伏. 这类误差称为**随机误差**.

随机误差的产生，一方面是由测量过程中一些随机的未能控制的可变因素或不确定因素引起的，例如，人的感官灵敏度以及仪器的精密度的限制，使平衡点确定不准或估读数有起伏；由于周围环境干扰而导致读数的微小起伏变化，以及随测量而来的其他不可预测的随机因素的影响. 另一方面是由于被测对象本身的不稳定性引起的，如加工零件或被测样品本身存在的微小差异，这时被测量量就没有明确的定义值，这也是引起随机误差的一个原因.

随机误差就个体而言是不确定的，但其总体(大量个体的总和)服从一定的统计规律，因此，可以用统计方法估算其对测量结果的影响.

本书对随机误差的处理，见第 3 章测量的不确定度.

3. 粗大误差

明显地歪曲了测量结果的误差称为粗大误差. 它是由于实验者使用仪器的方法不正确，读错、记错、标错测量数据或实验条件的突变以及外部的强突发性干扰等原因造成的. 含有粗大误差的测量值称为坏值或异常值，正确的结果中不应包含有粗大误差. 在实验测量中要极力避免过失错误，在数据处理中要尽量剔除坏值.

粗大误差的处理见第 3 章测量的不确定度中的 3σ 原则.

第 3 章　测量的不确定度

前面我们明确了误差的概念，了解了什么是系统误差、随机误差和粗大误差，以及系统误差中有已定系统误差和未定系统误差. 但是，误差是一个理想的概念，它本身就是不确定的. 根据误差的定义，由于真值一般不可能准确地知道，因而测量误差也不可能确切获知. 既然误差无法按照定义式精确求出，那么现实可行的办法就只能根据测量数据和测量条件进行推算(包括统计推算和其他推算)，求得误差的估计值. 显然，由于误差是未知的，因此不应再将任何一个确定的已知值称为误差. 误差的估计值或数值指示应采用另一个专门名称，这个名称就是近些年才在国际上通用的“**不确定度**”.

引入不确定度可以对测量结果的准确程度做出科学合理的评价. 不确定度愈小，表示测量结果与真值愈靠近，测量结果越可靠；反之，不确定度愈大，测量结果与真值的差别愈大，测量的质量愈低，它的可靠性愈差，使用价值就愈低.

不确定度是计量学的基本内容之一，在科学技术、工农业生产、国防工程、商业贸易、医疗、环保和技术监督等各个领域都有广泛而重要的应用. 正是因为对自然规律的认识是通过量化了的测量数据之间的关系，所以可以用简明而严谨的数学公式表达出来. 在很多情况下，由于测量方法和手段的创新或精度的提高，而得到物理学领域的新突破. 历史上不乏科学家精益求精，通过对实验不确定度的分析并不断改进实验而做出重大发现的例子. 比如，科学家通过对氢原子量实验值不确定度的研究，认定有未知系统误差的存在，最终发现了氢的同位素氘和氚，并发明了质谱仪. 所以研究如何提高测量数据准确性或精确度以及对测量数据的有效利用，不仅对科学研究有着重大意义，对物理实验教学也有着重要的意义.

一、不确定度的概念

不确定度是表征测量结果具有分散性的一个参数. 它是被测物理量的真值在某个量值范围内的一个评价. 或者说，它表示由于测量误差的存在而对被测值不能确定的程度. 不确定度反映了可能存在的误差分布范围，即随机误差分量和未定系统误差分量的联合分布范围.

(1) **测量不确定度**. 测量不确定度是与测量结果相关联的参数，表征合理地赋予被测量值的分散性.

(2) **标准不确定度**. 用标准偏差表示的测量不确定度，用 u 表示.

(3) **A 类标准不确定度**. 由观测列统计分析评定的不确定度，称之为 A 类标准不确定度，又称为统计不确定度，记为 u_A.

(4) **B 类标准不确定度**. 由不同于观测列统计分析所得的不确定度称为 B 类标准不确定度，又称非统计不确定度，记为 u_B.

(5) **合成标准不确定度**. 测量结果由其他量得来时，按其他量的方差或协方差标出的测量结果的标准不确定度称为合成标准不确定度，简称合成不确定度. 测量结果 y 的合成标准不确定度记为 $u_c(y)$，或简记为 u_c 或 $u(y)$.

(6) **相对合成标准不确定度**. 相对合成标准不确定度是指合成标准不确定度的相对值，记为 u_r.

$$u_r = \frac{u}{y} \tag{3-1}$$

式中，u 为标准不确定度. 对于均为单次测量的合成，y 是测量值；若待测物理量有公认的标准值或理论值，y 可取公认标准值或理论值. 对于等精度多次测量的合成，y 经常是测量结果的算术平均值，必要时也可以取公认标准值或理论值.

(7) **扩展不确定度**. 扩展不确定度是定义测量结果区间的量，合理地赋予被测量的值的分布大部分落入该区间，故也称为总不确定度. 扩展不确定度记为 U 或 $U_P(y)$.

$$U_P(y) = K \cdot u_c(y) \tag{3-2}$$

式中，K 为包含因子.

(8) **包含因子**. 为获得扩展不确定度，对合成不确定度所乘的数值称为包含因子，也称置信因子，记为 K. 对于正态分布 K 与置信概率 P 的关系见表 3-1. 例如，在普通物理实验中，一般可取**置信概率**为 0.9545，则查表得置信因子为 2.00.

表 3-1　正态分布情况下置信概率与包含因子之间的关系

P/%	50	68.27	90	95	95.45	99	99.73
K	0.67	1	1.645	1.960	2	2.576	3

(9) **相对扩展不确定度**. 相对扩展不确定度是指扩展不确定度 U 的相对值，即

$$U_r = \frac{U}{y} \tag{3-3}$$

式中，y 为测量结果；U 为扩展不确定度.

不确定度是在误差理论的基础上发展起来的. 不确定度和误差既是两个不同的概念，它们有着根本的区别，但又是相互联系的，都是由测量过程的不完善性引起的.

应当指出，不确定度概念的引入并不意味着误差一词需放弃使用. 实际上，误差仍可用于定性地描述理论和概念的场合. 我们没有必要将误差理论改为不确定度理论，或将误差源改为不确定度源. 在评定测量结果的准确度和计量器具的精度时，应采用不确定度来表述；需要给出具体数值指标时，不宜用误差分析一词代替等. 还需指出，某些术语，如误差合成和不确定度合成，误差分析和不确定度分析等是可以并存的，但应了解其间的区别. 在叙述误差的分析方法、合成方法和误差传递的一般原理和公式时，可以保留原来的名称，而在具体计算和表示计算结果时，应改为不确定度. 总之，凡是涉及测量结果的定量数值评价时，均应使用不确定度来代替误差.

综上所述，误差与不确定度的关系可以归纳为两点. 其一，误差与不确定度是两个不同的概念. 误差是一个理想的概念，根据传统的误差定义，由于真值一般是未知的，则测量误差一般也是未知的，是不能准确得知的. 因此，一般无法表示测量结果的误差. 不确

定度则是由于测量误差的存在而对被测量值不能确定程度的表示，反映了可能存在的误差分布范围，表征被测量量的真值所处的量值范围的评定，所以不确定度能更准确地用于测量结果的表示. 某一置信概率的不确定度是可以计算出来(或评定)的，其值永远为正. 而误差可能为正，可能为负，也可能十分接近于零，而且一般是无法计算的. 其二，误差和不确定度是互相联系的. 误差和不确定度都是由于测量过程的不完善引起的，而且不确定度概念和体系是在现代误差理论的基础上建立和发展起来的. 在估算不确定度时，用到了描述误差分布的一些特征参量，因此两者既不是割裂的也不是对立的.

二、不确定度基本原理

1. 不确定度存在原理

任何测量都存在不确定度. 测量不确定度是测量质量的定量表征，测量必须有不确定说明才是完整和有意义的. 任何测量都要给出不确定度.

2. 不确定度传播定律

测量结果 y 一般由其他量 x_i ($i=1,2,3,\cdots$) 算出.

$$y=f(x_1,x_2,x_3,\cdots) \tag{3-4}$$

$$u^2(y)=\sum_{i=1}^{n}\left(\frac{\partial f}{\partial x_i}\right)^2 u^2(x_i)+2\sum_{i=1}^{n-1}\sum_{j=i+1}^{n}\frac{\partial f}{\partial x_i}\cdot\frac{\partial f}{\partial x_j}\cdot r(x_i,x_j)\cdot u(x_i)\cdot u(x_j) \tag{3-5}$$

这一由 x_i 的不确定度求函数 y 不确定的公式，称为不确定度传播定律. 它是不确定度的基本定律.

(1) 当 x_i 与 x_j 无关时，相关度 $r(x_i,x_j)=0$，则

$$u^2(y)=\sum_{i=1}^{n}\left(\frac{\partial f}{\partial x_i}\right)^2 u^2(x_i) \tag{3-6}$$

或

$$u(y)=\sqrt{\sum_{i=1}^{n}\left(\frac{\partial f}{\partial x_i}\right)^2 u^2(x_i)} \tag{3-7}$$

式中，$u(y)$ 为函数 y 的不确定度；$\frac{\partial f}{\partial x_i}=C_i$ 称为传递系数或灵敏系数；$u(x_i)$ 称为第 x_i 个测量量的不确定度.

(2) 对于直接测量，$C_i=1$，则

$$u(y)=u(x) \tag{3-8}$$

即只计算测量量自身的不确定度.

3. 不确定度评定原理

对输入不确定度 $u(x_i)$ 做 A、B 两类评定，以不确定度传播定律为基础，计算测量结果的标准不确定度，必要时将它们乘以置信因子 K，得到扩展不确定度.

例如，测量铜棒质量的标准不确定度为 $U(m)=0.0007\text{ g}$，此时测量的置信度为

$P = 0.683$；若要求置信度 $P = 0.955$，查表得知 K=2，则 $U_{0.955}(m) = 2 \times 0.0007 = 0.0014\,(\mathrm{g})$；若要求 $P = 0.997$，查表得知 $K = 3$，则 $U_{0.997}(m) = 3 \times 0.0007 = 0.0021\,(\mathrm{g})$.

在本书，我们要求计算扩展不确定度，而且要求置信度为 $P = 0.955$，即要求置信因子：K=2，然后计算扩展不确定度.

三、直接测量结果与不确定度的估算

1. 测量列的最佳值

在相同的条件下，对某物理量 x 进行 n 次等精度重复测量，其测量值分别为 $x_1, x_2, \cdots, x_n$. 设真值为 A，则各次测量的绝对误差 $\Delta x_i = x_i - A$ 为

$$\Delta x_1 = x_1 - A, \Delta x_2 = x_2 - A, \cdots, \Delta x_n = x_n - A \tag{3-9}$$

也可写成

$$x_1 = A + \Delta x_1, x_2 = A + \Delta x_2, \cdots, x_n = A + \Delta x_n$$

则 n 次测量的算术平均值 $\bar{x}$ 为

$$\bar{x} = \frac{1}{n}\sum_{i=1}^{n} x_i = \frac{1}{n}\sum_{i=1}^{n}(A + \Delta x_i) = A + \frac{1}{n}\sum_{i=1}^{n}\Delta x_i \tag{3-10}$$

根据误差的抵偿性，当测量次数 $n \to \infty$ 时，有

$$\lim_{n\to\infty}\frac{1}{n}\sum_{i=1}^{n}\Delta x_i = 0$$

故

$$A = \bar{x} = \frac{1}{n}\sum_{i=1}^{n} x_i \tag{3-11}$$

若 n 为有限次数，则有

$$\lim_{n\to\infty}\frac{1}{n}\sum_{i=1}^{n}\Delta x_i \approx 0$$

则有

$$A \approx \bar{x} = \frac{1}{n}\sum_{i=1}^{n} x_i \tag{3-12}$$

由此可见，无限多次重复测量的算术平均值恰好等于被测量的真值. 在实际测量中，测量次数总是有限的，但只要测量次数足够多，算术平均值就是真值的最好近似，是多次测量的最佳值. 因此，可以用算术平均值来近似代替真值作为测量结果. 从这个意义上来说，算术平均值也称为期待值或最可信赖值.

2. 测量列的标准偏差

对一个物理量 x 的 n 次等精度测量值 $x_1, x_2, \cdots, x_n$，称为测量列. 按统计规律，这一测量列的标准偏差大小为

$$\sigma = s(x_i) = \sqrt{\frac{\sum_{i=1}^{n}(x_i - \overline{x})^2}{n-1}} \tag{3-13}$$

其统计意义是指：当测量次数足够多时(如大于 10 次)，测量列中任一测量值与算术平均值的偏离落在$[-\sigma,+\sigma]$区间的概率为 0.683，该公式就是著名的贝赛尔公式.

当n趋于无穷时($n \to \infty$)，物理量x将成为连续性随机变量，其概率密度分布为**正态分布**函数(误差分布函数)

$$f(\delta) = \frac{1}{\sqrt{2\pi}\sigma} \cdot \exp\left(-\frac{\delta^2}{2\sigma^2}\right) \tag{3-14}$$

式中，$\delta = x_i - A$，为与具体测量条件有关的参数. 这种分布叫正态分布或高斯分布. 其分布为一连续曲线，如图 3-1 所示.

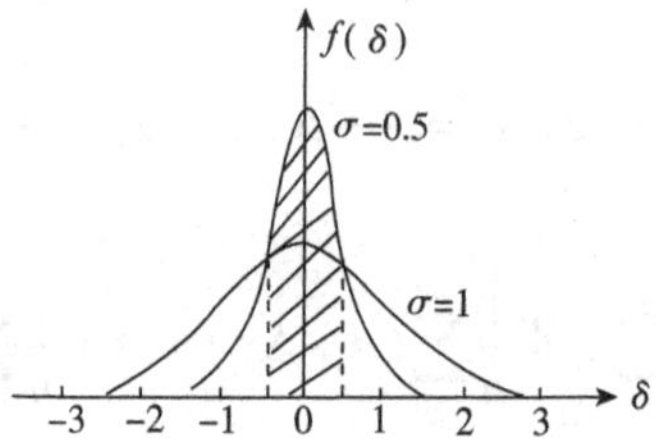

图 3-1　正态分布

正态分布有如下特征：

单峰性：绝对值小的误差出现的概率比绝对值大的误差出现的概率大.

对称性：绝对值相同的正负误差出现的概率相同.

有界性：绝对值很大的误差出现的概率接近零.

抵偿性：随机误差的算术平均值随着测量次数的增加而减小，最后趋于零.

标准差(随机误差)遵循正态分布，其数学形式与正态分布函数一致.

测量数据出现在某一区间的概率可以由正态分布函数在该区间的积分求得

$$\begin{aligned} P &= \int_{-\infty}^{\infty} f(\delta)\mathrm{d}\delta = 1 \\ P(\sigma) &= \int_{-\sigma}^{\sigma} f(\delta)\mathrm{d}\delta = 0.683 \\ P(2\sigma) &= \int_{-2\sigma}^{2\sigma} f(\delta)\mathrm{d}\delta = 0.955 \\ P(3\sigma) &= \int_{-3\sigma}^{3\sigma} f(\delta)\mathrm{d}\delta = 0.997 \end{aligned} \tag{3-15}$$

第一个积分式表明，当测量次数$n \to \infty$时，任何一次测量值与平均值之差落在$(-\infty,\infty)$区间的概率为 1，满足归一化条件；而第二到第四个积分式表明，出现在$[-\sigma,\sigma]$、$[-2\sigma,2\sigma]$、$[-3\sigma,3\sigma]$置信区间的概率分别为 0.683、0.955 和 0.997，即表示它们的置信概率分别为 68.3%、95.5%和 99.7%.

当测量次数$n \to \infty$时，测量标准差的绝对值大于3σ的概率仅为 0.3%，对于有限次测量，这种可能是微乎其微的，因此可以认为是测量误差或者说该测量值是“坏值”，这就是在第 2 章所提到的“粗大误差”，应予剔除. 在分析多次测量的数据时，这是很有用的 3σ 判据.

3. 直接测量结果的 A 类不确定度的评定

不确定度的评定方法是一个比较复杂的问题，其表示形式和合成方法不止一个类型，还在不断研究和发展中. 在物理实验教学中，只能采用简化的、具有一定近似性的估算方法. 这个方法符合国家技术规范精神(《JJG 1027—91 测量误差及数据处理》和《JJF 1059—1999 测量不确定度评定与表示》).

在实际工作中，人们往往关心的不是测量列数据散布特性，而是测量结果，即算术平均值的离散程度. 我们设想进行了有限的 n 次($n \geqslant 6$)测量后，得到一个最佳值，这一测量列中任一次测量值的算术平均值 $\bar{x}$ 的误差出现在 $[-\sigma,\sigma]$ 区间内的概率为 68.3%. 如果增加测量次数，则可得到另一个算术平均值 $\overline{x'}$ 和相应的标准差 σ'，$\bar{x}$ 与 $\overline{x'}$，σ 与 σ' 一般不会相同. 设想在同样的条件下对同一测量量进行若干组测量(测量次数都为 n 次)，可以得到算术平均值列，即 $\bar{x}_1$，$\bar{x}_2$，…. 测量列的算术平均值 $(\bar{x})_i$ 和标准差 $s(\bar{x})$ 也是一个随机变量，是随测量次数 n 变化的.

由概率论可以证明，$(\bar{x})_i$ 的真值与随机变量 x_i 的真值是一致的，而算术平均值的标准差为

$$s(\bar{x}) = \sqrt{\frac{\sum_{i=1}^{n}(x_i - \bar{x})^2}{n(n-1)}} = \frac{\sigma}{\sqrt{n}} \tag{3-16}$$

在国家计量技术规范《JJF 1059—1999 测量不确定度评定与表示》中，用测量列的算术平均值的标准差 $s(\bar{x})$ 定义 A 类不确定度，用 u_A 表示.

由此可见，A 类不确定度是一个统计概念. 当测量次数 $n \to \infty$ 时，算术平均值将无限接近待测物理量的客观值，为最佳值.

u_A 的统计意义为：在某次测量中待测物理量落在 $[\bar{x}-u_A, \bar{x}+u_A]$ 区间内的概率为 68.3%，落在 $[\bar{x}-2u_A, \bar{x}+2u_A]$ 区间内的概率为 95.5%，落在 $[\bar{x}-3u_A, \bar{x}+3u_A]$ 区间内的概率为 99.7%.

测量次数趋于无穷只是一种理论情况. 当测量次数减少时，概率密度曲线变得平坦，称为 t 分布或学生分布；当测量次数 $n \to \infty$ 时，t 分布过渡到正态分布，如图 3-2 所示.

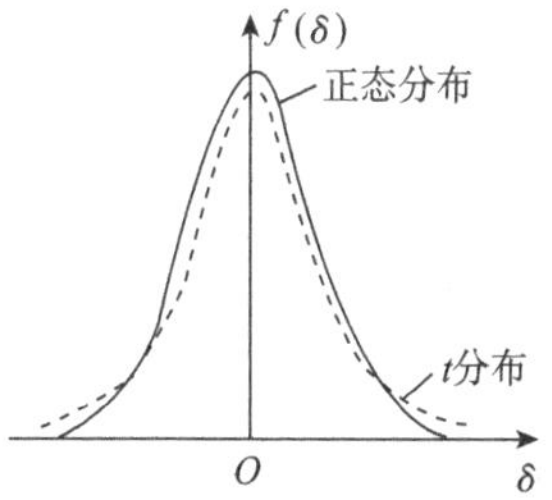

图 3-2　t 分布与正态分布的比较

普通物理实验只能进行有限次测量. 对于有限次的测量结果，要保持同样的置信概率，显然要扩大置信区间，把 $s(\bar{x})$ 乘以一个大于 1 的**因子** t_P. 本课程定义 A 类标准不确定度为

$$u_A = t_P \cdot s(\overline{x}) \tag{3-17}$$

要使测量值落在平均值附近，具有与正态分布相同的置信概率 $P = 0.683$，置信区间要扩大到 $[\overline{x} - t_P \cdot s(\overline{x}), \overline{x} + t_P \cdot s(\overline{x})]$，$t_P$ 与测量次数有关. 表 3-2 给出了不同置信概率下 t_P 因子与测量次数的关系.

表 3-2 t_P 与 n 的关系

P \ t_P \ n	3	4	5	6	7	8	9	10	15	20	∞
0.683	1.32	1.20	1.14	1.11	1.09	1.08	1.07	1.06	1.04	1.03	1
0.90	2.92	2.35	2.13	2.02	1.94	1.89	1.86	1.83	1.76	1.73	1.65
0.955	4.30	3.18	2.78	2.56	2.45	2.37	2.31	2.26	2.15	2.09	1.96
0.997	9.93	5.84	4.60	4.03	3.71	3.50	3.36	3.25	2.98	2.86	2.58

【**例 3-1**】 用螺旋测微器测量一钢管的直径，其测量值为 42.350 mm，42.450 mm，42.370 mm，42.330 mm，42.300 m，42.400 mm，42.480 mm，42.350 mm，42.290 mm. 求置信概率分别为 0.683，0.955，0.997 时，该测量列的平均值、标准差和 A 类不确定度.

解 算术平均值为

$$\overline{x} = \frac{1}{9}\sum_{i=1}^{9} x_i = 42.369 \text{ mm}$$

标准差为

$$\sigma = \sqrt{\frac{\sum_{i=1}^{9}(x_i - 42.369)^2}{9-1}} = 0.064 \approx 0.07 \text{ (mm)}$$

平均值标准偏差为

$$s(\overline{x}) = \sqrt{\frac{\sum_{i=1}^{9}(x_i - 42.369)^2}{9(9-1)}} = \frac{0.064}{\sqrt{9}} = 0.021 \text{ (mm)}$$

A 类标准不确定度：$n = 9$，则

$$P = 0.683,\ t_P = 1.07,\ u_A = t_P \cdot s(\overline{x}) = 1.07 \times 0.021 = 0.03 \text{ (mm)}$$

$$P = 0.955,\ t_P = 2.31,\ u_A = t_P \cdot s(\overline{x}) = 2.31 \times 0.021 = 0.05 \text{ (mm)}$$

$$P = 0.997,\ t_P = 3.36,\ u_A = t_P \cdot s(\overline{x}) = 3.36 \times 0.021 = 0.07 \text{ (mm)}$$

4. 直接测量粗大误差的剔除

在第 2 章中介绍过粗大误差及其产生的原因,这里介绍粗大误差的鉴别和消除的方法. 在判别某测量值是否含粗大误差时，应做出详细的分析和研究. 一般采用粗大误差判别准则来鉴别，即 3σ 准则.

设 x_1，x_2，…，x_n 是对某物理量的一组等精度测量列，而且服从正态分布，由正态分布理论可知，误差落在 $\pm 3\sigma$ 内的概率为 99.7%，即误差的绝对值 $> 3\sigma$ 的概率是 0.3%，属于小概率事件. 如果发现在测量列中有

$$|\delta| \geqslant 3\sigma \quad (1 \leqslant i \leqslant n) \tag{3-18}$$

式中，$\delta = x_i - \bar{x}$，为测量值 x_i 的残差. 即发现误差的绝对值 $> 3\sigma$，则认为该测量值 x_i 是粗大误差，通常将它称为异常值，应从测量列中剔除.

异常值从测量列中剔除后，对新的测量列重新进行最佳值计算和不确定度计算，再用 3σ 准则判别粗大误差的存在，一直到没有粗大误差的存在为止.

对于粗大误差，除了设法从测量结果中鉴别和剔除外，首先是加强测量者的责任心，即严谨的科学态度和求实的工作作风；其次要注意保证实验条件和环境的稳定性，尽可能避免实验环境和条件的突变导致粗大误差的产生，影响测量结果的准确性.

5. 直接测量结果的 B 类不确定度评估

B 类不确定度的估计是测量不确定度估算中的难点. 由于引起 u_B 分量的误差成分与不确定的系统误差相对应，而不确定的系统误差可能存在于测量过程的各个环节中，因此 u_B 分量通常也是多项的. 在 u_B 分量的估算中，要不重复、不遗漏地详尽分析产生 B 类不确定度的来源，尤其是不遗漏那些对测量结果影响较大的或主要的不确定度来源，就有赖于实验者的学识和经验以及分析判断能力.

综合国家计量技术规范《JJF 1059-1999 测量不确定度评定与表示》中 B 类不确定度的来源有以下几种：

(1) 仪器误差. 任何量具、标准器、指示仪表等都有一定的准确度等级，也就是说它们的标称值、分度值、指示值都具有一定的误差. 这不同于读数误差(读数误差已体现在 A 类不确定度中).

(2) 原理方法误差. 因测量方法不完善，或所用公式的近似性，或在测量公式中没有得到反映而实际起作用的某些因素都会引起测量误差.

(3) 环境误差. 由于实际测量环境条件不满足规定条件而产生的误差. 环境条件包括温度、湿度、气压、振动、电磁场、光照度等以及这些因素的空间不均匀性和时间不稳定性等.

(4) 个人误差. 测量人员主观因素和操作失误所引起的误差. 例如，计时响应的超前或滞后、位置对准等在测量中表现出的观测误差、估读误差和视差等.

(5) 调整误差. 由于仪器装置的调整(包括水平、垂直、平行、准直、零点等)未达到规定要求所引起的误差.

由于测量总要使用仪器，仪器生产厂家给出的仪器误差限值或最大误差实际上就是一种不确定的系统误差，因此仪器误差是引起 B 类不确定度的一个基本来源. 从物理实验教学的实际出发，本课程只要求掌握由**仪器误差**引起的 B 类不确定度 u_B 的计算方法.

物理实验教学中仪器误差限 Δ_I 一般取仪表、器具的示值误差限或基本误差限. 它们可参照国家标准规定的计量仪表、器具的准确度等级或允许误差范围得出，或者由生产厂家的产品说明书给出，或者由实验室结合具体情况给出 Δ_I 的近似约定值.

普通物理实验常用测量仪器的误差限为：

(1)毫米尺(米尺)(分度值为 1 mm).

按其规格：0～300 mm，其误差限为 ±0.1 mm；

300～500 mm，其误差限为 ±0.15 mm；

500～1000 mm，其误差限为 ±0.2 mm.

本课程约定为 ±0.2 mm.

(2)游标卡尺. 其分度值通常有 0.02 mm、0.05 mm、0.1 mm 三种，它们不分精度等级，其误差限分别为 0.02 mm、0.05 mm、0.1 mm.

(3)螺旋测微器(千分尺).

普通物理实验使用的千分尺的精度为一级，其仪器误差限与测量范围(量程)有关(±0.004～±0.006 mm). 本课程约定为：±0.005 mm.

(4)机械停表和数字毫秒表.

实验中使用的机械停表一般分度值为 0.1 s，仪器误差限亦为 0.1 s.

数字毫秒表，时基值分别为 0.1 ms、1 ms、10 ms，其仪器误差限分别为 0.1 ms、1 ms、10 ms.

(5)水银-玻璃温度计.

实验室使用的水银-玻璃温度计，其仪器误差限为 0.5 ℃.

(6)旋钮式电阻箱.

测量用的电阻箱分为 0.02、0.05、0.1、0.2 四个级别. 电阻箱内电阻器的阻值的误差与旋钮的接触电阻误差之和构成电阻箱的仪器误差. 用相对误差表示为

$$\frac{\Delta_{\mathrm{I}}}{R}=\left(a+b\cdot\frac{m}{R}\right)\% \tag{3-19}$$

式中，m 为所用十进制电阻箱旋钮的个数；R 为所用电阻数值的大小；a 和 b 为电阻箱的级别和所对应的常数，如表 3-3 所示.

表 3-3 电阻箱的级别与对应的常数

级别 a	0.02	0.05	0.1	0.2
常数 b	0.1	0.1	0.2	0.5

(7)电磁测量指示仪表.

电磁仪表的准确度分为 0.1、0.2、0.5、1.0、1.5、2.5、5.0 等七个等级，在规定的条件下使用时，其仪器误差限为

$$\Delta_{\mathrm{I}}=x_{\mathrm{m}}\cdot N\% \tag{3-20}$$

式中，x_{m} 为仪表的量程；N 为仪表的准确度级别.

(8)单臂成品电桥.

其仪器误差限为

$$\Delta_{\mathrm{I}}=\frac{C}{100}\left(\frac{R_N}{k}+x\right) \tag{3-21}$$

式中，C 为准确度等级(与倍率和测量范围有关，见产品使用说明书)；k 值一般取 10；x

为标度盘示值即测量值；R_N 为基准值.

(9) 电势差计

其基本误差限为

$$\Delta_{\mathrm{I}}=\frac{C}{100}\left(\frac{V_N}{10}+V_x\right) \tag{3-22}$$

式中，C 为准确度等级；V_N 为基准值，指第 1 测量盘第 10 点的电压值；V_x 为标度盘示值.

实际上，仪器误差在 $[-\Delta_{\mathrm{I}},\Delta_{\mathrm{I}}]$ 范围内是按一定概率分布的. 如果只考虑仪器误差，则 B 类不确定度为

$$u_{\mathrm{B}}=K\cdot\frac{\Delta_{\mathrm{I}}}{C} \tag{3-23}$$

式中，K 就是表 3-2 中的置信因子；C 为置信系数.

在相同条件下，大批量生产的产品，其质量指标一般服从正态分布. 由正态分布函数的性质可知，误差大于极限误差的概率不到 0.3%；也有一些仪器的质量指标在 $[-\Delta_{\mathrm{I}},\Delta_{\mathrm{I}}]$ 范围内服从均匀分布或三角分布. 根据概率统计理论，对于正态分布函数，其置信系数 $C=3$；对于均匀分布函数，其置信系数 $C=\sqrt{3}$；对于三角分布函数，其置信系数 $C=\sqrt{6}$.

仪器误差限 Δ_{I} 是教学中的一种简化表示，许多计量仪表、器具的误差产生原因及具体误差分量的计算，远超过了本课程的要求范围. 在对同一量在相同条件下做多次测量的绝大多数实验中，随机误差显著小于器具的基本误差限（示值误差限）；另一些仪表、器具在实际使用时，很难保证在相同条件下操作，或在规定的正常条件下测量，测量误差除基本误差（或示值误差）外，还包含一些附加误差分量. 因此，在教学中必须加以简化.

在综合考虑到较大的置信概率（如 0.997）以及各种置信系数后，本书约定，在大多数情况下，把 Δ_{I} 简化为测量量的总不确定度的 B 类分量 u_{B}，即

$$u_{\mathrm{B}}\approx\Delta_{\mathrm{I}} \tag{3-24}$$

6. 直接测量的合成标准不确定度

直接测量的合成标准不确定度为

$$u=\sqrt{{u_{\mathrm{A}}}^2+{u_{\mathrm{B}}}^2}\approx\sqrt{\left[t_P\cdot s(\bar{x})\right]^2+{\Delta_{\mathrm{I}}}^2} \tag{3-25}$$

7. 单次测量的不确定度

在单次测量中，不能用统计方法求标准偏差，而测量的随机分布特征是客观存在的，不随测量次数的不同而变化. 但是，通常在下列情况下，我们认为单次测量的不确定度为仪器误差限 Δ_{I}.

(1) 直接测量的不确定度对实验结果影响很小；

(2) 已知 $\sigma\ll\Delta_{\mathrm{I}}$；

(3) 对 u 仅作粗略估计.

这样，在这三种情况下，单次测量的不确定度为

$$u=\Delta_{\mathrm{I}} \tag{3-26}$$

应当强调的是，这只是一个很近似或粗略的估算方法，并不能由此得出结论：单次测量的不确定度 u 小于多次测量的不确定度.

8. 测量结果的有效数字位数

直接测量，其最佳值是其测量列的算术平均值，在计算算术平均值的过程中，按有效数字的运算法则多保留一位有效数字进行修约.

合成标准不确定度(扩展标准不确定度)的结果只能取一位有效数字，在计算过程中可以取两位有效数字进行计算. 本书规定，不确定度只保留一位有效数字，修约时只进不舍.

测量结果的相对不确定度一般取两位有效数字.

直接测量结果的算术平均值的最终结果要根据合成标准不确定度(或扩展标准不确定度)进行有效数字修约. 即算术平均值小数点后与合成标准不确定度(或扩展标准不确定度)对齐位是可疑数字位，其后的数字按有效数字的修约规则进行修约，得到最终的测量期望值(最佳值).

9. 直接测量结果的表示

前面介绍了直接测量结果的求法和测量结果的合成标准不确定度(或扩展标准不确定度)，这样就可以在最终的实验报告中给出完整的结果表示，即

$$x = \overline{x} \pm u \quad (\text{单位})(\text{置信概率} P) \tag{3-27}$$

式中，$\overline{x}$ 是测量值，它可以是单次测量值，也可以是多次测量的算术平均值；u 是合成标准不确定度(或扩展标准不确定度)，如果是单次测量，它为仪器误差限 $\varDelta_{\mathrm{I}}$；如果是多次测量，它用合成标准不确定度表示.

测量结果给出的不确定度是与一定的置信概率联系在一起的，因此在最终的结果中，应该指明不确定度的置信概率.

这里，请读者注意：

(1)国家规范《JJF 1059-1999 测量不确定度评定与表示》是对工业测试而言. 对于学生实验来说，测量次数是有限的，若想达到同样的置信概率，必须在 A 类不确定度评价中引入一个 t_P 因子. 本书所引入的 t_P 因子，实际上包含了 A 类扩展不确定度.

(2)我们所定义的 B 类不确定度是对《JJF 1059-1999 测量不确定度评定与表示》的简化处理. 由于各个行业以及不同的实验对 B 类不确定度都有其特殊要求，我们只考虑仪器误差作为 B 类不确定度. 在进行科学研究实验和具体的行业测试实验时，要根据具体情况确定 B 类不确定度.

(3)在《JJF 1059-1999 测量不确定度评定与表示》中，对合成不确定度，如果考虑更高的置信概率，还要引入 K 因子，称为扩展不确定度. 在本课程中，对于 B 类不确定度，将其简化成仪器的极限误差，其置信概率达 $P=0.997(K=3)$. 但考虑到 B 类不确定度中不只是仪器误差，实际上置信概率达不到这个极限，我们粗略地认为达到 $P=0.955(K=2)$. 与此相对应，A 类不确定度，其置信概率也应取 $P=0.955(K=2)$，而在所引入的 t_P 因子中实际上已经包含了 K 因子，因此，我们特别约定，在处理 A 类不确定度时，置信概率取 $P=0.955(K=2)$. 按我们的约定，最终的合成标准不确定度已经是扩展不确定度了，只

是限定其置信概率为 $P=0.955(K=2)$.

【例 3-2】 用 0.2 级，量程为 20 kΩ 的万用表测量某个电阻的电阻值，测量结果为 3.72，3.92，3.89，3.88，3.86，3.88，3.87，3.86，3.85，3.87，3.89. 求最终结果表示，要求置信度为 0.955.

解 计算平均值为

$$\overline{R}=\frac{1}{11}\sum_{i=1}^{1}x_i=3.863\ \text{k}\Omega$$

计算标准差为

$$\sigma=\sqrt{\frac{\sum_{i=1}^{11}(x_i-3.683)^2}{11-1}}\approx 0.025\ \text{k}\Omega$$

$$3\sigma=3\times 0.025=0.075\ (\text{k}\Omega)$$

检查第一个数据，其偏差 $>3\sigma$ ，应剔除. 重新计算

$$\overline{R}=\frac{1}{10}\sum_{i=1}^{10}x_i=3.877\ \text{k}\Omega$$

$$\sigma=\sqrt{\frac{\sum_{i=1}^{10}(x_i-3.877)^2}{10-1}}\approx 0.020\ \text{k}\Omega$$

$$3\sigma=0.060\ \text{k}\Omega$$

再检查，其他 10 个测量值都不能剔除.

平均值的标准偏差为

$$s(\overline{x})=\frac{\sigma}{\sqrt{10}}=\sqrt{\frac{\sum_{i=1}^{10}(x_i-3.877)^2}{10\times(10-1)}}=\frac{0.020}{\sqrt{10}}=0.0063\ (\text{k}\Omega)$$

查表，10 次测量，置信度为 0.955，置信因子：$t_P=2.26$.

A 类标准不确定度为

$$u_{\text{A}}=t_P\cdot s(\overline{x})=2.26\times 0.0063=0.015\ (\text{k}\Omega)$$

B 类标准不确定度为

$$u_{\text{B}}=\Delta_{\text{I}}=\frac{k}{100}\times\text{量程}=\frac{0.2}{100}\times 20=0.04\ (\text{k}\Omega)$$

因此，合成标准不确定度(扩展)为

$$u=\sqrt{{u_{\text{A}}}^2+{u_{\text{B}}}^2}=\sqrt{0.015^2+0.04^2}\approx 0.042\ (\text{k}\Omega)=0.05\ (\text{k}\Omega)$$

修约，结果的平均值为 $\overline{R}=3.88\ \text{k}\Omega$ ，因此，最终结果为

$$R=(3.88\pm 0.05)\ \text{k}\Omega\qquad (P=0.955)$$

四、间接测量结果与不确定度的估算

在间接测量时，待测量是由直接测量的量通过一定的函数关系计算而得到的. 由于直接测量量存在不确定度，显然由直接测量经过运算而得到的间接测量也必然存在不确定度，这就叫不确定度的传递.

设间接测量量 N 是由直接测量量 $x,y,z,\cdots$ 通过函数关系 $N=f(x,y,z,\cdots)$ 计算得到的，其中 $x,y,z,\cdots$ 是彼此独立的直接测量量. 设 $x,y,z,\cdots$ 的不确定度分别为 $u(x),u(y),u(z),\cdots$，它们必然影响间接测量结果，使 N 也有相应的不确定度. 由于不确定度是微小的量，相当于数学中的“增量”，因此间接测量量的不确定度的计算公式与数学中的全微分公式类似. 考虑到用不确定度代替全微分以及不确定度的统计性质，可以用下面两式来简化计算间接测量量 N 的不确定度 $u(N)$：

$$u(N)=\sqrt{\left(\frac{\partial f}{\partial x}\right)^2\cdot u^2(x)+\left(\frac{\partial f}{\partial y}\right)^2\cdot u^2(y)+\left(\frac{\partial f}{\partial z}\right)^2\cdot u^2(z)+\cdots} \tag{3-28}$$

$$\frac{u(N)}{N}=\sqrt{\left(\frac{\partial \ln f}{\partial x}\right)^2\cdot u^2(x)+\left(\frac{\partial \ln f}{\partial f}\right)^2\cdot u^2(y)+\left(\frac{\partial \ln f}{\partial z}\right)^2\cdot u^2(z)+\cdots} \tag{3-29}$$

这就是间接测量不确定度传递公式.

在应用不确定度传递公式估算间接测量量的不确定度时，应注意：如果函数形式是若干个直接测量量相加减，则先计算间接测量量的绝对不确定度比较方便；如果函数形式是若干个直接测量量相乘除或连乘除，则先计算间接测量量的相对不确定度比较方便.

具体计算时，先求出各直接测量量的算术平均值，A 类和 B 类测量不确定度以及各直接测量量的合成标准不确定度；将各直接测量量的算术平均值代入具体的函数公式，计算出待测物理量 N 的值(按有效数字的运算规则计算，可多保留一位有效数字)；推导不确定的传递公式的具体形式；将各直接测量量的数值和测量的合成标准不确定度的数值代入传递公式，求出待测物理量的不确定度(运算过程中，不确定度等可多保留一位有效数字)；不确定度的最终有效数字取位原则与直接测量时的原则一样，只保留一位有效数字，得到待测物理量的最终不确定度 $u(N)$；根据最终不确定度，按直接测量时算术平均值有效数字位数的修约原则，对待测物理量的算术平均值进行有效数字修约，得到待测物理量 $\overline{N}$；最终可以给出间接测的量的结果表示

$$N=\overline{N}\pm u(N)\ (\text{单位})\quad (\text{置信概率}) \tag{3-30}$$

$$E_N=\frac{u(N)}{\overline{N}}\times 100\% \tag{3-31}$$

【例 3-3】 已知质量为 $m=(213.04\pm 0.05)$ g 的铜圆柱体，用 0～125 mm、精度为 0.02 mm 的游标卡尺测得其高度 h 为：80.38 mm，80.37 mm，80.36 mm，80.37 mm，80.36 mm，80.38 mm；用一级 0～25 mm 千分尺测得其直径 d 为 19.465 mm，19.466 mm，19.465 mm，19.464 mm，19.467 mm，19.466 mm. 求该铜柱体的密度.

解 (1)求高度的最佳值及不确定度.

$$\bar{h}=\frac{1}{6}\sum_{i=1}^{6}h_i=80.37\text{mm}\ ,\qquad \sigma=\sqrt{\frac{\sum_{i=1}^{6}(h_i-80.37)^2}{6-1}}=0.0089\text{ mm}$$

由 3σ 准则，判定没有异常测量值.

h 的 A 类不确定度为

$$u_A=t_P\cdot\frac{\sigma}{\sqrt{n}}=\frac{2.56\times0.0089}{\sqrt{6}}=0.0093\ (\text{mm})$$

游标卡尺的示值误差为 0.02 mm，即 h 的 B 类不确定度为

$$u_B=\varDelta_I=0.02\text{ mm}$$

因此，h 的合成标准不确定度为

$$u(h)=\sqrt{u_A^2+u_B^2}=\sqrt{0.0093^2+0.02^2}=0.022\ (\text{mm})$$

根据最终不确定度一律上进的原则，h 的合成标准不确定度为

$$u(h)=0.03\text{ mm}$$

再对 h 的算术平均值进行有效数字修约，得到 h 的最终结果

$$h=(80.37\pm0.03)\text{ mm}\quad (P=0.955)$$

(2) 求直径的最佳值及不确定度.

$$\bar{d}=\frac{1}{6}\sum_{i=1}^{6}d_i=19.4655\text{ mm}\ ,\qquad \sigma=\sqrt{\frac{\sum_{i=1}^{6}(d_i-19.4655)^2}{6-1}}=0.00105\text{ mm}$$

由 3σ 准则判定没有异常值，则 d 的 A 类标准不确定度为

$$u_A=t_P\cdot\frac{\sigma}{\sqrt{n}}=\frac{2.56\times0.00105}{\sqrt{6}}=0.0011\ (\text{mm})$$

一级千分尺的仪器误差限为 0.005 mm，则 d 的 B 类标准不确定度为

$$u_B=\varDelta_I=0.005\text{ mm}$$

因此，d 的合成标准确定度为

$$u(d)=\sqrt{u_A^2+u_B^2}=\sqrt{0.0011^2+0.005^2}=0.0051\ (\text{mm})$$

根据最终不确定度一律只进不舍的原则，d 的最终不确定度为

$$u(d)=0.006\text{ mm}$$

再对 d 的算术平均值进行有效数字修约，得到 d 的最终测量结果

$$d=(19.466\pm0.006)\text{ mm}\quad (P=0.955)$$

(3) 求密度及其不确定度.

$$\bar{\rho}=\frac{4m}{\pi\bar{d}^2\cdot\bar{h}}=\frac{4\times213.04}{\pi\times19.466^2\times80.37}=0.0089068\ (\text{g/mm}^3)=8.9068\ (\text{g/cm}^3)$$

$$E_\rho=\frac{u(\rho)}{\bar{\rho}}=\sqrt{\left[\frac{u(m)}{m}\right]^2+\left[2\times\frac{u(d)}{d}\right]^2+\left[\frac{u(h)}{h}\right]^2}$$

$$=\sqrt{\left[\frac{0.05}{213.04}\right]^2+\left[2\times\frac{0.006}{19.466}\right]^2+\left[\frac{0.03}{80.37}\right]^2}=6.77\times10^{-4}=0.068\%$$

$$u(\rho)=\overline{\rho}\cdot E_\rho=8.9068\times0.068\%=0.006\ (\text{g/cm}^3)$$

再对$\overline{\rho}$进行有效数字修约，得

$$\overline{\rho}=8.907\ \text{g/cm}^3$$

最终结果为

$$\rho=(8.907\pm0.006)\ \text{g/cm}^3\quad (P=0.955)$$

第 4 章　物理实验的数据处理方法

物理实验的数据处理不单纯是取得数据后的数学运算，而是要以一定的物理模型为基础，以一定的物理条件为依据，通过对数据的整理、分析和归纳计算，得出明确的实验结论，因此实验中的数据记录、整理、计算或作图分析都必须具有条理性和严密的逻辑性. 图表的建立应易于直观地对数据进行分析和处理，计算过程应充分考虑误差的消除与传递的基本理论，方法得当，条理分明.

一、列表法

直接从仪器或量具上读出的、未经任何数学处理的数据称为实验测量的原始数据，它是宝贵的实验资料，是获得实验结果的依据. 正确完整地记录原始数据是顺利完成实验的重要保证. 做实验记录时，要经常将数据列成表，简单明确地表示出有关物理量之间的对应关系.

数据列表可以随时检查测量结果的合理性，及时发现问题和分析问题；有利于分析计算，找出有关量之间的规律性，求出经验公式；数据列表可以提高数据处理的效率，减少和避免错误.

根据需要，我们也可以把计算的某些中间数据列出，随时进行有效数字的合理简化，避免不必要的重复计算，有利于误差分析计算. 计算结果也可以列入表中.

数据列表也是图示法、解析法的数值基础.

列表的具体要求：

(1) 表格设计合理，便于看出相关量之间的对应关系，便于分析数据之间的函数关系和数据处理.

(2) 在标题栏必须注明表中各符号所代表的物理量、单位. 单位不要重复记在各数值上.

(3) 表中记录的数据必须忠实于原始测量结果、符合有关标准和规则. 应正确地反映测量值的有效数字位数，尤其不允许忘记末位为“0”的有效数字.

(4) 在表的上方中间应当写出表的内容(即表名).

(5) 必要时，要注明所使用测量仪器的型号、量程、级别等以及测量有关的环境参数，引用的常量和物理量等.

(6) 各计算的中间量要在标题栏给出计算公式.

【例 4-1】　伏安法测量电阻实验(表 4-1).

表 4-1 伏安法测量电阻

伏特计：1.0 级，量程 15 V，内阻 15 kΩ；毫安计：1.0 级，量程 20 mA，内阻 1.20 Ω

测量次数 n	1	2	3	4	5	6	7	8	9
电压 U/V	1.00	2.00	3.00	4.00	5.00	6.00	7.00	8.00	9.00
电流 I/mA	2.00	4.01	6.05	7.85	9.70	11.83	13.75	16.02	17.86
电阻 $R=\dfrac{U}{I}$ / Ω	500	499	496	510	515	507	509	499	504

二、作图法

作图法是将一系列数据之间的关系或其变化情况用图线直观地表示出来，是一种最常用的数据处理方法. 它可以研究物理量之间的变化规律，找出对应的函数关系，求取经验公式. 如果图线是依据许多测量数据点描述出来的光滑曲线，则作图法有多次测量取其平均效果的作用；能简单地从图线上求出实验需要的某些结果，绘出仪器的校准曲线；在图线范围内可以直接读出没有进行观测的对应于某 x 的 y 值(即内插法)，在一定条件下，也可以从图线的延伸部分读到测量范围以外无法测量的点的值(即外推法). 由图线还可以帮助发现实验中个别的测量错误，并可以通过图线进行系统误差分析.

虽然作图法具有简便、形象、直观等优点，但它只是一种粗略的数据处理方法. 因为它既不是建立在严格的统计理论基础上，而且还受到坐标纸及人为的影响. 尽管如此，作图法仍不失为一种重要而常用的数据处理方法.

1. 作图要求

1)选用合适的坐标纸

应根据物理量之间的函数性质合理选用坐标纸的类型. 例如，函数关系为线性关系时选用直角坐标纸，为对数关系时可选用对数坐标纸.

2)坐标轴的比例与标度

坐标纸的大小，应根据测量数据的有效数字位数及测量结果的需要来确定. 原则上，数据中的可靠数字在图中也应是可靠的. 数据中有误差的一位，即不确定度所在位，在图中应是估计的，即坐标中的最小格对应测量值可靠数字的最后一位.

以横轴代表自变量，纵轴代表因变量，并标明所代表的物理量名称(或符号)及单位.

按简单和便于读数的原则选择图上的读数与测量值之间的比例，一般选用 1∶1，1∶2，1∶5，2∶1 等为好. 用选好的比例，在轴上等间距地、按图上所能读出的有效数字位数表示分度(坐标轴所代表的物理量数值).

为使图线布局合理，应当合理选取比例，使图线比较对称地充满整个图纸，而不是偏向一边. 纵横两坐标轴的比例可以不同，坐标轴的起点也不一定从零开始. 对于数据特别大的或特别小的，则可以写成数量级表示法，如 $\times10^{m}$ 或 $\times10^{-n}$，并放在坐标轴最大值的右边(或上方).

3) 标点与连线

根据测量数据，用削尖的铅笔在坐标纸上以“+”、“×”、“.”、“.”等符号标出实验点. 应使各测量数据对应的坐标准确地落在所标符号的中心，一条实验曲线用同一种符号标记所测量数据. 当一张图纸上要画几条曲线时，各条曲线应分别用不同的符号标记，以便区别.

各实验点的连线决不能随手画，而要用直尺或曲线板等作图工具，根据不同情况把点连成直线或光滑曲线. 由于测量存在不确定度，因此图线并不一定通过所有的点，而要求数据点均匀地分布在图线两旁. 如果个别点偏离太大，应仔细分析后决定取舍或重新测定. 连线要细而清晰，连线过粗会因作图带来附加误差. 用来对仪表进行校准时使用的校准曲线要通过校准点连成折线.

4) 写明图线特征

必要时，可利用图上的空白位置注明实验条件和从图线上得出的某些参数，如截距、斜率、极大值极小值、拐点和渐近线等.

5) 标注图名

在图纸下方或空白位置写出图线的名称以及某些必要的说明，要使图纸尽可能全面反映实验的情况，最后写上实验者姓名、实验日期，将图纸与实验报告订在一起.

2. 作图法处理实验数据

用作图法处理实验数据时，如果一些物理量之间为线性关系，则其图线为直线，通过求直线的斜率和截距可以方便地求得相关的间接测量的物理量.

1) 直线斜率和截距的求法

设直线方程为 $y = a + b \cdot x$，可在图线上任取两个相距较远的点（一般取靠近直线两端的点 $P_1(x_1, y_1)$ 和 $P_2(x_2, y_2)$），其中 x 坐标最好为整数，以减少误差（注意：不得使用原始实验数据点，必须从图线上重新读取）.

由两点式求出该直线的斜率

$$b = \frac{y_2 - y_1}{x_2 - x_1} \tag{4-1}$$

注意：在物理实验的坐标系中，纵坐标和横坐标代表不同的物理量，分度值与空间坐标不同，故不能用量取直线倾角求正切值的办法求斜率.

直线延长线与纵坐标轴的交点的纵坐标数值，即为直线的截距（$x = 0, y = a$）.

2) 曲线改直

如果已知图线不是直线，可利用函数关系将曲线改直. 例如，已知 $y = a \cdot \exp(bx)$，则可以令 $z = \exp(bx)$，则 $y = az$.

【例 4-2】　伏安法测量电阻实验（图 4-1）.

取 $P_1(1.50, 3.00)$ 和 $P_2(8.50, 17.00)$，则

$$R_x = \frac{U_2 - U_1}{I_2 - I_1} = \frac{8.50 - 1.50}{(17.00 - 3.00) \times 10^{-3}} = 500\ (\Omega)$$

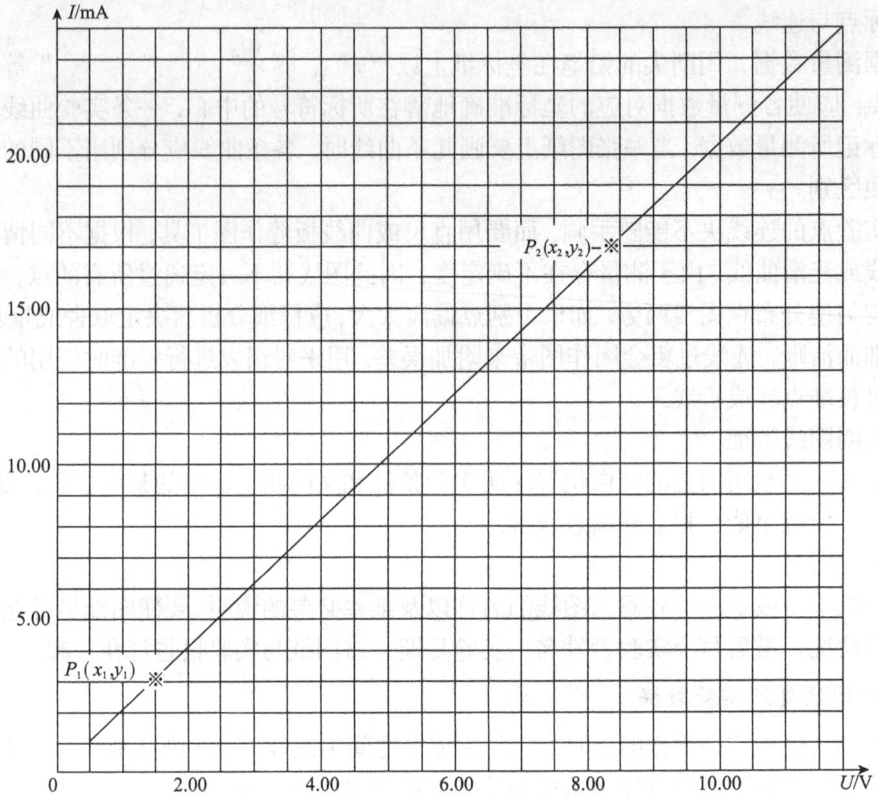

图 4-1 伏安法测量电阻 I-U 图

三、逐差法

由误差理论可知，算术平均值是若干次重复测量的物理量的近似值. 为了减少随机误差，在实验中一般都采用多次测量. 但是在等间隔线性变化测量中，若仍采用一般的求平均值的方法，我们将发现，只有第一次测量值和最后一次测量值起作用，所有的中间测量值全部抵消. 因此，这种实验数据处理方法无法反映多次测量的特点.

以测量弹簧劲度系数为例. 如有一长为 x_0 的弹簧，逐次在其下端加挂质量为 m 的砝码，共加 7 次，测出其对应长度分别为 $x_1, x_2, \cdots, x_7$，从这组数据中求出每加单位砝码时弹簧的伸长量 Δx.

若用通常的求平均值的方法，则有

$$\overline{\Delta x}=\frac{1}{7m}\left[\left(x_1-x_0\right)+\left(x_2-x_1\right)+\left(x_3-x_2\right)+\cdots+\left(x_7-x_6\right)\right]=\frac{1}{7m}\left(x_7-x_0\right) \tag{4-2}$$

这种处理仅用了首尾两个数据，中间值全部抵消，因而损失掉很多信息.

若将以上数据按顺序分为 x_0, x_1, x_2, x_3 和 x_4, x_5, x_6, x_7 两组，并使其对应项相减，就有

$$\overline{\Delta x}=\frac{1}{4}\left[\frac{x_4-x_0}{4m}+\frac{x_5-x_1}{4m}+\frac{x_6-x_2}{4m}+\frac{x_7-x_3}{4m}\right]$$

$$=\frac{1}{16m}\left[\left(x_4+x_5+x_6+x_7\right)-\left(x_0+x_1+x_2+x_3\right)\right] \tag{4-3}$$

这样就使用了全部的数据信息，因此更能反映多次测量对减少误差的作用.

逐差法选用测量数据的原则是所有的数据都要用上，但每个数据不能重复使用. 一般情况下，用逐差法处理数据要具备两个条件.

(1) 函数具有线性关系

$$y=a_0+a_1x \quad (用一次逐差法)$$

或是 x 的多项式形式

$$y=a_0+a_1x+a_2x^2 \quad (用二次逐差法)$$

(2) 自变量是等间距变化的，测量数据必须为偶数个.

【例 4-3】 弹簧劲度系数测量实验. 测量数据如表 4-2 所示.

表 4-2　负载与标尺刻度变化之间的关系

测量次数	1	2	3	4	5	6	7	8
$m_i=M_i-m_0$ / kg	0.000	0.500	1.000	1.500	2.000	2.500	3.000	3.500
r_i /mm	90.0	101.5	112.5	124.5	135.3	146.0	158.0	170.0
r_i' /mm	88.4	100.0	111.0	122.8	134.0	147.6	158.4	170.0
$\overline{r}_i$ /mm	89.2	100.8	111.8	123.7	134.7	146.8	158.2	170.0

已知每次加减砝码质量 $m_i=\left(0.500\pm0.005\right)\text{kg}$，标尺刻度不确定度为 $\Delta r=\pm0.3\text{ mm}$，求标尺刻度数与砝码质量之间的线性比例系数.

解　(1) 将 8 个数据分成两组，$j=1,2,3,4$.

$$r_j=\overline{r}_{j+4}-\overline{r}_j=45.5\text{ mm},\ 46.0\text{ mm},\ 46.4\text{ mm},\ 46.3\text{ mm};$$

$$m_j=2.000\text{ kg},\ 2.000\text{ kg},\ 2.000\text{ kg},\ 2.000\text{ kg}$$

(2) 求 r 的平均值及不确定度.

$$\overline{r}=46.05\text{ mm},\qquad \sigma(r)=0.40\text{ mm}$$

$$u_{\mathrm{A}}(r)=t_P\cdot\frac{\sigma(r)}{\sqrt{n}}=3.18\times\frac{0.40}{\sqrt{4}}=0.64\ (\text{mm}),\qquad u_{\mathrm{B}}(r)=\Delta_{\mathrm{I}}=0.3\text{ mm}$$

$$u(r)=\sqrt{{u_{\mathrm{A}}}^2+{u_{\mathrm{B}}}^2}=\sqrt{0.64^2+0.3^2}=0.7\ (\text{mm})$$

$$r=\left(46.0\pm0.7\right)\text{mm}\qquad (P=0.955)$$

(3) 求 m 的平均值及不确定度.

$$\overline{m}=2.000\text{ kg},\qquad u(m)=u_{\mathrm{B}}(m)=\Delta_{\mathrm{I}}=0.005\text{ kg}$$

$$m=\left(2.000\pm0.005\right)\text{kg}$$

(4) 求弹簧劲度系数.

$$a=\frac{r}{m}=\frac{46.0}{2.000}=23.0\ (\text{kg/mm})$$

$$E(a)=\frac{u(a)}{a}=\sqrt{\left[\frac{u(r)}{r}\right]^2+\left[\frac{u(m)}{m}\right]^2}=\sqrt{\left(\frac{0.7}{46.0}\right)^2+\left(\frac{0.005}{2.000}\right)^2}=0.015$$

$$u(a)=0.015\times 23.0=0.35=0.4\ (\text{kg/mm})$$

修约弹簧劲度系数的有效数字位，得 23.0 kg/mm .

最终结果为

$$a=\left(23.0\pm 0.4\right)\text{kg/mm}\qquad (P=0.955)$$

四、线性回归法

作图法在数据处理中虽然是一种直观而便利的方法，但在图线的绘制过程中往往会引入附加误差，因此有时不如用函数解析形式表示出来更为明确和便利. 通过实验数据求出经验公式，这个过程称为回归分析. 它包括两类问题：第一类是函数关系已经确定，但式中的系数是未知的，在测量了 n 对 (x_i,y_i) 值后，要求确定系数的最佳估计值，以便将函数具体化；第二类问题是 y 和 x 之间的函数关系未知，需要从 n 对 (x_i,y_i) 测量数据中寻找出它们之间的函数关系式，即经验方程式. 我们只讨论第一类问题中的最简单的函数关系，即一元线性方程的回归问题(或称直线拟合问题).

1. 一元线性回归(最小二乘法)

线性回归是一种以最小二乘原理为基础的实验数据处理方法，下面就数据处理中的最小二乘原理作简单介绍.

若已知函数的形式为

$$y=a+bx \tag{4-4}$$

由于自变量只有 x 一个，故称为一元线性回归.

实验得到的数据，当 $x=x_1,x_2,x_3,\cdots,x_n$ 时，对应的 $y=y_1,y_2,y_3,\cdots,y_n$. 在许多实验中，x 、y 两个物理量的测量总有一个物理量的测量精度比另一个高，把测量精度较高的物理量作为自变量，其误差可忽略不计，而把精度较低的物理量作为因变量. 显然，如果从上述测量列中任取 (x_i,y_i) 的两组数据就可得出一条直线，只是这条直线的误差有可能很大. 直线拟合(线性回归)的任务就是用数学分析的方法从这些观测到的数据中求出一个误差最小的最佳经验公式 $y=a+bx$. 根据这一最佳经验公式作出的图线，虽然不一定能通过每一个实验观测点，但是它以最接近这些实验点的方式平滑地穿过观测点. 因此，对应于每一个 x_i 值，观测值 y_i 和最佳经验公式的 y 值之间存在一个偏差 ε_i ，我们称它为观察值 y_i 的偏差，即

$$\varepsilon_i=y_i-y=y_i-a-bx_i \tag{4-5}$$

ε_i 的大小和正负表示实验观测点在回归法求得的直线两侧的分散程度. 显然 ε_i 的值与 a 和 b 的取值有关. 为使偏差的正负和不抵消，且考虑所有实验值的影响，计算各偏差的平方和($\sum_{i=1}^{n}\varepsilon_i^2$)的大小. 如果 a 和 b 取值使 $\sum_{i=1}^{n}\varepsilon_i^2$ 最小，a 和 b 即为所求的值，由 a 和 b 所确定的经验公式就是最佳经验公式. 这种方法称为最小二乘法.

为使

$$\sum_{i=1}^{n}\varepsilon_i^2=\sum_{i=1}^{n}\left(y_i-a-bx_i\right)^2 \tag{4-6}$$

最小，则其对 a 和 b 的一阶偏导数应分别等于零，二阶偏导数大于零，即

$$\frac{\partial\sum_{i=1}^{n}\varepsilon_i^2}{\partial a}=-2\sum_{i=1}^{n}\left(y_i-a-bx_i\right)=0\ ,\qquad \frac{\partial\sum_{i=1}^{n}\varepsilon_i^2}{\partial b}=-2\sum_{i=1}^{n}\left(y_i-a-bx_i\right)x_i=0 \tag{4-7}$$

$$\frac{\partial^2\sum_{i=1}^{n}\varepsilon_i^2}{\partial a^2}>0\ ,\qquad \frac{\partial^2\sum_{i=1}^{n}\varepsilon_i^2}{\partial b^2}>0 \tag{4-8}$$

令

$$\overline{x}=\frac{1}{n}\sum_{i=1}^{n}x_i\ ,\quad \overline{y}=\frac{1}{n}\sum_{i=1}^{n}y_i\ ,\quad \overline{x^2}=\frac{1}{n}\sum_{i=1}^{n}x_i^2\ ,\quad \overline{x\cdot y}=\frac{1}{n}\sum_{i=1}^{n}x_iy_i\ ,\quad \overline{y^2}=\frac{1}{n}\sum_{i=1}^{n}y_i^2 \tag{4-9}$$

一阶偏导方程经整理得

$$b\cdot\overline{x}+a=\overline{y}\ ,\qquad b\cdot\overline{x^2}+a\cdot\overline{x}=\overline{x\cdot y} \tag{4-10}$$

上述两方程的解为

$$b=\frac{\overline{x}\cdot\overline{y}-\overline{x\cdot y}}{(\overline{x})^2-\overline{x^2}}\ ,\qquad a=\overline{y}-b\cdot\overline{x} \tag{4-11}$$

不难证明 $\sum_{i=1}^{n}\varepsilon_i^2$ 对 a 和 b 的二阶偏导数大于零，故求得的 a 和 b 使 $\sum_{i=1}^{n}\varepsilon_i^2$ 取最小值.

将求得的 a 和 b 值代入直线方程，就得到最佳经验公式

$$y=a+bx \tag{4-12}$$

2. 线性回归质量评价

为了检验所得结果是否合理，在待定常数确定后还要与**相关系数** r 进行比较. 对于一元线性回归，r 定义为

$$r=\frac{\overline{x\cdot y}-\overline{x}\cdot\overline{y}}{\sqrt{\left(\overline{x^2}-(\overline{x})^2\right)\cdot\left(\overline{y^2}-(\overline{y})^2\right)}} \tag{4-13}$$

r 值总是在 0 与 ±1 之间. r 值愈接近 1，说明实验数据点愈能密集分布在求得的直线的近旁，用线性函数进行回归比较合理；相反，如果 $|r|$ 远小于 1 而接近 0，说明实验点对所求得的直线来说很分散，用线性函数回归不合适，x 和 y 完全不相关，必须用其他函数重新试探.

由以上讨论可见，任意给出 n 个测量点，无论测量数据好坏都可以求出 a 和 b ，所以必须有一种判断测量数据好坏的方法来判断在什么样的情况下不宜使用最小二乘法进行直线拟合. 其方法是，拟合的相关系数 r 与相关系数起码值 r_0 进行比较，若 $|r|<r_0$ ，则测量数据线性关系较差，不宜使用最小二乘法进行直线拟合；若 $|r|>r_0$ ，则可以使用最小二乘法进行直线拟合. r_0 称为相关系数起码值，它仅与测量次数 n 有关，如表 4-3 所示.

表 4-3 相关系数起码值与测量次数的关系

n	r_0	n	r_0	n	r_0
3	1.000	9	0.798	15	0.641
4	0.990	10	0.765	16	0.623
5	0.959	11	0.735	17	0.606
6	0.917	12	0.708	18	0.590
7	0.874	13	0.684	19	0.575
8	0.834	14	0.661	20	0.561

3. 线性回归的标准偏差

用最小二乘法求经验公式中的 a 和 b 的方法是一种直线拟合法. 它在科学实验中的运用很广泛，特别是有了计算器后，计算工作量大大减小，计算精度也能得到保证，现在用计算机运算速度更快，因此它是很有用又很方便的方法. 用这种方法计算的常数值 a 和 b 是“最佳的”，但并不是没有误差，它们的误差估算比较复杂. 一般来说，一列测量值的 ε_i 大(即实验点对直线的偏离大)，那么由这列数据求出的 a 和 b 值的误差也大，由此定出的经验公式可靠程度就低；如果一列测量值的 ε_i 小(即实验点对直线的偏离小)，那么由这列数据求出的 a 和 b 值的误差就小，由此定出的经验公式可靠程度就高.

在最小二乘法中，假定自变量误差可以忽略不计，是为了方便推导回归方程. 操作中函数的误差大于自变量的误差即可认为满足假定. 实际上，两者均是变量，都有误差，从而导致结果 y 、a 和 b 的标准差如下：

$$\sigma_y=\sqrt{\frac{\sum_{i=1}^{n}\varepsilon_i^2}{n-2}}=\sqrt{\frac{\sum_{i=1}^{n}\left(y_i-a-bx_i\right)^2}{n-2}} \tag{4-14}$$

$$\sigma_a=\sqrt{\frac{\sum_{i=1}^{n}x_i^2}{n\cdot\sum_{i=1}^{n}x_i^2-\left(\sum_{i=1}^{n}x_i\right)^2}}\cdot\sigma_y=\sqrt{\frac{\overline{x^2}}{n\cdot\left(\overline{x^2}-(\overline{x})^2\right)}}\cdot\sigma_y=\sigma_b\cdot\sqrt{\overline{x^2}} \tag{4-15}$$

$$\sigma_b=\sqrt{\frac{n}{n\cdot\sum_{i=1}^{n}x_i^2-\left(\sum_{i=1}^{n}x_i\right)^2}}\cdot\sigma_y=\sqrt{\frac{1}{n\cdot\left(\overline{x^2}-(\overline{x})^2\right)}}\cdot\sigma_y=b\cdot\sqrt{\frac{\frac{1}{r^2}-1}{n-2}} \tag{4-16}$$

有了标准偏差，就可以计算测量结果的不确定度.

4. 线性回归的适用条件

(1) 系统误差已经修正.

(2) 粗大误差已经剔除.

(3) n 次测量的条件相同，即等精度测量. 误差服从正态分布或近似正态分布.

5. 能化为线性回归的非线性回归

非线性回归是一个复杂的问题，并无固定的解法，但若某些非线性函数经过适当变换后成为线性关系，仍可用线性回归方法处理.

对于指数函数、对数函数、幂函数的最小二乘法拟合，可以通过变量代换变换成线性关系，再进行拟合. 也可以用计算器进行相关的回归计算，直接求解实验方程. 现在市场上有很多函数计算器具有多种函数的回归功能，操作很方便. 对更复杂一些的函数，可以自编程序或采用计算机作图软件来进行拟合.

例如，指数函数 $y=a\exp(bx)$（其中 a 和 b 为常数）等式两边取对数可得

$$\ln y=\ln a+bx$$

令 $\ln y=y'$, $\ln a=b_0$，即得直线方程

$$y'=b_0+bx$$

这样便可把指数函数的非线性回归问题变为一元线性回归问题.

又如，对幂函数 $y=ax^b$ 来说，等式两边取对数，得

$$\ln y=\ln a+b\ln x$$

令 $\ln y=y'$，$\ln a=b_0$，$\ln x=x'$，即得直线方程

$$y'=b_0+bx'$$

同样转化成了一元线性回归.

由此可见，对任何一个非线性函数，只要能设法将其转化成线性函数，就可能用线性回归方法处理.

6. 一般函数关系的回归

前面介绍了函数关系比较明确的测量数据的方程的回归. 若测量数据的函数关系不明确，则常用多项式来拟合，即

$$y=a_0+a_1x+a_2x^2+\cdots+a_nx^n \tag{4-17}$$

当函数关系确定后，回归的问题就归结为利用实验数据确定方程中的待定系数.

将测量数据 (x_i, y_i) 代入式(4-17)，可得若干个有关 $\{a_j\}$ 的线性方程，解此线性方程组，定出 $\{a_j\}$，代回式(4-17)，即可得到拟合的函数关系.

【例 4-4】 某同学测量弹簧劲度系数的数据如表 4-4 所示.

表 4-4　弹簧受力与伸长量数据记录

F/g	2.00	4.00	6.00	8.00	10.00	12.00	14.00
y/cm	6.90	10.00	13.05	15.95	19.00	22.05	25.10

其中，F 为弹簧所受的作用力，y 为弹簧伸长后的位置示值，已知

$$y-y_0=\left(\frac{1}{k}\right)F$$

试用最小二乘法处理数据，求弹簧的劲度系数 k 及弹簧的初始位置 y_0.

解　将测量公式与线性方程 $y=a+bx$ 比较，得

$$x = F\ ,\quad a = y_0\ ,\quad b = \frac{1}{k}$$

(1)求线性回归系数(由计算器输出).

a =3.914285714=3.9143 (计算过程多取一位有效数字)

b =1.511607143=1.5116 (计算过程多取一位有效数字)

r =0.99997645=0.99998 (计算过程多取一位有效数字)

$$\overline{x^2} = 80.00$$

而 $r_0 = 0.874$, $|r| > r_0$, 可以用最小二乘法进行直线拟合.

(2)求标准偏差(计算过程多取一位有效数字).

$$\sigma_b = b \cdot \sqrt{\frac{\frac{1}{r^2} - 1}{n-2}} = 1.5116 \times \sqrt{\frac{\frac{1}{0.99998^2} - 1}{7-2}} = 0.004275514573 = 0.0043\ (\text{cm/g})$$

$$\sigma_a = \sigma_b \cdot \sqrt{\overline{x^2}} = 0.0043 \times \sqrt{80.00} = 0.038460369 = 0.038\ (\text{cm})$$

(3)变量替换(计算过程多取一位有效数字).

$$y_0 = a = 3.9143\ \text{cm}$$

$$k = \frac{1}{b} = \frac{1}{1.5116} = 0.661550674 = 0.66155\ (\text{g/cm})$$

(4)不确定度.

$$u(y_0) = \sigma_a = 0.04\ \text{cm}$$

$$\frac{u(k)}{k} = \frac{\sigma_b}{b} = \frac{0.0043}{1.5116} = 0.28\%$$

$$u(k) = 0.28\% \times 066155 = 0.00185234 = 0.002\ (\text{g/cm})$$

(5)结果表示.

$$k = (0.662 \pm 0.002)\ \text{g/cm} \qquad (P = 0.683)$$

$$y_0 = (3.91 \pm 0.04)\ \text{cm} \qquad (P = 0.683)$$

(6)回归线性方程.

$$y = 3.91 + 1.512F$$

以上介绍的四种数据处理方法,各有其特点. 总起来说,列表法使测量结果一目了然,在实验数据的记录中普遍采用;图解法可以简明直观地表示物理量之间的变化关系,不过,图解法处理数据往往较为粗略,因为同一组测量数据由不同的人作图,会得出不同的结果;而采用最小二乘法处理数据时,所得结果则更为客观和准确;当自变量等间距变化时,如按一般平均值计算则中间测量值会被抵消,若用逐差法,可以保持多次测量的优越性. 在实验中,可根据具体情况、不同的条件和要求,选用不同的数据处理方法.

第 5 章　物理实验与物理实验报告

大学物理实验课是一门独立设置的必修课程，是教育部指定的我国高等院校理工类专业六门主要基础课之一，是对学生进行系统的科学实验基本训练的必修课程，着重对以下几个方面进行训练：①能够正确地采集实验数据，根据测量要求，采取不同的测试手段(如力、热、电、磁、光)，从众多的信息中提取有用的数据. ②根据仪器说明书，能正确地调节和使用仪器. ③根据测量要求，初步学会设计实验方案、选择实验仪器、实验方法. ④学会正确表达实验结果.

大学物理实验覆盖面广，具有丰富的实验方法和手段，同时能够提供综合性很强的基本实验技能训练，是培养学生科学实验能力、提高科学素质的重要基础课，在培养学生严谨的学习态度、活跃的创新意识、理论联系实际等方面，大学物理实验具有其他实践类课程不可替代的作用. 物理实验可以培养学生的观察实验能力、思维能力、动手操作能力、分析归纳能力、语言表达能力等，有利于学生综合素质的培养. 每个物理实验中都涉及学生动手操作、观察物理现象、分析物理现象、归纳想象的特征以及用简洁的语言表达出自己想法等，因此，在这个过程中就很自然地培养了学生的以上能力. 另外，物理实验还可以使学生初步了解物理学的思想方法、研究方法，培养学生事实求是的科学态度. 通过物理实验课程的学习不仅可以加深对理论的理解，更为重要的是使学生获得基本的实验知识，在实验方法和实验技能等方面得到较为系统、严格的训练. 可以说，大学物理实验课是理工类学生在大学里学习或从事科学实验的起步. 同时，在培养科技工作者的良好素质及科学世界观方面也起着潜移默化的作用.

通过物理实验课达到以下目的：①通过对实验现象的观察分析和对物理量的测量，学习物理实验知识，加深对物理学原理的理解. ②培养与提高学生的科学实验能力，包括：能够通过阅读实验教材或资料，做好实验前的准备；能够借助教材或仪器说明书正确使用常用仪器；能够运用物理学理论对实验现象进行初步的分析判断；能够正确记录和处理实验数据，绘制曲线，说明实验结果，撰写合格的实验报告；能够完成简单的具有设计性内容的实验. ③培养与提高学生的科学素养，要求学生具有理论联系实际和实事求是的科学作风，严肃认真的工作态度，主动研究的探索精神.

一、物理实验的步骤

大学物理实验每个实验项目大约需要 3 个实验室学时，其中 1 个学时的实验准备，2 个学时的实验操作(观测)和记录，需要两次进入实验室. 为规范，必须使用统一的实验报告纸. 整个实验分为：预习、准备、测量(观测)、记录、数据处理、结果分析和实验报告.

1. 预习

预习是实验理论知识准备和实验的初步认识，是物理实验课的一个首要环节，是进行实验的基础，对实验的效果影响很大，关系到实验的成败.

预习是在来实验室准备实验之前由学生独立完成(不占用课内学时)的，可从实验指导书和有关参考书中充分了解实验的理论依据和条件. 通过预习, 要求学生认真阅读教材中的有关章节, 明白实验的目的、要求、原理和采用的方法, 对将做的实验工作有具体而清楚的理解. 这样, 既培养了学生的自学能力, 也培养了其综合运用知识能力和研究能力. 预习明显提高了实验质量和效果, 有利于发挥学生的主观能动性, 同时也基本保证能在规定时间内完成实验, 提高了实验的效率.

预习是要在专用实验报告纸上写出预习报告的, 进入实验室准备实验时, 教师要检查预习报告并签字和评分.

2. 实验准备

实验准备是按约定时间进入实验室在教师的指导下完成的. 对实验理论有更深入的理解; 了解所有实验仪器的工作原理、工作条件和操作规程; 了解实验室为何选用这样的装置和仪表, 还是否有其他的实验装置可用.

对于基本实验和综合型实验, 要理解实验目的、所用的实验仪器、实验操作步骤、需要直接观测的物理量、设计实验数据记录表格等. 对于设计型实验, 确定实验目的、制订实验方案、实验操作步骤、需要直接观测的物理量、设计实验数据记录表格等.

实验准备要在专用实验报告纸上写出实验准备报告, 经教师检查并签字和评分后, 学生方可离开实验室.

预习报告和实验准备报告作为实验报告的附件 1, 与实验报告一同交实验教师. 设计实验数据记录表格要写在专用的实验报告纸上, 以便在实验测量(观测)时使用.

3. 实验测量(观测)和记录

在经过充分的预习和准备后, 可以按约定时间来实验室在教师的指导下完成实验测量.

(1)仪器的安装和调整: 按操作规程调整仪器以达到正常的工作条件.

(2)实验测量(观测): 在明确了实验目的和测量内容、步骤, 并能正确使用仪器后, 可以进行正式测量(观测).

(3)实验记录: 实验记录是以后计算与分析问题的依据, 在实际工作中则是宝贵的资料. 实验记录应记在实验准备报告中的实验数据记录表格内. 要如实地记下各测量(观测)数据、简单的过程及观测到的现象, 交实验教师签字后方可.

(4)测量结束, 整理摆放好设备, 经实验教师同意后, 学生方可离开实验室.

实验数据记录作为实验报告的附件 2, 与实验报告一同交实验教师.

4. 实验数据的整理

实验结束后, 要根据选定的数据处理方法对实验数据进行处理. 数据处理不单纯是实验后的数学运算问题, 而是渗透在每一个实验中的. 从实验的操作到实验结果分析的全过程中, 数据处理是物理实验的重要组成部分. 同一个实验, 可以采用不同的实验方法, 同一组数据, 也可以选择不同的数据处理方法, 它反映了不同的物理模式, 我们的思路应该是选择既满足实验要求而又是最简便的数据处理方法.

实验过程中要随时整理数据, 测量结束后要尽快整理好实验数据, 计算出结果并绘出必要的图线. 数据整理工作应尽可能地在实验课上完成, 并且根据整理中的问题作必要的补充测量.

物理实验测量分为直接测量和间接测量、单次测量和重复测量. 必须按规范处理实验数据，给出测量结果和测量的不确定度. 数据处理必须按顺序给出必要的计算公式和中间结果，称为数据处理过程. 数据处理过程必须写在专用实验报告纸上，作为实验报告的附件 3，与实验报告一同交给实验教师.

5. 结果讨论

物理实验工作者在完成一套物理实验后，绝不是只给出实验结果，而是还要对结果加以讨论，力图从中发现一些共性的结论，这就是创新. 一篇好的实验报告，除了有准确的测量记录和正确的数据处理、结论外，还应该对结果做出合理的分析讨论，从中找到被研究事物的运动规律，并且判断自己的实验或研究工作是否可信或有所发现.

大学物理实验之所以作为理工科学生的重要基础课，其一大功能就是培养学生的创新意识和创新思维. 实验结果的讨论正是为了这个目的，如实验现象分析，误差来源分析，实验中存在问题的讨论，回答实验思考题. 亦可对实验本身的设计思想、实验仪器的改进提出建设性意见. 这部分内容应该写入正式的实验报告中.

6. 实验报告

每完成一个物理实验都要完成一篇完整的实验报告. 实验报告要求写在专用的实验报告纸上，如发现原始数据有错、漏等情况，应予以重测或补测. 实验报告书应字迹工整、措词简练、步骤完整、数据真实、图表齐全、书写规范.

实验报告完成后，按实验报告、预习报告和实验准备报告（附件 1）、实验数据记录（附件 2）、数据处理过程（附件 3）的顺序整理并装订好，一并交实验教师. 教师评阅后，将全部实验报告（包括附件）集中封存，以便查阅.

二、物理实验报告

实验报告是按照一定的格式和要求表达实验过程和结果的文字材料. 它是实验工作的全面总结和系统概括，是实验工作中不可缺少的一个环节. 实验报告的撰写过程，是对所测取的数据加以处理，对所观察的现象加以分析并从中找出客观规律和内在联系的过程. 因此，书写实验报告，对于理工科学生来讲是一种必不可少的基础训练，同时也是培养学生将来从事科学研究和工程技术开发论文书写的基础，应认真对待. 书写实验报告要使用统一规格的实验报告纸，要求字迹端正、文字通顺、内容简明扼要、数据记录整洁、图表规范、结果正确、讨论认真.

一份完整的实验报告通常包括下述内容：①实验名称；②实验目的；③实验原理；④实验仪器设备；⑤实验内容及步骤；⑥数据记录及处理；⑦小结或讨论.

1. 实验名称

实验报告的名称，又称标题. 实验名称应简洁、鲜明、准确. 字数要尽量少，一目了然，能恰当反映实验的内容.

2. 实验目的

实验目的，通常教材都给予明确阐述，但在具体实验过程中，有些内容并不进行，或实验内容作了改变. 因此,不能完全照书本上抄,需要按课堂要求并结合自己的体会来写,简明扼要地说明为什么要进行本实验,实验要解决什么问题.

3. 实验原理

通常教材实验原理部分可能过于详细,目的是便于学生阅读和理解. 书写报告时不能完全照书本上抄,应该用自己的语言进行归纳阐述. 在理解的基础上,用简短的文字扼要地阐述实验原理,切忌整篇照抄,力求做到图文并茂. 具体要求如下:

(1)画出必要的电路图、光路图或实验装置示意图,如图不止一张,应依次编号.

(2)必须有简明扼要的语言文字叙述,用自己的语言进行归纳阐述,文字务必清晰、通顺.

(3)写明实验所用的公式及简要的推导过程,说明式中各物理量的意义和单位以及公式的适用条件.

4. 实验仪器设备

每一个实验中用到的仪器设备是根据实验内容的要求来配置的,在书写这部分内容时应根据实验的实际情况如实记录仪器的名称、型号、规格和数量,不要照抄教材.

5. 实验内容及步骤

简明扼要地写出实验的主要内容,根据实际操作程序,按时间的先后划分为几个步骤,并在前面标上 1,2,3,…,使实验内容的记录条理清晰.

6. 数据记录

数据记录是将实验过程中记录在原始数据记录表格里、从测量仪表所读取的实验数据,重新整理填入画好的数据表格中.

7. 数据处理

数据处理是将测量所得的原始数据,根据评定不确定度、测量结果的表示方法以及数据处理的基本方法进行处理. 如采用作图法、图解法时,应根据作图法的要求,画出相关的曲线后再求解.

8. 小结或讨论

这部分内容不限,可以从理论上对实验结果进行客观的评价、对实验中出现的异常现象进行讨论、分析误差的大小和产生的原因以及如何提高测量精度、指出实验中存在的问题、总结实验的收获或心得体会、回答问题等.

附：实验报告范例

大学物理实验报告

实验报告完成日期 2012.9.22
学号 201132001，姓名 张五，班级 环生 1101
实验准备时间 2012.9.12 第 2 周周 三 第 5 节
实验完成时间 2012.9.17 第 3 周周 三 第 5、6 节
实验名称：长度的测量

成　绩
批阅教师

一、实验内容和目的

(1)测量钢球的直径、钢板的面积、空心圆柱体的体积.
(2)掌握米尺、游标卡尺、螺旋测微器等几种常用测长仪器的读数原理和使用方法.

二、实验仪器

直尺(50 cm)，游标卡尺(0.02 mm)，螺旋测微器(0～25 mm，0.01 mm)

三、实验原理

1. 小钢球的直径

用测量长度的工具，直接测量.

2. 长方形钢板的面积

测得长方形钢板的长度 a 和宽度 b，则长方形钢板的面积为

$$S = ab$$

3. 空心圆柱体的体积

测得空心圆柱体的内直径 d、外直径 D、高度 h，则空心圆柱体的体积为

$$V = \frac{1}{4}\pi h D^2 - \frac{1}{4}\pi h d^2 = \frac{1}{4}\pi h(D^2 - d^2)$$

四、实验步骤

1. 螺旋测微器测量小钢球的直径

(1)记下螺旋测微器的分度值和零点误差；
(2)用螺旋测微器测量小钢球不同部位的直径 M，在垂直交叉方向测量 16 次.

2. 用直尺测量长方形钢板的长度 a 和宽度 b 各一次.

3. 空心圆柱体的体积

(1)记下游标卡尺的分度值和零点误差;

(2)用游标卡尺测量空心圆柱体不同部位的外径 D，测量 10 次;

(3)用游标卡尺测量空心圆柱体不同部位的内径 d，测量 10 次;

(4)用游标卡尺测量空心圆柱体不同部位的外径 h，测量 10 次.

五、实验结果

1. 螺旋测微器测量小钢球的直径

表 5-1 螺旋测微器测量小钢球的直径数据记录表

分度值：0.01 mm，仪器误差：0.004 mm，零点误差 M_0：+0.012 mm

编号	1	2	3	4	5	6	7
M / mm	20.124	19.988	19.990	20.018	20.198	19.960	19.988
编号	8	9	10	11	12	13	14
M / mm	19.630	19.984	19.986	19.982	20.128	20.178	20.166
编号	15	16	17	18	19	20	21
M / mm	20.164	20.168	20.178	20.176	20.172	20.170	20.174

经数据处理，第 8 次测量数据被剔除，其余 20 组数据构成多次直接测量.

测量直径 M 的 A 类不确定度($P=0.955$)和 B 类不确定度分别为

$$u_A = 0.065\ \text{mm}，\quad u_B = u_I = 0.004\ \text{mm}$$

则 M 的合成不确定度为

$$u(M)=\sqrt{u_A^2+u_B^2}=\sqrt{0.065^2+0.004^2}=0.065\ (\text{mm})\approx 0.07\ (\text{mm})$$

根据螺旋测微器的零点误差 M_0，M 的修正值为

$$M=\bar{M}-M_0=20.0946-0.012=20.0826\ (\text{mm})$$

M 的测量结果最终表示为

$$M=20.08\pm 0.07\ \text{mm}\quad (P=0.955)$$

2. 直尺测量长方形钢板的面积

表 5-2 直尺测量长方形钢板的长度和宽度

米尺量程：50 cm，分度值：1 mm，仪器误差：0.15 mm

物理量	长度 a / cm	b / cm
测量值	35.15	26.05

单次测量，直接计算面积为

$$S=ab=35.15\times 26.05=915.66\ (\text{cm}^2)$$

单次测量，直接测得量的不确定度只计及仪器误差，所以测量长度和宽度的不确定度为

$$u(a) = 0.15\ \text{mm} = 0.015\ \text{cm}\ ,\quad u(b) = 0.15\ \text{mm} = 0.015\ \text{cm}$$

面积的不确定度为

$$u(S) = \sqrt{\left(\frac{\partial S}{\partial a}\right)^2 \cdot u^2(a) + \left(\frac{\partial S}{\partial b}\right)^2 \cdot u^2(b)} = 0.7\ \text{cm}^2$$

据此，得到测量长方形钢板的面积的结果为

$$S = 915.7 \pm 0.7\ \text{cm}^2$$

3. 空心圆柱体的体积 D / mm

表 5-3　游标卡尺测量空心圆柱体的内、外半径和高度的数据记录

分度值：0.02 mm，仪器误差：0.02 mm，零点误差 X_0 ：0.00 mm

编号	D / mm	d / mm	h / mm
1	31.22	9.96	59.92
2	30.18	10.12	59.98
3	31.06	10.90	60.16
4	31.12	10.16	60.08
5	31.20	9.98	59.94
6	30.86	10.06	60.12
7	30.66	10.68	60.14
8	31.16	10.46	60.10
9	30.78	10.32	59.96
10	30.54	10.22	60.06

经计算核查，全部数据有效.

(1) 外径.

$$\bar{D} = 30.878\ \text{mm}\ ,\quad \sigma = 0.3417\ \text{mm}$$

外径测量的 A 类不确定度（$P = 0.955$）和 B 类不确定度(仪器误差)分别为

$$u_{\text{A}}(D) = 0.244\ \text{mm}\ ,\qquad u_{\text{B}}(D) = u_I = 0.02\ \text{mm}$$

合成不确定度为

$$u(D) = 0.225\ \text{mm} \approx 0.3\ \text{mm}$$

所以外径测量结果为

$$D = 30.9 \pm 0.3\ \text{mm}\qquad (P = 0.955)$$

(2) 内径.

$$\bar{d} = 10.286\ \text{mm}\ ,\quad \sigma = 0.3096\ \text{mm}$$

内径测量的 A 类不确定度（$P = 0.955$）和 B 类不确定度(仪器误差)分别为

$$u_{\text{A}}(D) = 0.221\ \text{mm}\ ,\qquad u_{\text{B}}(D) = u_I = 0.02\ \text{mm}$$

合成不确定度为

$$u(d) = 0.222\ \text{mm} \approx 0.3\ \text{mm}$$

所以内径测量结果为

$$d = 10.3 \pm 0.3\ \text{mm} \quad (P = 0.955)$$

(3)高度.

$$\bar{h} = 60.046\ \text{mm}, \quad \sigma = 0.0885\ \text{mm}$$

高度测量的 A 类不确定度($P = 0.955$)和 B 类不确定度(仪器误差)分别为

$$u_A(h) = 0.063\ \text{mm}, \quad u_B(h) = u_I = 0.02\ \text{mm}$$

合成不确定度为

$$u(h) = 0.066\ \text{mm} \approx 0.07\ \text{mm}$$

所以内径测量结果为

$$h = 60.05 \pm 0.07\ \text{mm} \quad (P = 0.955)$$

(4)空心圆柱体的体积.

$$\bar{V} = \frac{1}{4}\pi\bar{h}(\bar{D}^2 - \bar{d}^2) = \frac{1}{4}\pi \times 60.05 \times (30.9^2 - 10.3^2) = 40028.316\ (\text{mm}^3)$$

由不确定度传递公式,得到体积测量的不确定度

$$u(V) = \sqrt{\left(\frac{\partial V}{\partial D}\right)^2 \cdot u^2(D) + \left(\frac{\partial V}{\partial d}\right)^2 \cdot u^2(d) + \left(\frac{\partial V}{\partial h}\right)^2 \cdot u^2(h)} = 928.018\ \text{mm}^3$$

所以空心圆柱体的体积测量结果为

$$V = (4.0 \pm 0.1) \times 10^4\ \text{mm}^3 \quad (P = 0.955)$$

六、结果讨论

(1) 测量小钢球直径 M 时,被剔除了一组实验数据;测量 M 的不确定度在 0.01 mm 量级,没有达到螺旋测微器的仪器误差限,即螺旋测微器没有得到充分的利用. 这些说明,可能是由于实验者实验操作不认真所致. 做物理实验要认真仔细,否则就得不到好的结果.

(2) 从数据处理结果看,合成不确定度主要是 A 类不确定度,B 类不确定度(仪器误差)几乎被忽略了. 这可能是因为:在游标卡尺测量长度时,游标与主尺对齐的格线判断不准;在螺旋测微器测量长度时,对格线露出的判断和零点读数不准. 因此,对于游标卡尺和螺旋测微器等比较高级的测长仪器的使用,还要多多练习与实践.

(3) 在螺旋测微器测量小钢球直径中,除去剔除的数据 19.630 mm,最大的是 20.178 mm,最小的是 19.982 mm,相差 0.196 mm. 可见,很有可能钢球本身并非“球”,至少在螺旋测微器测量下,它不是“球”. 建议改为游标卡尺测量,可能就会更像“球”了. 该实验也说明,可以用实验检测钢球的“球”究竟精确到什么程度.

大学物理实验实验报告附本 1：预习与准备

学号 201132001 ，姓名 张五 ，班级 环生 1101

实验准备时间 2012.9.12 第 2 周周 三 第 5 节

实验名称：长度的测量

指导教师签字

一、预习报告

实验目的：

(1) 掌握米尺、游标卡尺、螺旋测微器等几种常用测长仪器的读数原理和使用方法.

(2) 学会直接测量和间接测量数据的处理，会对实验结果的不确定度进行估算和分析，能正确地表示测量结果.

实验内容：

测量小钢球的直径；测量长方形钢板的面积；测量空心圆柱体的体积.

实验仪器：

直尺，游标卡尺，螺旋测微器.

实验原理：

1. 游标卡尺

主尺分度值为 $x=1\,\text{mm}$，卡尺分度数为 n（游标的 n 个小格宽度与主尺的 $n-1$ 个小格宽度相等），游标尺一格长度为 $\frac{n-1}{n}x$（50 分度卡尺为 0.98 mm，20 分度的为 0.95 mm），主尺最小格和游标尺最小一格的长度差为 $x-\frac{n-1}{n}x=\frac{x}{n}$，即为卡尺的分度值. 如 50 分度卡尺的分度值为 1/50=0.02 (mm)，20 分度的为 1/20=0.05 (mm).

读数原理如图 5-1 所示，整毫米数 L_0 由主尺读取，不足 1 格的小数部分 ΔL 需根据游标尺与主尺对齐的刻线数 k 和卡尺的分度值 $\frac{x}{n}$ 读取 $\Delta L=kx-k\frac{n-1}{n}x=k\frac{x}{n}$.

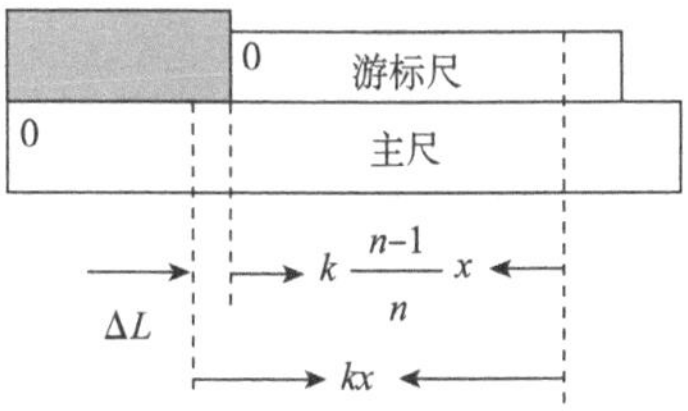

图 5-1　游标卡尺度数原理图

读数方法（分两步）：

(1) 从游标零线位置读出主尺的读数；

(2) 根据游标尺上与主尺对齐的刻线 k 读出不足一分格的小数，二者相加即为测量值，即 $L=L_0+\Delta L=L_0+kx/n$.

对于 50 分度卡尺，$L=L_0+k\times 0.02$；对 20 分度，$L=L_0+k\times 0.05$.

2. 螺旋测微器

原理：测微螺杆的螺距为 0.5 mm，微分筒上的刻度通常为 50 分度. 当微分筒转一周时，测微螺杆前进或后退 0.5 mm，而微分筒每转一格时，测微螺杆前进或后退 0.5/50=0.01 (mm). 可见该螺旋测微器的分度值为 0.01 mm，即千分之一厘米，故亦称千分尺.

读数方法：先读主尺的毫米数(注意 0.5 刻度是否露出)，再看微分筒上与主尺读数准线对齐的刻线(估读一位)，乘以 0.01 mm，最后二者相加.

3. 小钢球的直径

用测量长度的工具，直接测量.

4. 长方形钢板的面积

测得长方形钢板的长度 a 和宽度 b，则长方形钢板的面积为

$$S = ab$$

5. 空心圆柱体的体积

测得空心圆柱体的内直径 d、外直径 D、高度 h，则空心圆柱体的体积为

$$V = \frac{1}{4}\pi h D^2 - \frac{1}{4}\pi h d^2 = \frac{1}{4}\pi h(D^2 - d^2)$$

二、实验准备报告

实验内容：

1. 小钢球的直径

小钢球的直径大约在 20 mm，为了测量精确，选用螺旋测微器进行多次直接测量.

2. 长方形钢板的面积

长方形钢板的长度 a 和宽度 b 在 20～40 cm，因此选用 50 cm 直尺分别测量长方形钢板的长度 a 和宽度 b. 由此，计算出长方形钢板的面积.

3. 空心圆柱体的体积

空心圆柱体的内直径 d、外直径 D、高度 h 在 10～60 mm，因此选用游标卡尺测量空心圆柱体的内直径 d、外直径 D、高度 h. 由此，计算出空心圆柱体的体积.

实验仪器：

直尺(50 cm)，游标卡尺(0.02 mm)，螺旋测微器(0～25 mm，0.01 mm)

实验步骤：

1. 螺旋测微器测量小钢球的直径

(1)记下螺旋测微器的分度值；

(2)记下螺旋测微器的零点误差；

(3)用螺旋测微器测量小钢球不同部位的直径 M，测量 16 次(要在垂直交叉方向进行).

2. 直尺测量长方形钢板的长度和宽度

(1)用直尺测量长方形钢板的长度 a 一次；

(2)用直尺测量长方形钢板的宽度 b 一次.

3. 空心圆柱体的体积

(1)记下游标卡尺的分度值；

(2)记下游标卡尺的零点误差；

(3)用游标卡尺测量空心圆柱体不同部位的外径 D，测量 10 次(要在垂直交叉方向进行)；

(4)用游标卡尺测量空心圆柱体不同部位的内径 d，测量 10 次(要在垂直交叉方向进行)；

(5)用游标卡尺测量空心圆柱体不同部位的外径 h，测量 10 次(要在垂直交叉方向进行).

4. 整理好实验仪器

大学物理实验实验报告附本 2：实验数据记录

指导教师签字

学号 201132001 ，姓名 张五

时间 2012.9.17 第 3 周周 三 第 5、6 节

实验名称：长度的测量

1. 螺旋测微器测量小钢球的直径

表 5-4　螺旋测微器测量小钢球的直径数据记录表

分度值：0.01 mm，仪器误差：0.004 mm，零点误差 M_0：+0.012 mm

编号	1	2	3	4	5	6	7
M / mm	20.124	19.988	19.990	20.018	20.198	19.960	19.988
编号	8	9	10	11	12	13	14
M / mm	19.630	19.984	19.986	19.982	20.128	20.178	20.166
编号	15	16	17	18	19	20	21
M / mm	20.164	20.168	20.178	20.176	20.172	20.170	20.174

2. 直尺测量长方形钢板的面积

表 5-5　直尺测量长方形钢板的长度和宽度

米尺量程：50 cm，分度值：1 mm，仪器误差：0.15 mm

物理量	长度 a / cm	b / cm
测量值	35.15	26.05

3. 空心圆柱体的体积

表 5-6　游标卡尺测量空心圆柱体的内、外半径和高度的数据记录

分度值：0.02 mm，仪器误差：0.02 mm，零点误差 X_0：0.00 mm

编号	D / mm	d / mm	h / mm
1	31.22	9.96	59.92
2	30.18	10.12	59.98
3	31.06	10.90	60.16
4	31.12	10.16	60.08
5	31.20	9.98	59.94

续表

编号	D / mm	d / mm	h / mm
6	30.86	10.06	60.12
7	30.66	10.68	60.14
8	31.16	10.46	60.10
9	30.78	10.32	59.96
10	30.54	10.22	60.06

大学物理实验实验报告附本 3：实验数据处理

学号 201132001 姓名 张五 日期 2012.9.20

实验名称：长度的测量

1. 螺旋测微器测量小钢球的直径

表 5-7 螺旋测微器测量小钢球的直径记录表 1

分度值：0.01 mm，仪器误差：0.004 mm，零点误差 M_0 ：+0.012 mm

编号	M / mm	$\left\|\overline{M}-M_i\right\|$ / mm	$(\overline{M}-M_i)^2$ / mm
1	20.124	0.0515	0.002652
2	19.988	0.0845	0.00714
3	19.990	0.0825	0.006806
4	20.018	0.0545	0.00297
5	20.198	0.1255	0.01575
6	19.960	0.1125	0.012656
7	19.988	0.0845	0.00714
8	19.630	0.4425	0.195806
9	19.984	0.0885	0.007832
10	19.986	0.0865	0.007482
11	19.982	0.0905	0.00819
12	20.128	0.0555	0.00308
13	20.178	0.1055	0.01113
14	20.166	0.0935	0.008742
15	20.164	0.0915	0.008372
16	20.168	0.0955	0.00912
17	20.178	0.1055	0.01113
18	20.176	0.1035	0.010712
19	20.172	0.0995	0.0099
20	20.170	0.0975	0.009506
21	20.174	0.1015	0.010302

$$\bar{M}=\frac{1}{n}\sum_{i=1}^{n}M_i=\frac{1}{21}\sum_{i=1}^{21}M_i=\frac{421.522}{21}=20.0725\ (\text{mm})$$

$$\sigma=\sqrt{\frac{\sum_{i=1}^{n}(\bar{M}-M_i)^2}{n-1}}=\sqrt{\frac{\sum_{i=1}^{21}(20.0725-M_i)^2}{21-1}}=0.1354\ \text{mm}$$

$$3\sigma=3\times0.1354\ \text{mm}=0.4062\ \text{mm}$$

检查实验数据，第 8 次测量是异常数据，应从测量列中剔除，其余数据重新计算.

表 5-8　螺旋测微器测量小钢球的直径记录表 2

分度值：0.01mm，仪器误差：0.004mm，零点误差 M_0 ：+0.012mm

编号	M / mm	$\lvert\bar{M}-M_i\rvert$ / mm	$(\bar{M}-M_i)^2$ / mm
1	20.124	0.0298	0.000888
2	19.988	0.1062	0.011278
3	19.990	0.1042	0.010858
4	20.018	0.0762	0.005806
5	20.198	0.1038	0.010774
6	19.960	0.1342	0.01801
7	19.988	0.1062	0.011278
9	19.984	0.4642	0.215482
10	19.986	0.1102	0.012144
11	19.982	0.1082	0.011707
12	20.128	0.1122	0.012589
13	20.178	0.0338	0.001142
14	20.166	0.0838	0.007022
15	20.164	0.0718	0.005155
16	20.168	0.0698	0.004872
17	20.178	0.0738	0.005446
18	20.176	0.0838	0.007022
19	20.172	0.0818	0.006691
20	20.170	0.0778	0.006053
21	20.174	0.0758	0.005746

$$\bar{M}=\frac{1}{n}\sum_{i=1}^{n}M_i=\frac{1}{20}\sum_{i=1}^{20}M_i=\frac{401.892}{20}=20.0946\ (\text{mm})$$

$$\sigma=\sqrt{\frac{\sum_{i=1}^{n}(\bar{M}-M_i)^2}{n-1}}=\sqrt{\frac{\sum_{i=1}^{20}(20.0946-M_i)^2}{20-1}}=0.1395\ \text{mm}$$

$$3\sigma=3\times0.1395\ \text{mm}=0.4185\ \text{mm}$$

检查实验数据，没有异常数据.

测量 20 次，则 M 的 A 类不确定度为 $(P=0.955)$

$$u_{\mathrm{A}}=t_P\cdot\frac{\sigma}{\sqrt{n}}=2.09\times\frac{0.1395}{\sqrt{20}}=0.065\,(\mathrm{mm})$$

M的B类不确定度取为仪器误差

$$u_{\mathrm{B}}=u_I=0.004\ \mathrm{mm}$$

则M的合成不确定度为

$$u(M)=\sqrt{u_{\mathrm{A}}^2+u_{\mathrm{B}}^2}=\sqrt{0.065^2+0.004^2}=0.065\,(\mathrm{mm})\approx 0.07\,(\mathrm{mm})$$

根据螺旋测微器的零点误差M_0，M的修正值为

$$M=\bar{M}-M_0=20.0946-0.012=20.0826\,(\mathrm{mm})$$

再根据M的合成不确定度，M的测量结果最终表示为

$$M=20.08\pm 0.07\ \mathrm{mm}\quad (P=0.955)$$

2. 直尺测量长方形钢板的面积

单次测量，直接计算面积为

$$S=ab=35.15\times 26.05=915.66\,(\mathrm{cm}^2)$$

单次测量，直接测得量的不确定度只计及仪器误差，所以测量长度和宽度的不确定度为

$$u(a)=0.15\ \mathrm{mm}=0.015\ \mathrm{cm}\ ,\qquad u(b)=0.15\ \mathrm{mm}=0.015\ \mathrm{cm}$$

因此，面积的不确定度为

$$u(S)=\sqrt{\left(\frac{\partial S}{\partial a}\right)^2\cdot u^2(a)+\left(\frac{\partial S}{\partial b}\right)^2\cdot u^2(b)}=\sqrt{b^2\cdot u^2(a)+a^2\cdot u^2(b)}$$

$$=\sqrt{26.05^2\times 0.015^2+35.15^2\times 0.015^2}=0.7\,(\mathrm{cm}^2)$$

据此，得到测量长方形钢板的面积的结果为

$$S=915.7\pm 0.7\ \mathrm{cm}^2$$

3. 空心圆柱体的体积

表 5-9 游标卡尺测量空心圆柱体内、外直径和高度记录表 3

分度值：0.02 mm，仪器误差：0.02 mm，零点误差 X_0 ：0.00 mm

编号	D / mm	$\lvert\bar{D}-D_i\rvert$ / mm	d / mm	$\lvert\bar{d}-d_i\rvert$ / mm	h / mm	$\lvert\bar{h}-h_i\rvert$ / mm
1	31.22	0.342	9.96	0.326	59.92	0.126
2	30.18	0.698	10.12	0.166	59.98	0.066
3	31.06	0.182	10.90	0.614	60.16	0.114
4	31.12	0.242	10.16	0.126	60.08	0.034
5	31.20	0.322	9.98	0.306	59.94	0.106
6	30.86	0.018	10.06	0.226	60.12	0.074
7	30.66	0.218	10.68	0.394	60.14	0.094
8	31.16	0.282	10.46	0.174	60.10	0.054
9	30.78	0.098	10.32	0.034	59.96	0.086
10	30.54	0.338	10.22	0.066	60.06	0.014

(1)外径.

$$\bar{D}=\frac{1}{10}\sum_{i=1}^{10}D_i=30.878\ \text{mm}, \qquad \sigma=\sqrt{\frac{\sum_{i=1}^{10}(\bar{D}-D_i)^2}{10-1}}=0.3417\ \text{mm}$$

$3\sigma=1.0251\ \text{mm}$，检查外径测量数据，没有异常值.

外径测量的 A 类不确定度($P=0.955$)和 B 类不确定度(仪器误差)分别为

$$u_A(D)=t_P\cdot\frac{\sigma}{\sqrt{n}}=2.26\times\frac{0.3417}{\sqrt{10}}=0.244\ (\text{mm}), \qquad u_B(D)=u_I=0.02\ \text{mm}$$

合成不确定度为

$$u(D)=\sqrt{u_A(D)^2+u_B(D)^2}=\sqrt{0.244^2+0.02^2}=0.225\ (\text{mm})\approx 0.3\ (\text{mm})$$

所以外径测量结果为

$$D=30.9\pm 0.3\ \text{mm} \qquad (P=0.955)$$

(2)内径.

$$\bar{d}=\frac{1}{10}\sum_{i=1}^{10}d_i=10.286\ \text{mm}, \qquad \sigma=\sqrt{\frac{\sum_{i=1}^{10}(\bar{d}-d_i)^2}{10-1}}=0.3096\ \text{mm}$$

$3\sigma=0.9287\ \text{mm}$，检查外径测量数据，没有异常值.

内径测量的 A 类不确定度($P=0.955$)和 B 类不确定度(仪器误差)分别为

$$u_A(D)=t_P\cdot\frac{\sigma}{\sqrt{n}}=2.26\times\frac{0.3096}{\sqrt{10}}=0.221\ (\text{mm}), \qquad u_B(D)=u_I=0.02\ \text{mm}$$

合成不确定度为

$$u(d)=\sqrt{u_A(d)^2+u_B(d)^2}=\sqrt{0.221^2+0.02^2}=0.222\ (\text{mm})\approx 0.3\ (\text{mm})$$

所以内径测量结果为

$$d=(10.3\pm 0.3)\ \text{mm} \qquad (P=0.955)$$

(3)高度.

$$\bar{h}=\frac{1}{10}\sum_{i=1}^{10}h_i=60.046\ \text{mm}, \qquad \sigma=\sqrt{\frac{\sum_{i=1}^{10}(\bar{h}-h_i)^2}{10-1}}=0.0885\ \text{mm}$$

$3\sigma=0.2654\ \text{mm}$，检查外径测量数据，没有异常值.

高度测量的 A 类不确定度($P=0.955$)和 B 类不确定度(仪器误差)分别为

$$u_A(h)=t_P\cdot\frac{\sigma}{\sqrt{n}}=2.26\times\frac{0.0885}{\sqrt{10}}=0.063\ (\text{mm}), \qquad u_B(h)=u_I=0.02\ \text{mm}$$

合成不确定度为

$$u(h)=\sqrt{u_A(h)^2+u_B(h)^2}=\sqrt{0.063^2+0.02^2}=0.066\ (\text{mm})\approx 0.07\ (\text{mm})$$

所以内径测量结果为

$$h=(60.05\pm0.07)\ \text{mm}\qquad(P=0.955)$$

(4)空心圆柱体的体积.

$$\bar{V}=\frac{1}{4}\pi\bar{h}(\bar{D}^2-\bar{d}^2)=\frac{1}{4}\pi\times60.05\times(30.9^2-10.3^2)=40028.316\ (\text{mm}^3)$$

由不确定度传递公式，得到体积测量的不确定度为

$$u(V)=\sqrt{\left(\frac{\partial V}{\partial D}\right)^2\cdot u^2(D)+\left(\frac{\partial V}{\partial d}\right)^2\cdot u^2(d)+\left(\frac{\partial V}{\partial h}\right)^2\cdot u^2(h)}$$

$$=\sqrt{\left[\frac{1}{2}\pi hD\right]^2\cdot u^2(D)+\left[\frac{1}{2}\pi hd\right]^2\cdot u^2(d)+\left[\frac{1}{4}\pi(D^2-d^2)\right]^2\cdot u^2(h)}$$

$$=\frac{1}{2}\pi\sqrt{[hD]^2\cdot u^2(D)+[hd]^2\cdot u^2(d)+\frac{1}{4}\left[(D^2-d^2)\right]^2\cdot u^2(h)}$$

$$=\frac{1}{2}\pi\sqrt{[60.05\times30.9]^2\times0.3^2+[60.05\times10.3]^2\times0.3^2+\frac{1}{4}\left[(30.9^2-10.3^2)\right]^2\times0.02^2}$$

$$=928.018\ (\text{mm}^3)$$

$$u(V)=0.1\times10^4\ \text{mm}^3$$

所以空心圆柱体的体积测量结果为

$$V=(4.0\pm0.1)\times10^4\ \text{mm}^3\qquad(P=0.955)$$

练　习　题

1. 下列数字是几位有效数字？

(1) 地球平均半径 $R = 6371.22\ \text{km}$；

(2) 地球到太阳的平均距离 $S = 1.496 \times 10^8\ \text{km}$；

(3) 真空中的光速 $c = 299792458\text{m}/\text{s}$；

(4) 发丝的直径为 $0.070\ \text{mm}$.

2. 把下列各数取三位有效数字：

(1) 2.0850；(2) 1.3750；(3) 0.76251；(4) 32.349.

3. 改正下列等式中的错误：

(1) $m = (28000 \pm 140)\ \text{kg}$；　(2) $d = (10.435 \pm 0.03)\ \text{cm}$；

(3) $t = (87.0 \pm 4.6)\ \text{s}$；　(4) $L = (98.7 \pm 0.2)\ \text{mm}$.

4. 单位换算：

(1) $d = (1.750 \pm 0.003)\ \text{mm}$ 变换成 cm，m 单位；

(2) $d = (302.650 \pm 0.003)\ \text{kg}$ 变换成 g，mg 单位.

5. 根据有效数字运算规则改正错误：

(1) $216.5 - 1.32 = 215.18$；(2) $0.250 \times 3.5 = 0.875$；

(3) $\dfrac{400 \times 1500}{12.60 - 11.6} = 600000$；(4) $\ln 25.4 = 3.234749174$.

6. 对某物理量进行等精度测量，各次测量值分别为：

29.18，29.24，29.26，29.20，29.18，29.30 (mm)

求其算术平均值和不确定度，并写出结果表达式.

7. 写出不确定传播公式及最终结果表达式：

(1) $N = A + 2B + C - 5D$，其中：

$A = (38.206 \pm 0.001)\ \text{cm}$，　$B = (13.2487 \pm 0.0001)\ \text{cm}$，

$C = (161.25 \pm 0.01)\ \text{cm}$，　$D = (1.3242 \pm 0.0001)\ \text{cm}$.

(2) $N = \dfrac{4M}{\pi D^2 H}$，其中：

$M = (236.124 \pm 0.002)\ \text{g}$，$D = (2.345 \pm 0.005)\ \text{cm}$，$H = (8.21 \pm 0.01)\ \text{cm}$.

8. 根据下面测得的 16 对数据，分别用作图法、逐差法及最小二乘法，处理数据.

t/℃	20.0	25.0	30.0	35.0	40.0	45.0	50.0	55.0
R_t /Ω	3.554	3.622	3.687	3.756	3.827	3.898	3.969	4.039
t/℃	60.0	65.0	70.0	75.0	80.0	85.0	90.0	95.0
R_t /Ω	4.105	4.175	4.246	4.316	4.385	4.456	4.525	4.596

参 考 文 献

[1] 测量不确定度评定与表示. 北京：中国计量出版社，1999（中华人民共和国国家计量技术规范 JJF1059—1999）

[2] 测量误差及数据处理. 北京：中国计量出版社，1991（中华人民共和国国家计量技术规范 JJG1027—91）

[3] 国家质量技术监督局计量司. 测量不确定度评定与表示指南. 北京：中国计量出版社，2000

[4] 是度芳. 基础物理实验. 武汉：湖北科学技术出版社，2003

[5] 吕斯骅. 基础物理实验. 北京：北京大学出版社，2002

[6] 丁慎训. 物理实验教程. 北京：清华大学出版社，2002

[7] 李平舟. 大学物理实验. 西安：西安电子科技大学出版社，2002

[8] 周殿清. 大学物理实验. 武汉：武汉大学出版社，2002

[9] 任隆良. 物理实验. 天津：天津大学出版社，2003

(詹卫伸)

第二篇

基础性物理实验

实验 1　杨氏模量测量实验

杨氏模量（E）是表征固体材料弹性性质的重要力学参数，它反映了固体材料抵抗外力产生拉伸(或压缩)形变的能力，定义为固体材料在弹性形变范围内正应力与相应正应变的比值，其数值大小与材料的结构、化学成分和加工制造方法有关. 杨氏模量是进行热应力计算、防热与隔热层计算、选择机械构件材料的依据之一. 因此，精确测量杨氏模量对理论研究和工程技术都具有重要意义.

杨氏模量的测量是物理学的基本测量之一，属于力学的范围. 测量杨氏模量有多种方法，可分为静态法、动态法和波传播法三类.

静态法(包括拉伸法、扭转法和弯曲法)通常适用于在大形变及常温下测量金属试样. 静态法测量载荷大、加载速度慢并伴有弛豫过程，对脆性材料(如石墨、玻璃、陶瓷等)不适用，也不能在高温状态下测量.

波传播法(包括连续波法和脉冲波法)所用设备复杂、换能器转变温度低且价格昂贵，普遍应用受到限制.

动态法(又称共振法或声频法)包括弯曲(横向)共振法、纵向共振法和扭转共振法，其中弯曲共振法所用设备精确易得，理论同实验吻合度好，适用于各种金属及非金属(脆性)材料的测量，测定的温度范围极广，可从液氮温度至 3000 ℃左右. 由于在测量上的优越性，动态法在实际应用中已经被广泛采用. 本实验将采用动态法测定样品的杨氏模量.

一、实验原理

(一)基本原理

如图 1-1 所示，一细长棒(长度比横向尺寸大很多)的横振动(又称弯曲振动)满足动力学方程

$$\frac{\partial^2\eta}{\partial t^2}+\frac{EI}{\rho S}\frac{\partial^4\eta}{\partial x^4}=0 \tag{1-1}$$

棒的轴线沿 x 方向. 式中，η 为棒上距左端 x 处截面的 Z 方向位移，E 为该棒的弹性模量，ρ 为材料密度，S 为棒的横截面积，I 为某一截面的惯量矩.

$$I=\iint_S z^2\mathrm{d}S \tag{1-2}$$

用分离变量法求解该方程. 令

$$\eta(x,t)=X(x)T(t) \tag{1-3}$$

等式两边分别是两个独立变量 x 和 t 的函数，只有在两端都等于同一个任意常数时才有可能成立. 设两端都等于 K^4，于是得

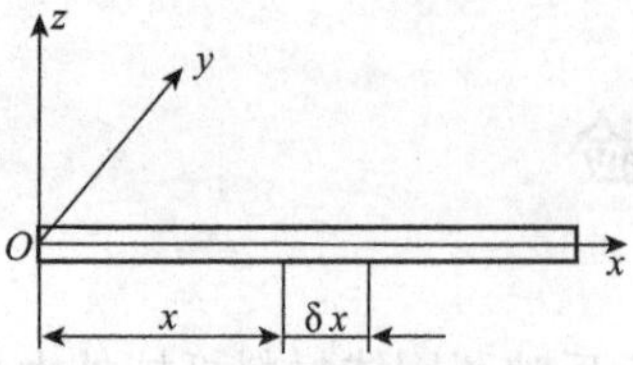

图 1-1 细长棒的弯曲振动

$$\begin{cases} \dfrac{d^4X}{dx^4}-K^4X=0 \\ \dfrac{d^2T}{dt^2}+\dfrac{K^4EI}{\rho S}T=0 \end{cases} \tag{1-4}$$

设棒中每点都作简谐振动，则这两个方程的通解分别为

$$\begin{cases} X(x)=B_1\mathrm{ch}Kx+B_2\mathrm{sh}Kx+B_3\cos Kx+B_4\sin Kx \\ T(t)=A\cos(\omega t+\varphi) \end{cases} \tag{1-5}$$

于是横振动方程(1-1)的通解为

$$\eta(x,t)=(B_1\mathrm{ch}Kx+B_2\mathrm{sh}Kx+B_3\cos Kx+B_4\sin Kx)\cdot A\cos(\omega t+\varphi) \tag{1-6}$$

式中

$$\omega=\left(\frac{K^4EI}{\rho S}\right)^{\frac{1}{2}} \tag{1-7}$$

称为频率公式，它对任意形状截面的试样，在不同的边界条件下都是成立的. 只要根据特定的边界条件定出常数 K，将其代入特定截面的惯量矩 I，就可以得到具体条件下的关系式.

对于长为 L、两端自由的棒，当悬线悬挂于棒的节点附近，并且棒的两端均处于自由状态时，在两端面上横向作用力与弯矩均为零.

横向作用力为

$$F=\frac{\partial M}{\partial x}=-EI\frac{\partial^3\eta}{\partial x^3} \tag{1-8}$$

弯矩为

$$M=-EI\frac{\partial^2\eta}{\partial x^2} \tag{1-9}$$

则边界条件有 4 个为

$$\left.\frac{d^3X}{dx^3}\right|_{x=0}=0,\quad \left.\frac{d^3X}{dx^3}\right|_{x=L}=0,\quad \left.\frac{d^2X}{dx^2}\right|_{x=0}=0,\quad \left.\frac{d^2X}{dx^2}\right|_{x=L}=0 \tag{1-10}$$

将边界条件代入通解得超越方程

$$\cos KL\cdot\mathrm{ch}KL=1 \tag{1-11}$$

用数值计算法得到方程的根，依次是

$$K_nL=0，4.7300，7.8532，10.9956，14.137，17.279，20.420，\cdots \tag{1-12}$$

此数列逐渐趋于表达式 $K_nL=\left(n-\dfrac{1}{2}\right)\pi$ 的值. 第一个根“0”相应于静止状态；第二个根记为 $K_1L=4.7300$，与此相应的振动频率称为基振频率(或称固有频率)；第三个根 K_2L=7.853 所对应的振动状态称为一次谐波.

棒的横振动节点与振动级次有关，当 n 为第 1，3，5，…时对应于对称形振动；当 n 为第 2，4，6，…时对应于反对称形振动. 图 1-2 给出了当 n=1，2，3，4 时的振动波形. 由

$n=1$的图可以看出，试样棒在作基频振动时存在两个节点，它们的位置在距离端面0.224L（距离另一端面为0.776L）处. 如果用悬挂法或支撑法测量基频（共振）频率，理论上悬挂点或支撑点应取在节点处，但由于节点处振动的振幅几乎为零，悬挂或支撑在节点处试样棒难以被激振和拾振，可在节点两旁选不同点对称悬挂，用外推法找出节点处的共振频率.

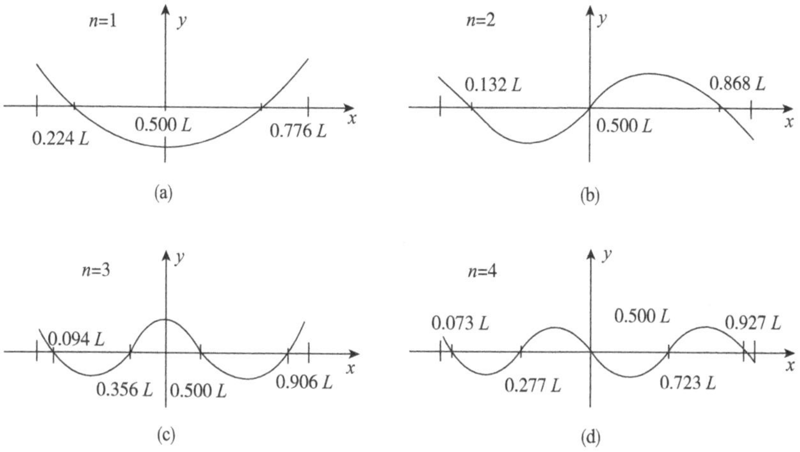

图 1-2 两端自由棒的振动波形

将第一个 $K_1L=4.730$ 的 K 值代入式(1-7)，得到棒作基频振动的固有频率为

$$\omega=\left(\frac{4.730^4 EI}{\rho L^4 S}\right)^{\frac{1}{2}} \tag{1-13}$$

解出弹性模量

$$E=1.9978\times10^{-3}\frac{\rho L^4 S}{I}\omega^2=7.8870\times10^{-2}\frac{L^3 m}{I}f^2 \tag{1-14}$$

式中，m 为棒的质量，f 为圆棒的基振频率.

对于直径为 d 的圆棒，惯量矩 $I=\iint_S z^2\mathrm{d}S=\frac{\pi d^4}{64}$，将其代入上式得

$$E=1.6067\frac{L^3 m}{d^4}f^2 \tag{1-15}$$

实际测量时，由于不能满足 $d\ll L$，此时式(1-15)应乘上一修正系数 T_1，即

$$E=1.6067\frac{L^3 m}{d^4}f^2 T_1 \tag{1-16}$$

其中，T_1 可根据 d/L 的不同数值和材料的泊松比查表得到. 表1-1给出了部分 T_1，可见径长比越小，修正越小. 对于普通物理实验，可以忽略其修正，取 T_1 为1.

表 1-1 径长比与修正系数的对应关系

径长比 d/L	0.01	0.02	0.03	0.04	0.05	0.06	0.08	0.10
修正系数 T_1	1.001	1.002	1.005	1.008	1.014	1.019	1.033	1.055

另外要明确的是，物体的固有频率 $f_{固}$ 和共振频率 $f_{共}$ 是两个不同的概念，它们之间的

关系为

$$f_{固} = f_{共} \cdot \sqrt{1+\frac{1}{4Q^2}} \tag{1-17}$$

式中，Q为试样的机械品质因数. 对于悬挂法测量，一般Q的最小值约为 50，共振频率和固有频率相比只偏低 0.005%，本实验中只能测出试样的共振频率，由于两者相差很小，因此固有频率可用共振频率代替.

对于矩形截面棒，其弹性模量计算公式为

$$E = 0.9464\frac{L^3 m}{bh^3}f^2 \tag{1-18}$$

其中，b 和 h 分别为矩形棒的宽度和高度，L为棒长，m 为棒的质量.

(二)杨氏模量的测量

动态法测量杨氏模量(悬挂法和支撑法)的实验原理，如图 1-3 所示. 由信号源 1 输出的等幅正弦波信号加在激发换能器(激振器)2 上，使电信号变成机械振动，再由试样一端的悬丝或支撑点将机械振动传给试样 3，使试样受迫作横振动，机械振动沿试样以及另一端的悬丝或支撑点传送给接收换能器(拾振器)4，这时机械振动又转变成电信号，该信号经放大处理后送示波器 5 显示. 当信号源的频率不等于试样的固有频率时，试样不发生共振，示波器上几乎没有电信号波形或波形很小，只有试样发生共振时，示波器上的电信号突然增大，电信号振幅最大时通过频率计读出信号源的频率即为试样的共振频率.

测出共振频率，由上述相应的公式可以计算出材料的杨氏模量. 这一实验装置还可以测量不同温度下材料的杨氏模量，通过可控温加热炉可以改变试样的温度.

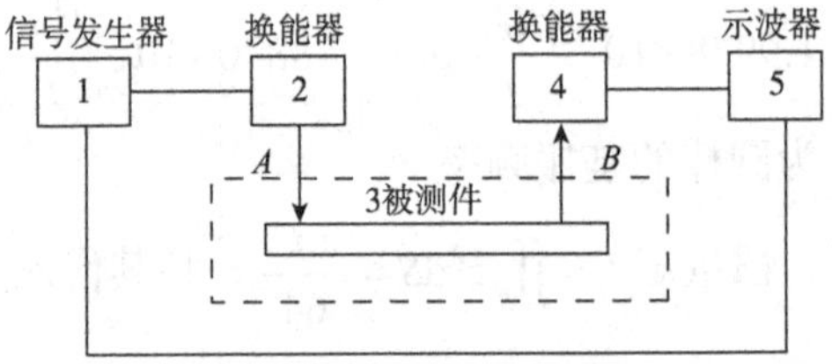

图 1-3 动态法(共振法)测量杨氏模量实验原理图

(三)李萨如图形法观测共振频率

实验时也可采用李萨如图法测量共振频率. 激振器和拾振器的信号分别输入示波器的 X 和 Y 通道，示波器处于观察李萨如图形状态，从小到大调节信号发生器的频率，直到出现稳定的正椭圆时，即达到共振状态. 这是因为拾振器和激振器的振动频率虽然相同，但是当激振器的振动频率不是被测样品的固有频率时，试样的振动振幅很小，拾振器的振幅也很小甚至检测不到振动，在示波器上无法合成李萨如图形(正椭圆)，只能看到激振器的振动波形；只有当激振器的振动频率调节到试样的共振频率达到共振时，拾振器的振幅突然很大，输入示波器的两路信号才能合成李萨如图形(正椭圆).

(四)外延法测量基频共振频率

理论上，处于基频振动模式时，试样棒上存在两个节点，它们的位置在距离端面分别为0.224L和0.776L处. 由于在节点处的振动幅度几乎为零，很难激振和检测，所以要想测得试样棒的基频共振频率，需要采取外延测量法.

在实验上，由于悬丝对试样棒振动的阻尼，所检测到的共振频率大小是随悬挂点(支撑点)的位置而变化的，由于压电陶瓷换能器所拾取的是悬挂点(支撑点)的加速度共振信号，而不是振幅共振信号，并且所检测到的共振频率随悬挂点(支撑点)到节点的距离增大而增大. 悬挂点(支撑点)偏离节点越远(距离棒的端点越近)，可检测的共振信号越强，但试样所受到的阻尼作用也越大，离试样两端自由这一定解条件的要求相差越大，产生的系统误差就越大. 为了消除这一系统误差，测出试样的基频共振频率，可在节点两侧选取不同的点对称悬挂或支撑，用外延测量法找出节点处的共振频率.

所谓外延测量法，就是所需要的数据在测量数据范围之外，一般很难测量，为了求得这个数值，采用作图外推求值的方法. 具体地说就是先使用已测数据绘制出曲线，再将曲线按原规律延长到待求值范围，在延长线部分求出所要的值. 外延法只适用于在所研究范围内没有突变的情况，否则不能使用. 在本实验中就是以悬挂点(支撑点)位置为横坐标，以相对应的共振频率为纵坐标作出关系曲线，求得曲线最低点(即节点)所对应的频率即为试样棒的基频共振频率.

(五)基频共振的判断

实验测量中，激发换能器、接收换能器、悬丝、支架等部件都有自己的共振频率，可能以其本身的基频或高次谐波频率发生共振. 另外，根据实验原理可知，试样本身也不只在一个频率处发生共振现象，会出现几个共振峰，以致在实验中难以确认哪个是基频共振峰，但是计算杨氏模量的公式只适用于基频共振的情况. 因此，必须正确地判断示波器上显示出的共振信号是否为试样真正共振信号，并且是否为基频共振成为关键. 对此，可以采用下述方法来判断和解决.

(1)实验前先根据试样的材质、尺寸、质量等参数通过理论公式估算出基频共振频率的数值，在估算频率附近寻找.

(2)换能器或悬丝发生共振时可通过对上述部件施加负荷(如用力夹紧)，使此共振信号变化或消失.

(3)试样发生共振需要一个孕育过程，共振峰有一定的宽度，信号亦较强，切断信号源后信号亦会逐渐衰减. 因此，发生共振时，迅速切断信号源，除试样共振会逐渐衰减外，其余假共振会很快消失.

(4)试样共振时，可用一小细杆沿纵向轻碰试样的不同部位，观察共振波振幅. 波节处波的振幅不变，波腹处波的振幅减小. 波形符合图1-2($n=1$)的规律即为基频共振.

(5)用听诊器沿试样纵向移动，能明显听出波腹处声大，波节处声小，并符合图1-2($n=1$)的规律. 对一些细长棒状(或片状)试样，有时能直接听到波腹和波节.

(6)当输入某个频率在显示屏出现共振时，即使托起试样，示波器显示的波形仍然很少变化，说明这个共振频率不属于试样. 悬丝共振时可明显看见悬丝上形成驻波.

(7)试样振动时，观察各振动波形的幅度，波幅最大的共振是基频共振；出现几个共振频率时，基频共振频率最低.

二、实验装置

如图 1-4 所示，选用 DCY-3 型(动态)弹性模量测定仪进行实验测量，包括：功率函数信号发生器，动态弹性模量测定仪(激振器-激发换能器、拾振器-接收换能器、测试架、悬丝、支撑架)，试样，示波器，听诊器，螺旋测微器，游标卡尺，电子天平，变温装置等. 实验框图如图 1-5 所示.

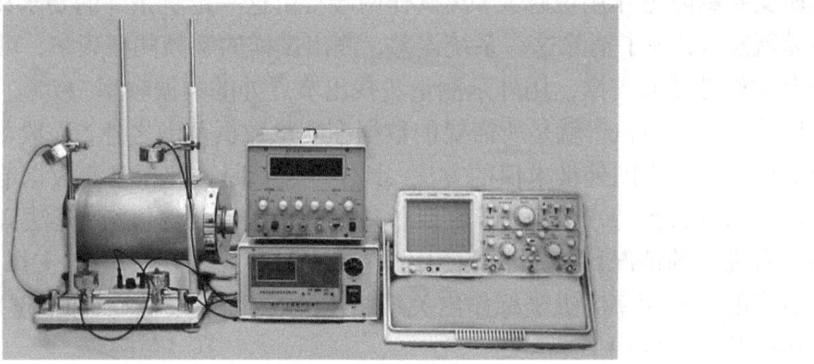

图 1-4　DCY-3 型弹性模量测定仪

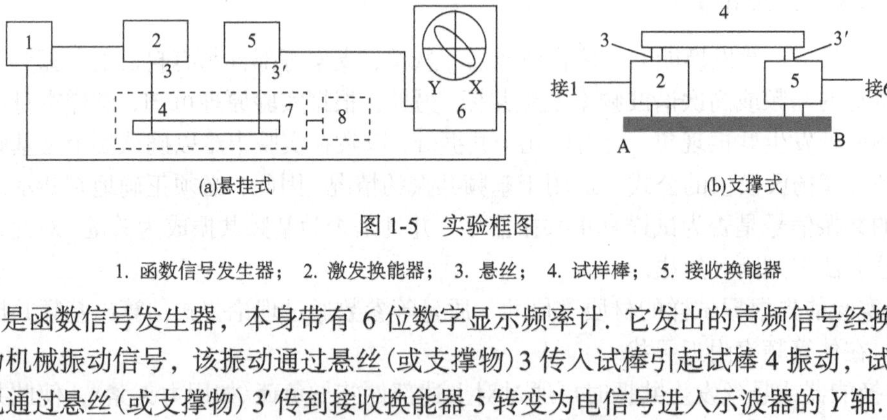

(a)悬挂式　　(b)支撑式

图 1-5　实验框图

1. 函数信号发生器； 2. 激发换能器； 3. 悬丝； 4. 试样棒； 5. 接收换能器

1 是函数信号发生器，本身带有 6 位数字显示频率计. 它发出的声频信号经换能器 2 转换为机械振动信号，该振动通过悬丝(或支撑物)3 传入试棒引起试棒 4 振动，试棒的振动情况通过悬丝(或支撑物)3′传到接收换能器 5 转变为电信号进入示波器的 Y 轴.

调节信号发生器 1 的输出频率，如果试样共振，则能在示波器 6 上看到最大值；如果将信号发生器的输出同时接入示波器的 X 轴，则输出信号频率在共振频率附近扫描时，可在显示屏上看到李萨如图形(椭圆)的主轴在 Y 轴左右偏摆.

如果需要测定不同温度下样品的杨氏模量，需要将试样置于变温装置 7 内，炉温由温控器 8 控制和调节.

悬挂式测定装置：两个换能器可以在柱状空间任意位置停留. 悬线室温下采用 0.05～0.15 m 的铜线；高温下采用铜线(450 ℃)或 Ni-Gr 丝(1000 ℃).

支撑式测定装置：试棒 4 通过特殊材料搭放在两个换能器上，支架横杆 AB 上有 2 和 5 两个换能器，间距可调.

DCY-3D 功率函数信号发生器：石英稳频、6 位数显、频率 5～500 kHz、三种波形，

6W 输出，由二级微调(0.1 Hz).

变温装置：含热电偶、加热炉、温控器. 加热温度：室温～1000 ℃. 温控器用 4 位数显比例式，K 型热电偶，输出电压可在 50～220 V 连续可调.

激振器为电磁式，内部原理如图 1-6 所示. 其中 1 为永久磁铁，2 为杯形铁芯，3 为线圈，4 为膜片，5 为悬线，其上端固定在膜片上. 膜片与永久磁铁端面间有一小间隙，当线圈中通过交变电流时，永久磁铁对膜片的吸引力上叠加了一交变成分，使膜片产生振动. 加永久磁铁的目的是使膜片的振动频率与线圈中电信号频率一致，否则将出现倍频现象.

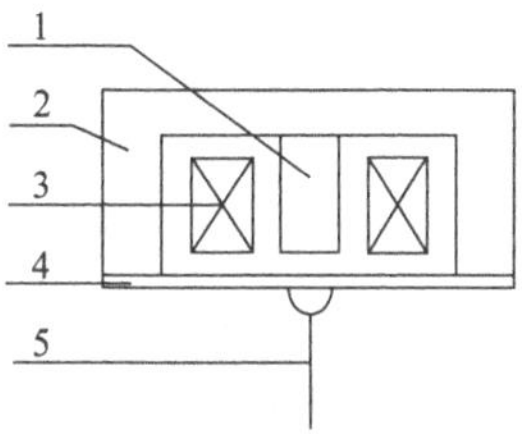

图 1-6　激振器

拾振器采用弯曲振动的压电换能器，原理结构如图 1-7. 其中 1 为压电陶瓷圆片，它通常用锆钛酸铅做成，在陶瓷圆片的上下表面各镀上极薄的银电极 2，经过一定处理(高电压极化)后，就具有了压电效应. 在片上加压力时，片表面出现电荷，电荷的多少、正负随力的大小、方向而变. 压电陶瓷用胶粘在圆形薄铜片 3 上，该铜片四周固定，铜片中心固定悬线 4. 当挂在悬线上的样品发生振动时，通过悬线引起铜片中心部位上下振动，因其边缘固定，铜片是在作鼓膜形弯曲振动. 压电陶瓷受到交变应力，因此电极上出现交变电压.

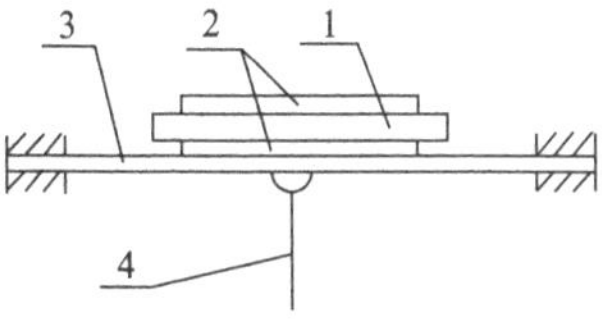

图 1-7　压电弯曲换能器

三、实验内容和目的

支撑式和悬挂式共振法测量样品(铜棒、铝棒、铁棒)在室温下的杨氏模量；悬挂式共振法测量样品(铜棒)在不同温度下的杨氏模量.

(1)理解动态法测量杨氏模量的基本原理.

(2)掌握共振法测量杨氏模量的基本方法，学会用共振法测量杨氏模量.

(3)了解压电陶瓷换能器的功能，熟悉信号源和示波器的使用.

(4)理解共振频率的基本概念，学会判断基频共振的基本方法.

(5)理解外延法测量物理量的基本思想.

四、注意事项

(1)千万不能用力拉悬丝，否则会损坏膜片或换能器. 悬挂试样或移动悬丝位置时，应轻放轻动，不能给予悬丝冲击力.

(2)换能器极其脆弱，测定时一定要轻拿轻放，不能用力，也不能敲打.

(3)安装试样棒时，应先移动支架到既定位置后再悬挂试样棒.

(4)实验时，悬丝必须捆紧，不能松动，且在通过试样轴线的同一截面上一定要等试样稳定之后才可正式测量.

(5)尽可能采用较小的信号激发，激振器所加正弦信号的峰-峰值幅度限制在 6 V 内，这时发生虚假信号的可能性较小.

(6)共振频率是很难测量的，要耐心仔细寻找.

(7)样品的振动非常容易受到声音的干扰，测量时要保持安静.

(8)在测量不同温度下的杨氏模量时，千万要注意安全.

五、实验操作

(一)被测试样的基本参数测量

(1)选择被测样品若干，编号.

(2)用天平测量被测样品的质量 m，记录在表 1-2 中.

(3)用毫米刻度尺测量被测样品的长度 L，记录在表 1-2 中.

(4)选择样品的 6 个不同部位，用千分尺测量被测样品的直径 d，记录在表 1-2 中.

(5)熟悉测试系统中各个仪器的使用.

(二)用支撑式共振法测量不同试样的杨氏模量

(1)测量和安装试样棒. 选择一试样棒，小心地将试样放在支撑支架上，要求试样棒横向水平，支撑点到试样棒端点的距离相同.

(2)连接测量仪器. 动态弹性模量测定仪激振信号输出端接激振器的输入端，拾振信号的输入端接拾振器的输出端，拾振信号的输出端接示波器 Y 通道. 如果采用李萨如图形测量法，同时还要将示波器的 X 通道接激振信号的输出端.

(3)开机调试. 开启仪器的电源，调节示波器处于正常工作状态，信号发生器的频率置于适当挡位(如 5 kHz 挡)，连续调节输出频率，此时激发换能器应发出相应声响. 轻敲桌面，示波器 Y 轴信号大小立即变动并与敲击强度有关，这说明整套实验装置已处于工作状态.

(4)将被测棒放到支撑架上，调节支撑架使两个支撑点距离棒的端点均为 5 mm，固定支撑架.

(5)共振频率的鉴频与测量.

将示波器置于“扫描”工作状态(只有 Y 通道的信号显示)，由低到高调节信号发生器的输出频率，正确找出试样棒的基频共振状态(振幅最大).

由“实验原理”部分介绍的各种办法鉴别是否为共振频率.

将示波器置于“X-Y”工作状态；继续微调信号发生器的输出频率，直至示波器显示的李萨如图形(椭圆)稳定；从频率计上读出共振频率，继续升高频率大约在 2.74 倍基频处，看是否能测出一次谐波共振频率.

(6)外延法测量.

在两个节点位置两侧各取 3 个以上测试点，各点间隔 5 mm 左右. 从外向内依次同时移动两个支撑点的位置，每次移动 5 mm，分别测出不同位置处相应的基频共振频率，记录在表 1-3 中.

(7)换用其他种类试样，重复上述步骤进行测量.

(三)用悬挂式共振法测量试样的杨氏模量

选择一试样棒，小心地将试样悬挂于两悬丝之上，要求试样棒横向水平，悬丝与试样棒轴向垂直，两悬丝点到试样棒端点的距离相同并处于静止状态. 基频共振频率测量方法与支撑法类似.

(四)用悬挂式共振法测量试样在不同温度下的杨氏模量

将测试棒移入加热炉，开启加热炉，待温度稳定在某一值时，进行测量. 方法同上，测量不同温度下试样的基频共振频率，记录在表 1-4 中.

(五)结束实验

关闭电源，整理好实验仪器和实验台，经教师同意后，结束实验.

六、数据记录

表 1-2　被测试样的基本参数测量数据表

试样		样品 1	样品 2	样品 3	样品 4
质量 m/g					
长度 L/mm					
截面直径 /mm	1				
	2				
	3				
	4				
	5				
	6				

表 1-3　共振法测量不同试样的杨氏模量测量数据记录表

支撑点距端点位置 x mm	基频共振频率 f / Hz			
	样品 1	样品 2	样品 3	样品 4(悬挂法)
5				
10				
⋮				

表 1-4　悬挂式共振法测量试样在不同温度下的杨氏模量测量数据记录表

悬挂点距端点位置 x mm	基频共振频率 f / Hz			
	室温/℃	温度 1/ ℃	温度 2/ ℃	温度 3/ ℃
5				
10				
⋮				

七、数据处理

1. 被测样品质量的测量

质量是单次测量，不确定度只能取仪器误差限 $u(m)=\Delta_I(\text{天平})=0.01\,\text{g}$.

2. 被测样品长度的测量

长度是单次测量，不确定度只能取仪器误差限 $u(L)=\Delta_I(\text{米尺})=0.2\,\text{mm}$.

3. 被测样品截面直径的测量

(1)计算直径测量的平均值和标准偏差

$$\bar{d}=\frac{1}{6}\sum_{i=1}^{6}d_i\ ,\qquad \sigma_d=\sqrt{\frac{\sum(d_i-\bar{d})^2}{6-1}}$$

检查全部 d_i 数据与平均值 $\bar{d}$ 的差值的绝对值，若小于 $3\sigma_d$，则数据合格；若大于 $3\sigma_d$，则舍去 d_i，余下的 d_i 重新计算 $\bar{d}$ 和 σ_d，然后再作比较，直到满足要求(视具体情况可以重新进行实验测量).

(2)计算测量 d 的 A 类不确定度

$$u_A(d)=t_P\cdot\frac{\sigma_d}{\sqrt{n}}$$

(3)计算测量 d 的 B 类不确定度：

B 类不确定度主要为仪器引起的不确定度，本实验主要来源于测量过程中的读数误差，B 类不确定度量值取读数系统最小刻度值的 1/2，即 $u_B(d)=0.005\,\text{mm}$.

(4)计算测量 d 的总不确定度

$$u(d)=\sqrt{u_A^2(d)+u_B^2(d)}$$

4. 共振频率的测量

利用外延法求基频共振频率. 用直角坐标纸，作出位置与共振频率的关系曲线，用外推法求出节点的基频共振频率 f_0.

外延法测量基频共振频率是单次测量，不确定度只能取仪器误差限. 本实验使用的是数字式频率计，最小变化为 0.1 Hz，所以基频共振频率不确定度为

$$u(f_0)=0.1\,\text{Hz}$$

5. 杨氏模量的测量

由基频共振频率，计算杨氏模量

$$\bar{E}=1.6067\frac{L^3m}{\bar{d}^4}f_0^{\,2}$$

6. 杨氏模量测量的不确定度

相对不确定度为

$$E_{\mathrm{E}}=\frac{u(E)}{E}=\sqrt{\left[\frac{u(m)}{m}\right]^2+\left[3\times\frac{u(L)}{L}\right]^2+\left[4\times\frac{u(d)}{\bar{d}}\right]^2+\left[2\times\frac{u(f_0)}{f_0}\right]^2}$$

不确定度为

$$u(E)=E_{\mathrm{E}}\times E$$

7. 杨氏模量的测量结果

根据杨氏模量测量的不确定度修正杨氏模量测量的有效数字，写出杨氏模量的测量结果

$$E=\bar{E}\pm u(E)\,(\text{单位})\quad (P=0.955)$$

八、参考讨论问题

(1) 在实验中是否发现假共振峰？是何原因？如何消除？是否有新的判据？

(2) 悬挂时捆绑的松紧，悬丝的长短、粗细、材质、钢性都对实验结果有影响，是何原因？可否消除？

(3) 如何用外推法算出试样棒真正的基频共振频率？

(4) 试样的固有频率和共振频率有何不同？有何关系？可否不测量质量而引入材料密度？这时杨氏模量计算公式应作何变动？

(5) 实验时发现用悬挂方式很难测出一次谐波频率，而用支撑法测却很易测量；同时发现悬挂和支撑的位置和基频关系密切，但用支撑法测出的一次谐波频率和支撑位置关系不大，你能分析出其中的原因吗？

(6) 在实验过程中如何判别是否有假共振信号的出现？

(7) 如果试样不满足条件 $d \ll L$，则对测量结果应如何修正？

九、参考文献

[1] 梁昆淼. 数学物理方法. 北京：人民教育出版社，1979

[2] 李昕. 弹性与非弹性的测量和应用. 北京：冶金工业出版社，1999

[3] 丁慎训，张连芳. 物理实验教程. 北京：清华大学出版社，2002

[4] 是度芳. 基础物理实验. 武汉：湖北科学技术出版社，2003

[5] 何祚镛. 声学理论基础. 北京：国防工业出版社，1991

（詹卫伸　刘边卓）

实验 2　热效应实验

把热能转换为电能的所谓电热效应的发展已有一个半世纪的历史. 这是与温度梯度的存在有关的现象，其中重要的是温差电现象. 但是，由于金属的温差电动势很小，只是在用作测量温度的温差电偶方面得到了应用. 半导体出现后，发现它能得到比金属大得多的温差电动势，在热能与电能的转换上，可以有较高的效率，因此，其在温差发电、温差电制冷方面获得了发展.

1821 年，德国物理学家塞贝克发现不同金属的接触点被加热时产生电流，这个现象被称为塞贝克效应，这就是热电偶的基础. 1834 年帕尔帖发现了塞贝克效应的逆效应，即当电流流过不同金属的接点时有吸热和放热现象，关键取决于电流流入接点的方向.

基于帕尔帖效应的半导体电子制冷又称热电制冷，或者温差电制冷，它是利用帕尔帖效应的一种制冷方法，与压缩式制冷和吸收式制冷并称为世界三大制冷方式.

一、实验原理

1. 热机原理

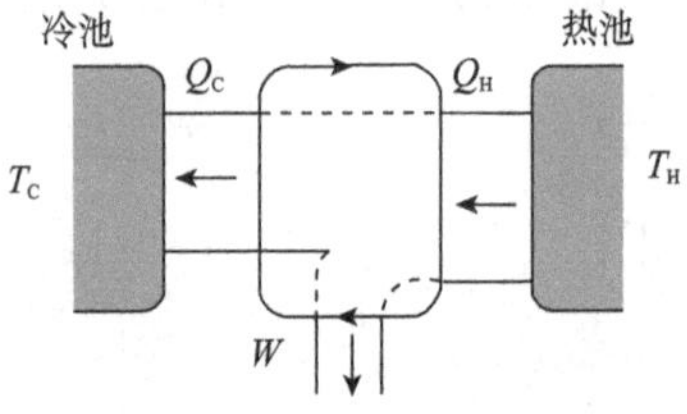

图 2-1　热机工作原理

热机利用热池和冷池之间的温差做功. 通常假设热池和冷池的尺寸足够大以至于从池中吸收了多少热或者为池提供热量，池的温度保持不变. 图 2-1 表示热机工作原理. 从高温热源 T_H（热池）吸收热量 Q_H，对外做功 W，其余热量 Q_C 释放给低温热源 T_C（冷池）.

根据能量守恒（热力学第一定律）得到

$$Q_H = W + Q_C \tag{2-1}$$

式中，Q_H 和 Q_C 分别表示进入热机的热量和排入冷池的热量，W 表示热机所做的功. 热机的效率定义为

$$\eta = \frac{W}{Q_H} \tag{2-2}$$

除非所有的热量全部都转化为有用功，那么热机的效率等于 1，因此实际中热机效率总是小于 1.

在实验中，习惯上用功率而不是用能量来计算效率，对方程（2-1）求导得到

$$P_H = P_W + P_C \tag{2-3}$$

式中，$P_H = \frac{dQ_H}{dt}$ 和 $P_C = \frac{dQ_C}{dt}$ 分别表示单位时间进入热机的热量和排入冷池的热量；$P_W = \frac{dQ_W}{dt}$ 表示单位时间做的功. 热机效率可以写成

$$\eta = \frac{P_W}{P_H} \tag{2-4}$$

研究表明，热机的最大效率仅与热机工作的热池温度和冷池温度有关，而与热机的类型无关. 卡诺效率可以表示如下：

$$\eta_{carnot} = \frac{T_H - T_C}{T_H} \tag{2-5}$$

式中，温度单位是 K（开尔文温度）. 式(2-5)表明，只有当冷池温度为绝对零度时热机的最大效率为100%；对于给定温度，假设由于摩擦、热传导、热辐射和器件内阻焦耳热等引起的能量损失可以忽略不计时，热机做功效率最大，即卡诺效率.

2. 热泵原理

热泵是热机运行的逆过程，图 2-2 表示热泵的工作原理. 通常，热量从高温热源流向低温处，而热泵通过外界做功 W 从低温热源 T_C（冷池）吸取热量 Q_C 泵浦给热源 T_H（热池）热量 Q_H. 正如冰箱从低温内部吸取热量泵浦到较热的房间或者在冬天里从较冷的室外吸取热量泵浦到较热的室内一样.

根据能量守恒定律有

$$W + Q_C = Q_H \tag{2-6}$$

式(2-6)也可以以功率形式表示. 对于热泵，需要定义一个性能系数 K_{COP}：单位时间从冷池泵取的热量 P_C 与单位时间热泵所做热泵的功 P_W 的比值，即有

$$K_{COP} = \frac{P_C}{P_W} \tag{2-7}$$

与热机的最大效率一样，热泵的最大性能系数仅取决于热池和冷池的温度，即

$$K_{max} = \frac{T_C}{T_H - T_C} \tag{2-8}$$

如果考虑由于摩擦、热传导、热辐射和器件内阻焦耳加热等引起的能量损失，则实际 K_{COP} 逼近最大性能系数 K_{max}.

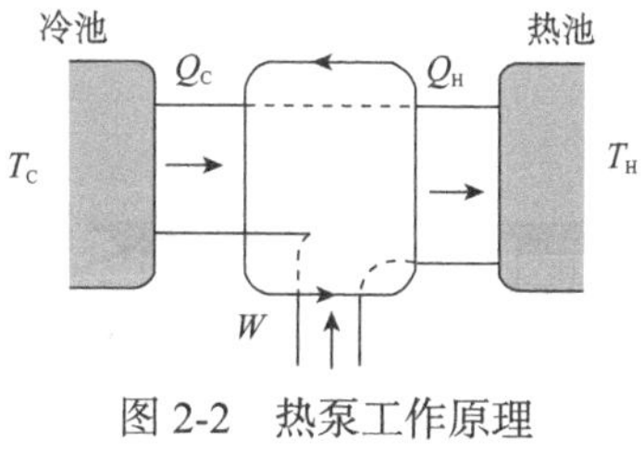

图 2-2　热泵工作原理

3. 帕尔帖效应

1834 年，帕尔帖发现这样一种现象：如图 2-3 所示，用两块不同的导体连接成电偶，并接上直流电源，当电偶上流过电流时，会发生能量转移现象，一个接头处释放热量变冷，另一个接头处吸收热量变热. 也就是说，电流流过两种不同导体的界面时，将从外界吸收热量或向外界放出热量，如果把电流反向，吸热的接头便会放热，而放热的接头便会吸热，这就是帕尔帖效应. 这个现象直到近代随着半导体的发展才有了实际的应用，也就是制冷

器的发明.

对帕尔帖效应的物理解释是：如图 2-4 所示，电荷载体在导体中运动形成电流，由于电荷载体在不同的材料中处于不同的能级，当它从高能级向低能级运动时，便释放出多余的能量；相反，从低能级向高能级运动时，从外界吸收能量. 能量在两材料的交界面处以热的形式吸收或放出. 在两种金属接头处有接触电势差，设其电场方向是由金属 1 指向金属 2；在接头 A 处电流由金属 2 流向金属 1，即电子由金属 1 流向金属 2. 接触电势差的电场阻碍电子运动，电子在这里要反抗电场力做功，它的动能减少. 减速的电子与金属原子碰撞，从金属原子取得动能，从而使温度降低，从外界吸收热量；在接头 B 处，接触电势差的电场使电子加速，电子越过时，动能将增加，被加速的电子与接头处的原子碰撞，把获得的能量交给金属原子，使该处温度升高而释放热量.

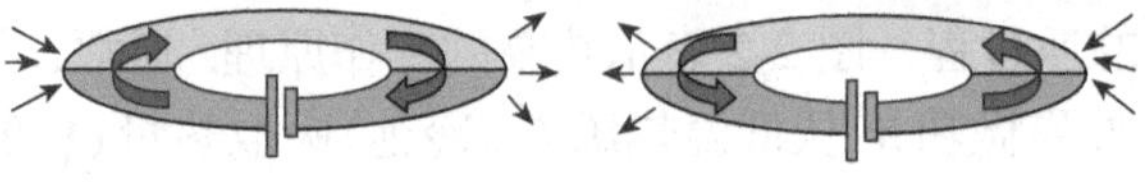

图 2-3 帕尔帖效应

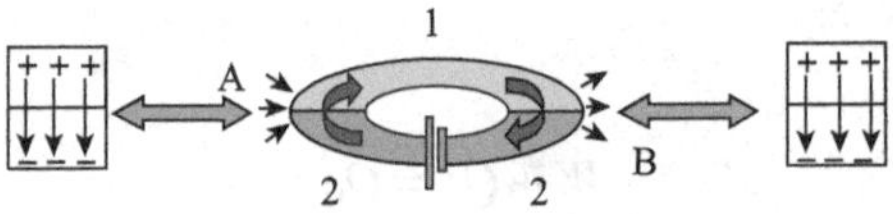

图 2-4 帕尔帖效应的机理

由于金属的接触电势差比较小，并且高温到低温的热传导率比较大，所以采用导热率以及电阻率低的材料——半导体材料. 半导体电子制冷的效果就主要取决于电荷载体运动的两种材料的能级差，即热电势差. 纯金属的导电导热性能好，但制冷效率极低(不到 1%). 半导体材料具有极高的热电势，可以成功地用来做小型的热电制冷器. 经过多次实验，P 型半导体(Bi_2Te_3-Sb_2Te_3)和 N 型半导体 (Bi_2Te_3-Bi_2Se_3)的热电势差最大，应用中能够在冷接点处表现出明显制冷效果.

如图 2-5 所示为半导体制冷器件原理图. 在器件热端的接点附近产生的空穴漂移穿过接点进入 P 区，而电子则漂移穿过接点进入 N 区；在器件的冷端发生相同的过程，但是与热端比较，空穴与电子的漂移速度较慢，所以 N 区从热端流向冷端，即电流从冷端流向热端.

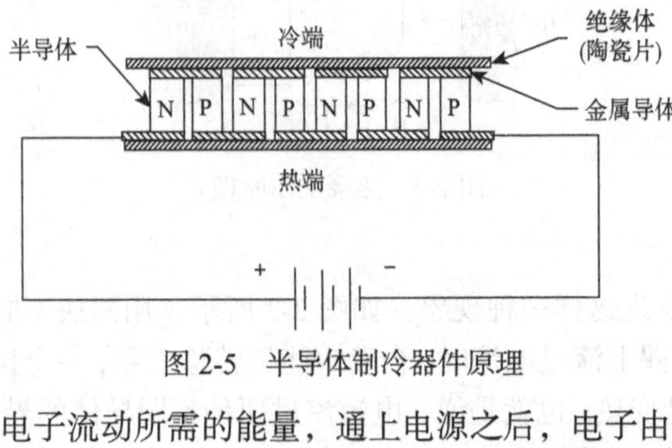

图 2-5 半导体制冷器件原理

直流电源提供了电子流动所需的能量，通上电源之后，电子由负极(-)出发，首先经过 P 型半导体，于此吸收热量，到了 N 型半导体，又将热量放出，每经过一个 NP 模块，就有热量由一边被送到另外一边，造成温差，而形成冷热端. 冷热端分别由两片陶瓷片所构成，冷端要接热源，也就是欲冷却之物，如 CPU，而热端要接散热片风扇，将热量排出. 与各接面之间一样，要涂上散热膏，以利于热量的传导.

二、实验装置

如图 2-6 所示，实验采用 FB2060 型热泵热电效应综合实验仪来完成实验，包括金属保温胆和实验仪. 利用加热电阻为热端提供热量和将冷端暴露在空气中(环境温度)来保持热端、冷端的温度. 热机通过电流流过负载电阻来做功，最终所做的功转换为消耗在负载电阻上的热(焦耳加热). 可以开设热机和热泵两类实验.

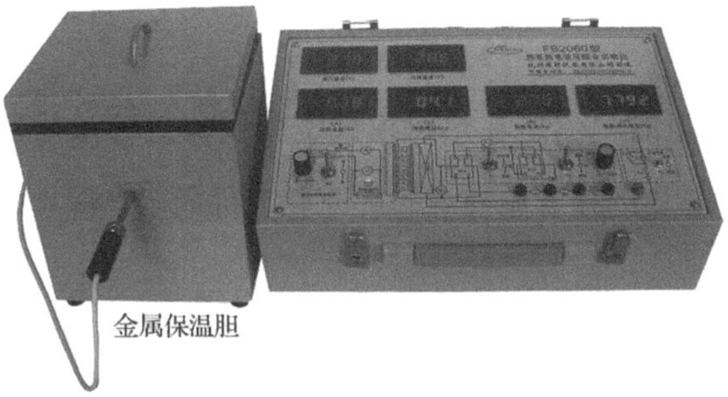

图 2-6　热效应实验装置

图 2-7 给出了实验仪的面板. 实验仪直接测量的物理量有温度、热池加热功率和负载电阻消耗的功率. 热效应实验仪间接测量有：①帕尔帖元件的内阻；②热传导和热辐射通过帕尔帖元件的热量；③从冷池泵取的热量.

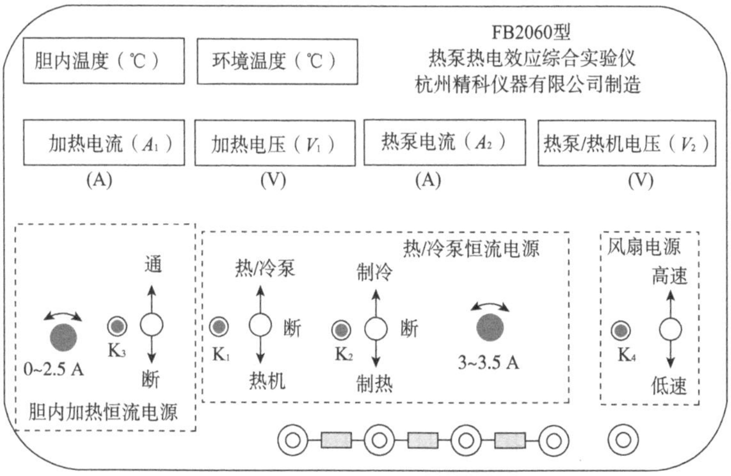

图 2-7　FB2060 型热泵热电效应综合实验仪面板及简单操作提示

K_1：中间位置“断开”；向上半导体“制冷、制热”功能；向下切换为“热机”功能. K_2：中间位置“断开”；当 K_1 向上时，K_2 向上为半导体“制冷”功能；向下为半导体“制热”功能. 当 K_1 向下或“断开”时，K_2 功能失效. K_3：中间位置“断开”；向下仅有“胆内”风扇工作，向上“胆内”风扇和加热器同时工作，工作电流由电位器调节(0～2.5 A)，加热温度到 55 ℃左右自动保护动作，报警并切断加热电路. K_4：中间位置“断开”；向上为主风扇“高速旋转”，向下为主风扇“低速旋转”

冷池和热池的温度通过单独的温度传感器测量并用数字表显示. 通过改变加热功率(即调节恒流源加热电流)可以保持热池在某个温度不变,利用安装在仪器面板上的电流表和电压表分别测量流入加热器的电流 I_H 和其两端的电压 V_H，电流和电压大小均以数字形式显示，那么可以得到加热功率 $P_H = V_H \times I_H$. 通过测量接入负载电阻上的电压降 V_W，负载电阻消耗的功率计算如下：

$$P_W = \frac{{V_W}^2}{R} \tag{2-9}$$

式中，R 为负载电阻，容许电阻误差小于1%.

假设热效应实验仪运行时负载电阻为 R_L，等效电路如图 2-8 所示，根据电路回路定律得到

$$V_S - Ir - IR_L = 0 \tag{2-10}$$

式中，I 为流过负载电阻的电流，在热机模式实验中测量的量是负载电压降 V_W，电流 $I = \frac{V_W}{R_L}$. 如果没有负载，这时没有电流流过帕尔帖元件内阻，即在内阻上的电压降为零，测量电压刚好为 V_S，于是得到

$$V_S - \left(\frac{V_W}{R_L}\right)r - V_W = 0 \tag{2-11}$$

由式(2-11)得到帕尔帖器件内阻 $r = \left(\frac{V_S - V_W}{V_W}\right)R_L$. 此外，可利用两个不同的负载电阻，通过测量负载电阻的电压求联立方程得到内阻值 r.

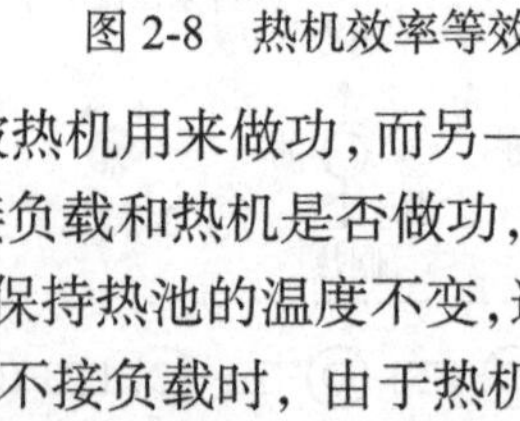

图 2-8 热机效率等效电路

来自热池热量的一部分被热机用来做功,而另一部分热量通过热辐射和热传导旁路热机；不管帕尔帖器件是否连接负载和热机是否做功，这部分热量以相同的方式转换. 当热机分别接负载和不接负载时,保持热池的温度不变,通过测量热池加热电源的电流和电压,得到热池的加热功率. 当热机不接负载时，由于热机没有做功，在热池保持平衡温度的条件下，通过热辐射和热传导旁路的热量等于对热池的加热热量.

当热效应实验仪以热泵方式运行时,由于能量守恒定律得到单位时间从冷池泵取的热量等于单位时间输入热池的热量与单位时间做的功之差. 单位时间所做的功可以直接测量,而单位时间输入热池的热量只能间接测量. 以热泵方式运行时,热池的温度保持恒定,热池保持平衡状态，因此输入热池的热量等于通过热辐射和热传导的热量. 这样保持热端

温度不变，通过测量没有负载时需要输入热端的热量就可以确定热辐射和热传导的热量.

三、实验内容和目的

测量热泵的实际效率和卡诺效率；通过实验方法测定实验装置的热机效率；通过实验方法测定热泵的性能系数；用实验方法测量帕尔帖器件的内阻.

(1) 了解半导体热电效应原理和应用.

(2) 了解研究热机效率的重要意义.

(3) 理解什么是热泵的性能系数.

(4) 了解负载电阻与帕尔帖器件内阻的关系.

四、注意事项

(1) 热学实验，操作时，注意不要烫伤.

(2) 连接电路时，要切断电源.

(3) 注意不要触电.

五、实验操作

(一)卡诺效率和热效率测量

实验连接如图 2-9 所示.

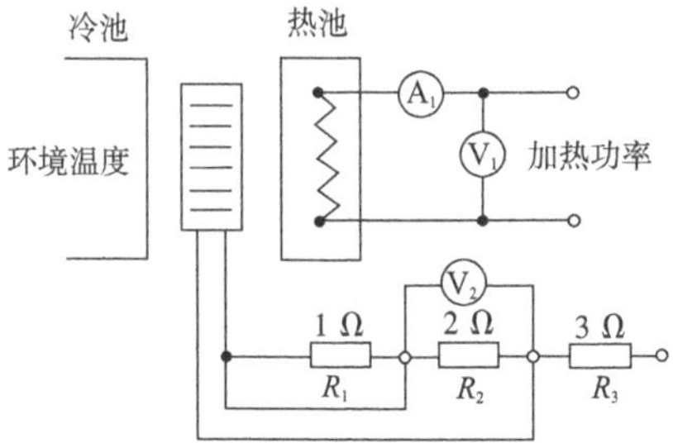

图 2-9　卡诺效率与热效率测量实验示意图

(1) 将 FB2060 型热泵热电效应综合实验仪与金属保温胆之间的大七芯、小七芯插头护套线连接好(注意插头缺口向上)；

(2) 接好 FB2060 型热泵热电效应综合实验仪的市电工作电源，合上电源开关；

(3) 将保温胆铠装温度传感器插入温度测量孔中，其另一端四芯插头插入密封胆对应插座.

(4) 将功能转换开关 K_1 打向下方，切换到“热机”工作状态 .

(5) 如图 2-9 所示，用短导线把 2 Ω 负载电阻接入线路，电压表 V_2 并联在负载电阻两端(注意：本实验装置的负载电阻阻值可以在 1 Ω, 2 Ω, 3 Ω, 4 Ω, 5 Ω, 6 Ω 中自由组合，若需要使用有效数位更多的负载电阻，可接入一个自备电阻箱作为 R_L)；

(6)将功能转换开关 K_3 打向上方,使电流源对应保温胆内电热器加热和胆内循环风扇同时工作的状态.

(7)把加热电流调节到适当位置,使系统达到平衡,热端(铝合金保温胆)和冷端(环境)的温度保持平衡，这时加热电流和加热电压基本保持稳定，需要5～15 min .

(8)从数字式温度计读取热端(保温胆内)和冷端(环境)的温度.

(9)待系统稳定，在数据表格 2-1 中分别记录加热电流和加热电压以及温差电机负载电阻 R_L 两端的电压.

(10)调节加热电流，使热端温度分别为 30 ℃、35 ℃、40 ℃、45 ℃、50 ℃. 中途略有变化，可微调加热电流，使显示的温度符合要求. 把测量的数据逐一记录到表 2-1 中.

*根据不同季节的环境温度，可选择实验时加热温度(20～50 ℃)，或者加热温度为(30～55 ℃).

(二)热机效率测量

为了获得热泵的数据，热效应实验装置需要在两种不同模式下进行实验，热机模式确定帕尔帖器件的实际效率；开路模式确定由于传导和热辐射引起的热量损失. 根据两种模式的数据，可计算帕尔帖器件的内电阻和卡诺效率.

热机模式(带负载)：

(1)连接线与实验(一)相同. 将功能转换开关 K_1 打向下方，切换到“热机”工作状态 .

(2)如图 2-9 所示，用短导线把 2 Ω 负载电阻接入线路，此时电压表 V_2 并联在负载电阻两端.

(3)将功能转换开关 K_3 打向上方,使电流源对应胆内电热器加热和胆内循环风扇同时工作的状态.

(4)把加热电流调节到适当位置，使系统达到平衡时，热端(铝合金密封胆)温度达到 50 ℃，根据环境温度不同，加热需要 5～15 min ；

(5)从数字式温度计读取热端(保温胆内)和冷端(环境)的温度；

(6)待系统稳定，在数据表格 2-2 中分别记录加热电流和加热电压以及温差电机负载电阻两端的电压.

开路模式：

(7)切断连接负载电阻上的导线，电压表直接接在帕尔帖器件的输出端上. 此时，热端的加热电流和加热电压所做的功用于热传导和热辐射.

(8)当热端温度与热机模式中的温度相同时，因为相同的温差，热传导在有负载和没有负载时传导的热量是相同的.

(9)记录加热电流和加热电压及热机输出电压的读数于表 2-2 中.

(三) 热泵性能系数测量

实验连接如图 2-10 所示.

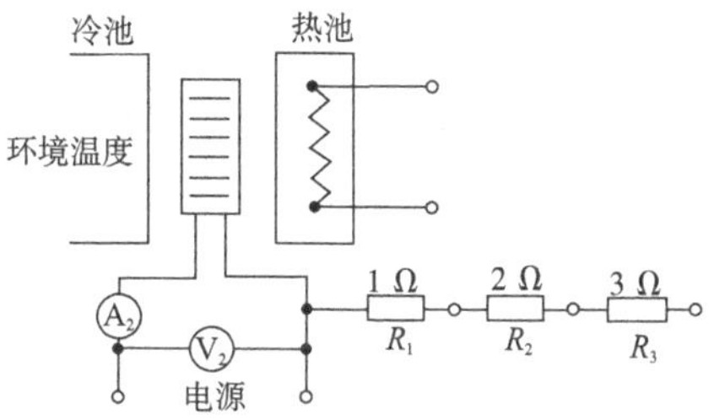

图 2-10　热泵(半导体制热)实验示意图

(1)把功能开关 K_1 向上打到“冷、热泵”位置.

(2)把功能开关 K_2 向下打到“致热”位置.

(3)胆内的温度调节到与实验(二)热机效率中的温度相同.

(4)当系统稳定时，分别记录帕尔帖器件上的致热电流 I_R 和致热电压 V_R .

(5)测定并记录冷端温度(环境温度)和热端温度(胆内温度)于表 2-3 中.

(四) 最佳负载选择

半导体帕尔帖制冷等效电路图如图 2-8 所示.

在负载电阻 R 上输出功率为

$$P = I^2 \times R$$

式中，I 是流过负载电阻的电流，R 是负载电阻.

$$I = \frac{V_S}{R + r}$$

式中，r 是帕尔帖的内部电阻，通过选择合适的负载电阻，热泵有最大的输出功率.

$$P = \left(\frac{V_S}{R + r}\right)^2 \times R$$

$$\frac{dP}{dR} = \frac{V_S^2 \times (r - R)}{(R + r)} = 0 \quad \Rightarrow \quad R = r$$

所以，当负载电阻等于帕尔帖器件内电阻时，负载电阻上得到的功率是最大的.

(1)用短导线连接1Ω的负载电阻(图 2-11)，负载电阻两端并联一个电压表 V_2.

(2)把功能开关 K_1 向下打到“热机”.

(3)调节加热电流，使胆内温度约为 50 ℃，如有差异，可微调加热电流，使系统达到平衡，热端和冷端温度保持恒定.

(4)测量冷端温度(环境温度)，将加热电压(V_H)、加热电流(I_H)及负载电阻两端电压值(V_W)记录在表 2-4 中.

(5)保持热端温度恒定不变，改变负载电阻值. 重复上述实验(注意在此过程中，热端温度有变化，可微调加热电流).

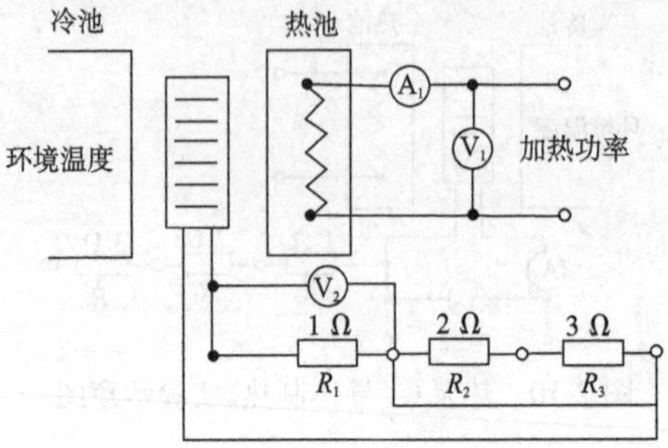

图 2-11 选择最佳负载实验连接图

六、数据记录

表 2-1 用公式 $T = 273.15 + \theta$，将摄氏温度 θ 换算成热力学温度 T

测量次数	冷端 T_C / K	热端 T_H / K	热端 V_H / V	热端 I_H / A	热端 P_H / W	负载 V_W / V	负载 P_W / W	实际效率 / %	卡诺效率 / %
1									
2									
3									
4									
5									

注 根据不同季节的环境温度，可选择实验时加热温度(20～50 ℃)，或者加热温度为 30～55 ℃.

表 2-2 在有负载和无负载下对应参数

	低温端 T_C / K	高温端 T_H / K	高温端 V_H / V	高温端 I_H / A	有负载 V_W / V	无负载 V_S / V
有负载						—
无负载					—	

表 2-3 实际性能系数、最大性能系数、调整性能系数和性能系数偏差

T_H / K	T_C / K	负载两端 V_R / V	负载两端 I_R / A	负载两端 P_R / W	$K_{实际}$	$K_{最大}$	$K_{调整}$	偏差

表 2-4 热机数据和测量结果

R/Ω	T_C	T_H	V_H	I_H	V_W	P_H	P_W	E
1								
2								

续表

R/Ω	T_C	T_H	V_H	I_H	V_W	P_H	P_W	E
3								
4								
5								
6								

七、数据处理

(一)卡诺效率和热机效率测量

负载电阻为 2.0 Ω，在不同加热条件下对应的热端温度 T_H、加热电压 V_H 和加热电流 I_H、负载两端电压 V_W. 由表 2-1 的实验数据，计算加在电热器上的功率 P_H 和负载电阻产生的功率 P_W 实际效率和卡诺效率定义为 $\varepsilon=\dfrac{P_W}{P_H}$ 和 $\eta=\dfrac{T_H-T_C}{T_H}$，式中温度单位是 K(开尔文).

比较实际效率和卡诺效率，并绘曲线图(卡诺效率与温度 ΔT、实际效率与温度 ΔT).

(二)热机效率

实际效率为

$$\varepsilon=\frac{P_W}{P_H}$$

式中，$P_W=\dfrac{V_W^2}{R}, P_H=V_H\times I_H$.

最大效率：

计算卡诺效率.

计算调整效率：

除去损失的能量，使得调整后的实际效率接近卡诺效率.

(1)首先，做功仅仅包括了消耗在负载电阻上的 $\dfrac{V_W^2}{R}$，但有部分功率消耗在器件上，总的功率应该包括内部电阻消耗的功率 $I^2\times r$，r 为器件内部电阻，是无用功. 总的做功为

$$P'_W=P_W+I_W^2 r$$

式中，$I_W=\dfrac{V_W}{R_L}$.

(2)其次，热量的输入必须调整，在热端上的热量分两个部分，一部分是实际有用的用在热泵做功. 然后，另一部分是热源热辐射和热源通过器件传导到冷端，通过热辐射和热传导这部分热量损失掉，不管器件是否有负载都是相同的. 因此，这部分热量对器件做功是没有贡献的，在调整效率中不应该包括在内，即有

$$P'_{H有效热}=P_H-P_{H开路}$$

式中，P_H 为热效应装置有负载时的输入功率；$P_{H开路}$ 为器件无负载时的输入功率. 当然，P_H 和 $P_{H开路}$ 所得的条件是热、冷端温度分别相同且恒定. 当没有负载时，$P_{H开路}$ 等于热辐射和热传导的热量损失. 假设接负载和不接负载，热辐射和热传导损失的热量是相等的，则调整效率是

$$\varepsilon_{调整} = \frac{P'_W}{P'_H} = \frac{P_W + I_W^2 \cdot r}{P_H - P_{H开路}}$$

帕尔帖内电阻计算公式为

$$r = \left(\frac{V_S - V_W}{V_W}\right)R$$

计算调整效率和卡诺效率之间的百分误差

$$偏差 = \frac{\eta_{max} - \varepsilon'_{调整}}{\eta_{max}} \times 100\%$$

(三)热泵性能系数测量

(1)计算实际性能系数：$K_{实际} = \frac{P_C}{P_R} = \frac{P_{H开路} - P_R}{P_R}$. 填入表 2-3.

(2)计算最大性能系数：$K_{最大} = \frac{T_C}{T_H - T_C}$. 填入表 2-3.

(3)计算调整性能系数填入表 2-3：部分功率是用在帕尔帖器件内阻上，因此需调整，$I^2 \times r$ 必须从输入帕尔帖器件的功率中扣除.

$$K_{调整} = \frac{P_{H开路} - P_R}{P_R - I_r^2 r}$$

计算调整性能系数与最大性能系数的百分误差 E，填入表 2-3.

$$E = \frac{K_{最大} - K_{调整}}{K_{最大}} \times 100\%$$

(四)最佳负载的选择

计算输入到热端的功率 $P_H = I_H \times V_H$，消耗在负载电阻的功率 $P_W = \frac{V_W{}^2}{R}$，计算效率

$$E = \frac{P_W}{P_H}$$

八、参考讨论问题

(1)什么是卡诺效率和实际效率？由实验结果比较两个效率的区别和大小.

(2)随着热端和冷端的温差减少，热机的最大效率是增大还是减少？

(3)通过实验发现热机的实际效率是非常低的，如何提高效率并用于实际生活中.

(4) 在热泵实验中，如果热端与冷端的温差减少，那么最大 COP 是增大还是减少？

(5) 在热机实验中，选择何种阻值的负载电阻，输出的功率最大？

九、参考文献

[1] 程守珠，江之永. 普通物理学. 北京：高等教育出版社，1998

[2] 徐德胜. 半导体制冷与应用技术. 上海：上海交通大学出版社，1999

（詹卫伸　程大海）

实验3　霍尔效应实验

电磁感应强度是电磁学中描述磁场性质的物理量. 在工业、国防和科学研究中，经常要对磁场的电磁感应强度进行测量. 测量磁场的电磁感应强度的方法很多，其中主要有电磁感应法、旋光效应法、霍尔效应法、磁共振法、塞曼效应法等.

1879 年美国约翰·霍普金斯大学的二年级研究生霍尔在研究载流导体在磁场中受力的性质时，发现了一种电磁效应，即置于磁场中的载流体，如果电流方向与磁场垂直，则在与电流和磁场都垂直的方向上，在载流导体内会产生一个横向电势差及电场. 这种现象称为霍尔效应，这种电势差及电场分别被称为霍尔电压及霍尔电场.

需要指出，霍尔效应由于在金属导体和不良导体中都不十分明显，所以在当时没有多大的应用. 后来人们发现，在半导体中这种效应比较明显，人们便用它制成霍尔器件，广泛地应用于测定半导体材料电学参数、非电量的电测量、自动控制系统、测量技术及信息处理技术中. 例如，用特斯拉计测磁场的强度时，其探头用的就是霍尔器件. 今天我们通过对半导体试件的霍尔效应及电导率的测试，可以获得其导电类型、载流子浓度、电导率、迁移率等许多重要参数，这是研究半导体材料物理和电学性能的最重要、最基本的实验手段之一. 在工业生产要求自动检测和控制的今天，作为敏感元件之一的霍尔器件，将有更广泛的应用前景.

一、实验原理

(一)霍尔效应

霍尔效应从本质上讲是运动的带电粒子在磁场中受**洛伦兹力**作用而引起的偏转. 当带电粒子(电子或空穴)被约束在固体材料中时，这种偏转就导致在垂直电流和磁场的方向产生正负电荷的聚积，从而形成附加横向电场 E_{H}. 取一宽为 b、厚为 d 的半导体薄片试样(图 3-1)，在 X 方向通一电流 I_{S}，在 Z 方向加磁场 B，则在 Y 方向即试样 A、A' 两侧就开始聚积异号电荷而产生相应的附加电场 E_{H}. E_{H} 的指向取决于试样的导电类型(即N型或P型)，对图 3-1(a)所示的N型试样，霍尔电场逆 Y 方向，(b)的P型试样则沿 Y 方向. 显然，该电场阻止**载流子**继续向侧面偏移，当载流子所受的横向电场力 $F_{\mathrm{e}} = e \cdot E_{\mathrm{H}}$ 与洛伦兹力 $F_{\mathrm{B}} = e \cdot \overline{v} \cdot B$ ($\overline{v}$ 为载流子在电流方向上的平均漂移速度)相等时，样品两侧电荷的积累就达到平衡. 故有

$$e \cdot E_{\mathrm{H}} = e \cdot \overline{v} \cdot B \tag{3-1}$$

设试样的宽度为 b，厚度为 d，载流子浓度为 n，则

$$I_{\mathrm{S}} = ne\overline{v}bd \tag{3-2}$$

由式(3-1)和式(3-2)可得霍尔电压为

$$V_H = E_H \cdot b = \frac{1}{ne} \cdot \frac{IB}{d} = R_H \cdot \frac{IB}{d} \tag{3-3}$$

即霍尔电压V_H（点A与A'之间的电压）与IB乘积成正比，与试样厚度d成反比. 比例系数为

$$R_H = \frac{1}{ne} \tag{3-4}$$

称为**霍尔系数**，它是反映材料霍尔效应强弱的重要参数.

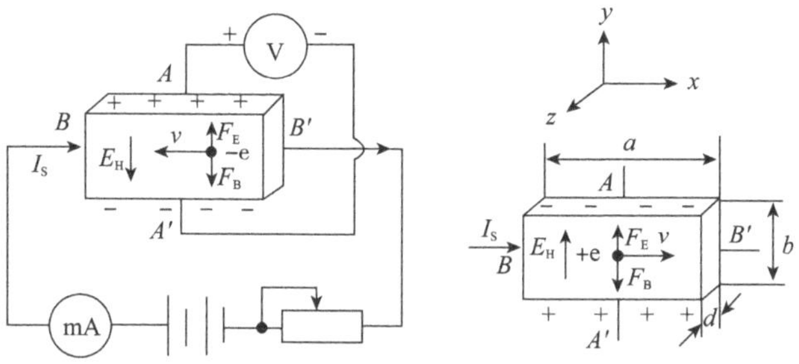

(a) 载流子为电子（N 型）　　(b) 载流子为空穴（P 型）

图 3-1　霍尔效应原理

根据R_H可进一步确定半导体的以下参数：

(1) 由R_H的符号（或霍尔电压的正负）判断样品的导电类型.

判别的方法是按图 3-1 所示的I和B的方向，若测得的$V_H < 0$（即点A的电势低于A'的电势）则R_H为负，样品属 N 型；反之则为 P 型.

(2) 由R_H求载流子浓度n

$$n = \frac{1}{|R_H| e} \tag{3-5}$$

应该指出，这个关系式是假定所有载流子都具有相同的漂移速度得到的，严格一点，如果考虑载流子的速度统计分布，就需引入$3\pi/8$的修正因子.

(3) 结合电导率的测量，求载流子的迁移率μ.

电导率σ与载流子浓度n以及迁移率μ之间有如下关系：

$$\sigma = ne\mu \tag{3-6}$$

即$\mu = |R_H|\sigma$，测出σ值即可求μ.

根据上述可知，要得到大的霍尔电压，关键是要选择霍尔系数大（即迁移率高，电阻率ρ亦较高）的材料. 因$|R_H| = \mu\rho$，就金属导体而言，μ和ρ均很低，而不良导体ρ虽高，但μ极小，因而上述两种材料的霍尔系数都很小，不能用来制造霍尔器件. 半导体μ高，ρ适中，是制造霍尔元件较理想的材料. 由于电子的迁移率比空穴迁移率大，所以霍尔元件多采用 N 型材料，其次霍尔电压的大小与材料的厚度成反比，因此薄膜型霍尔器件的输出电压较片状霍尔器件要高得多. 就霍尔元件而言，其厚度是一定的，所以实用上采用

$$K_H = \frac{1}{ned} \tag{3-7}$$

来表示器件的灵敏度，K_H称为霍尔灵敏度. 目前一种用高迁移率的锑化铟为材料的薄膜

型霍尔器件，其 K_H 可高达 200~300 mV / (mA·T)，而通常片状的硅霍尔器件的 K_H 仅为 2 mV / (mA·T).

(二)霍尔效应的副效应

在产生霍尔效应的同时还存在一些与温度、电极与半导体接触处的接触电阻有关的效应，这些效应也会在霍尔元件的上下侧面间产生电势差. 这种不是霍尔效应产生的电势差的存在将影响测量结果的准确性，实验时应当设法消除.

1. 热磁副效应

由于温度梯度存在，伴随霍尔效应会有一些热磁副效应产生. 如埃廷斯豪森效应、里吉-勒迪克效应和能斯特效应，它们与霍尔效应同时出现，这些效应都会在霍尔电势差上再叠加温差电动势，如图 3-2 所示.

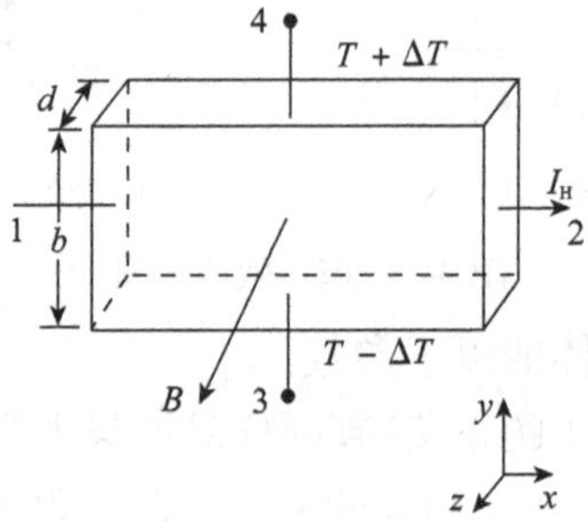

图 3-2　霍尔效应副效应

1) 埃廷斯豪森效应

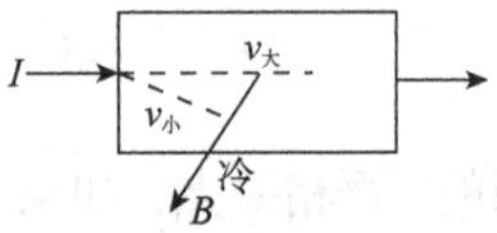

图 3-3　埃廷斯豪森效应

如图 3-3 所示，由于半导体内载流子的速度不相等，慢载流子将比快载流子发生较大的偏转. 而慢载流子的能量比快载流子的能量小，因而它们偏向的那边比对边冷些. 霍尔电极(金属)的材料与霍尔片(半导体)的不同，因此两极间产生温差电动势，并叠加在霍尔电势差上. 这是埃廷斯豪森于 1887 年发现的，称为埃廷斯豪森效应.

如图 3-2 所示，当金属片沿 x 方向通过电流时，z 方向加磁场，则在金属片的两侧(沿 y 方向)有温度差，所产生的温度梯度与通过样品的电流与磁场成正比

$$\frac{\partial T}{\partial y} = P \cdot I_H \cdot B \tag{3-8}$$

其中，P 称为埃廷斯豪森系数. 温度梯度引起温差电动势 V_E 为

$$V_E \propto I_H \cdot B \tag{3-9}$$

不过，温差电动势 V_E 与霍尔电流 I_H 及磁场 B 的方向有关.

2) 能斯特效应

如图 3-4 所示，由于霍尔片的两端与电极的接触电阻不同，通横向电流以后在霍尔片两端产生的焦耳热也不同. 受热的影响而扩散的载流子会受到磁场的作用而偏转，并在霍尔片上、下两侧产生电势差 V_N. 这是能斯特和埃廷斯豪森在研究金属铋的霍尔效应时发

现的，称为能斯特效应.

如图 3-2 所示，当有热流通过霍尔片时，在热能流及磁场的垂直方向产生电动势 V_N. 改变磁场或热流方向，电动势方向也将改变.

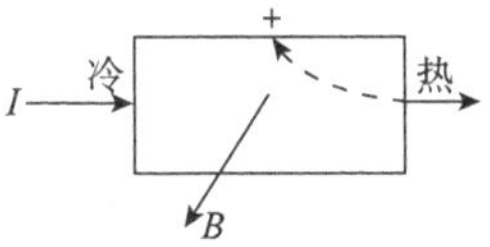

图 3-4 能斯特效应

在 P 型霍尔片中，如果样品电极 1，2 端接触电阻不同，就会产生不同的焦耳热，从而使两端温度不同. 沿温度梯度 dT/dx 有扩散倾向的空穴受到磁场的偏转，会建立一个横向电场，与洛伦兹力相抗衡，则在 y 方向电极 3，4 之间产生电势差

$$V_N = -Q \cdot \frac{\partial T}{\partial x} \cdot B \tag{3-10}$$

其中，Q 称为能斯特系数. V_N 的方向与磁场 B 方向有关(热流方向一定)，而与通过样品的电流 I_H 方向无关. 这是由于能斯特效应和霍尔效应相似，但横向载流子的运动不是由于横向电流，而是由于横向热流造成的，因此与电流 I_H 方向无关，所以 V_N 正负端位置只与 B 的方向有关.

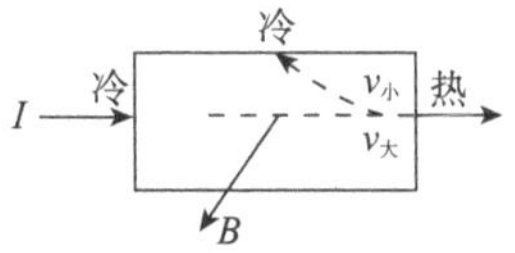

图 3-5 里吉-勒迪克效应

3) 里吉-勒迪克效应

如图 3-5 所示，在能斯特效应的基础上，热扩散载流子的速率并不相同，于是又如同埃廷斯豪森效应那样，慢载流子受磁场偏转的那边冷些，这样又产生温差电动势 V_R. 由此在霍尔片上、下两侧产生的电势差 V_R 也只与磁场 B 的方向有关. 这是里吉和勒迪克于 1887 年几乎同时发现的，因此称为里吉-勒迪克效应.

如图 3-2 所示，当有热流通过霍尔片时，与样品面垂直的磁场可以使霍尔片的两旁产生温度差，如果改变磁场方向，温度梯度的方向也随着改变.

沿 x 方向，1，2 端有温度梯度 $\partial T/\partial x$，热流沿 x 方向通过，在 y 方向的 3，4 端就会产生温度梯度，磁场方向 B 沿 z 方向，则有

$$\frac{\partial T}{\partial y} = S \cdot \frac{\partial T}{\partial x} \cdot B \tag{3-11}$$

其中，S 称为里吉-勒迪克系数.

根据埃廷斯豪森效应，在 y 方向的温度差产生温差电动势 V_R. V_R 和 $\partial T/\partial y$ 成正比，所以 V_R 的方向随磁场 B 的方向而改变，与霍尔电流 I_H 无关.

2. 不等位电位差

如图 3-6 所示，当电流通过霍尔片时，霍尔片中电场的等势面分布如图 3-6 中虚线所示. 由于霍尔片上、下两侧电极很难做到在同一等势面上(图 3-6(b))，因而霍尔片上、下两侧的电势不相等，有电势差 V_0 出现，在测量霍尔电势差时，V_0 叠加在它上面. 不等位电势差只与电流 I_H 的方向有关，与磁场 B 方向无关.

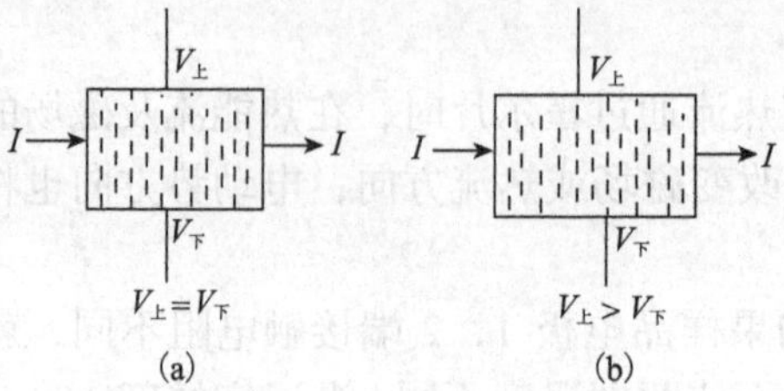

图 3-6 不等位电势差

3. 霍尔效应中副效应的消除方法

在测量霍尔电势差V_H时，实际上同时存在各种副效应，在作精确测量时应考虑这些副效应，并消除各副效应引入的误差. 由于这些副效应与电流I_H和磁场B的方向有关，在测量时，改变电流I_H或磁场B的方向，将各次测得的“霍尔电势差”取平均，就可以基本消除副效应的影响.

由于引出电极位置不在同一等势面而产生的不等位电势差V_0的符号与电流I_H的方向有关，与磁场B的方向无关；热磁副效应产生的温差电动势V_E、霍尔电压V_H与电流I_H和磁场B方向都有关；热磁副效应产生的温差电动势V_N、V_R只与磁场B方向有关.

例如，实验时测出下列 4 个数据：

霍尔元件在$+B$、$+I$时的霍尔电势差V_1为

$$V_1=+V_H+V_E+V_N+V_R+V_0 \tag{3-12}$$

霍尔元件在$+B$、$-I$时的霍尔电势差V_2为

$$V_2=-V_H-V_E+V_N+V_R-V_0 \tag{3-13}$$

霍尔元件在$-B$、$-I$时的霍尔电势差V_3为

$$V_3=+V_H+V_E-V_N-V_R-V_0 \tag{3-14}$$

霍尔元件在$-B$、$+I$时的霍尔电势差V_4为

$$V_4=-V_H-V_E-V_N-V_R+V_0 \tag{3-15}$$

合并式(3-12)～式(3-15)可得

$$V_H+V_E=\frac{V_1-V_2+V_3-V_4}{4} \tag{3-16}$$

测出V_1～V_4代入式(3-16)，就可以避免能斯特效应、里吉-勒迪克效应和电极电势不等势所引入的误差.

一般$V_E \ll V_H$，可以忽略不计，则有

$$V_H=\frac{V_1-V_2+V_3-V_4}{4} \tag{3-17}$$

但要注意在电流I_H和磁场B反向时，电流I_H和磁场B的值应保持不变.

(三)霍尔元件测量磁场

由式(3-3)可得

$$B=\frac{1}{K}\cdot V_H=\frac{V_H}{I_S\cdot K_H} \tag{3-18}$$

式中，K_H为霍尔灵敏度，I_S为霍尔样品工作电流.

（四）载流长直螺线管的磁场

如图 3-7 所示的是一个绕在圆柱面上的螺线形线圈，通常称它为**螺线管**. 对于密绕的螺线管，在计算其轴线上的磁场时，可以把螺线管近似地看成是由一系列圆线圈紧密地并排起来构成的. 如图 3-7(b)所示，设螺线管的半径为R，总长度为L，单位长度内的匝数为n，并取螺线管的轴线为x轴，取其中点O为原点，则在长度$\mathrm{d}l$内共有$n\mathrm{d}l$匝，每匝圆线圈在场点P产生的磁感应强度都沿轴线方向，其大小可以看作是圆形电流产生的磁场. 长度$\mathrm{d}l$内各匝圆线圈的总效果是一匝圆线圈的$n\mathrm{d}l$倍，即

$$\mathrm{d}B=\frac{\mu_0}{4\pi}\cdot\frac{2\pi R^2 I}{[R^2+(x-l)^2]^{3/2}} \tag{3-19}$$

其中，x是P点的坐标. 整个螺线管在P点产生的总磁场为

$$\begin{aligned}B&=\frac{\mu_0}{4\pi}\cdot\int_{-L/2}^{L/2}\frac{2\pi R^2 I\,\mathrm{d}l}{[R^2+(x-l)^2]^{3/2}}=\frac{\mu_0}{4\pi}\cdot 2\pi nI\int_{\beta_1}^{\beta_2}\sin\beta\,\mathrm{d}\beta\\&=\frac{\mu_0}{4\pi}\cdot 2\pi nI(\cos\beta_1-\cos\beta_2)\end{aligned} \tag{3-20}$$

式中，β_1和β_2分别是β角在螺线管两端的数值，由图 3-7(b)可得，分别为

$$\cos\beta_1=\frac{x+\dfrac{L}{2}}{\sqrt{R^2+(x+\dfrac{L}{2})^2}},\qquad \cos\beta_2=\frac{x-\dfrac{L}{2}}{\sqrt{R^2+(x-\dfrac{L}{2})^2}} \tag{3-21}$$

将上式代入式(3-20)，即得螺线管轴线上任一点P的磁感应强度B，它随x的变化如图 3-7(c)中的B-x关系曲线所示. 由此可见，当$L\gg R$时，在螺线管内部很大的一个范围内磁场近似于均匀，只有在端点附近，B值才显著下降.

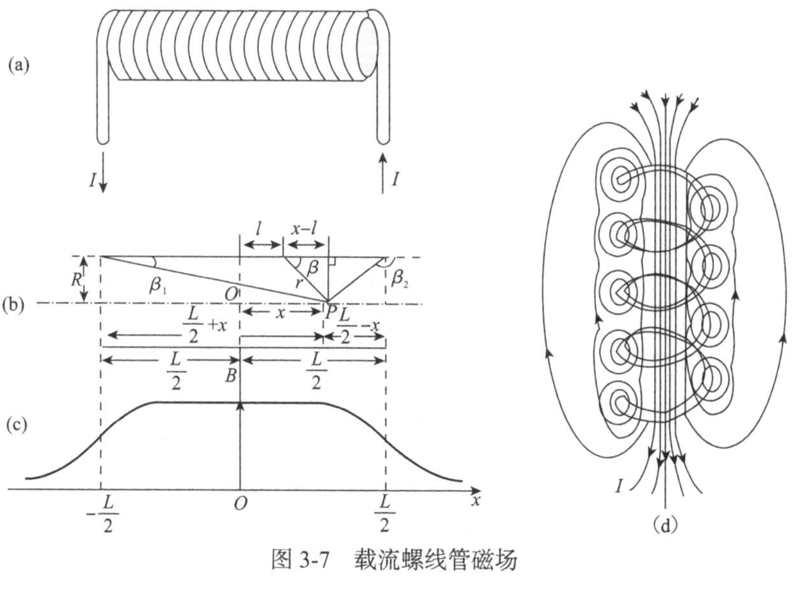

图 3-7　载流螺线管磁场

对于无限长螺线管，$L\to\infty$，$\beta_1=0$，$\beta_2=\pi$，因而

$$B=\mu_0 nI \tag{3-22}$$

即B的大小与场点的坐标x无关，轴线上的磁场是均匀的. 实际上，利用安培环路定理可以证明，在整个无限长螺线管内部的空间里磁场都是均匀的，其磁感应强度的大小均为$\mu_0 nI$，方向与轴线平行.

对于半无限长螺线管的一端，这时$\beta_1=0$，$\beta_2=\pi/2$或$\beta_1=\pi/2$，$\beta_2=\pi$，都有

$$B=\frac{1}{2}\mu_0 nI \tag{3-23}$$

即在半无限长螺线管轴线端点处的磁感应强度比中间减小了1/2.

对于长度为L的有限长螺线管，其中心点处（$x=0$）的磁感应强度为

$$B_{中心}=\frac{\mu_0}{2}\cdot nI(\cos\beta_1-\cos\beta_2)=\frac{\mu_0 nIL}{\sqrt{4R^2+L^2}}=\frac{\mu_0 NI}{\sqrt{L^2+D^2}} \tag{3-24}$$

螺线管轴线上两个端面上的磁感应强度为

$$B_{端面}=\frac{1}{2}B_{中心}=\frac{\mu_0 NI}{2\sqrt{L^2+D^2}} \tag{3-25}$$

如果螺线管内充满磁介质，则

$$B_{中心}=\frac{\mu NI}{\sqrt{L^2+D^2}} \tag{3-26}$$

式中，μ为磁介质的磁导率，真空中的磁导率$\mu_0=4\pi\times10^{-7}\ \mathrm{T\cdot m/A}$，$N$为螺线管的总匝数，$I$为螺线管的励磁电流，$L$为螺线管的长度，$D$为螺线管的平均直径.

为了得到一个螺线管的磁场在空间的全貌，在图 3-7(d)中给出了磁感应线的分布图. 应该强调，除了端点附近，在一个密绕螺线管外部的空间里，磁感应线很稀疏，这表示在那里的磁场是很弱的. 在$L\to\infty$的极限情况下，整个外部空间的磁感应强度趋于零.

(五)平行共轴双线圈的磁场

一对彼此平行且连通的共轴圆形线圈，每一线圈N匝，两线圈内的电流方向一致，大小相同，线圈之间距离d正好等于圆形线圈的平均半径$\bar{R}$，则构成一个亥姆霍兹线圈. 这种线圈的特点是：能在其公共轴线中点附近产生较广的均匀磁场区，故在生产和科研中有较大的实用价值，也常用于弱磁场的计量标准. 设x为亥姆霍兹线圈中轴线上某点离中心点O处的距离，则亥姆霍兹线圈轴线上任一点的磁感应强度大小为

$$B'=\frac{1}{2}\mu_0 NI\bar{R}^2\left\{\left[\bar{R}^2+\left(\frac{\bar{R}}{2}+x\right)^2\right]^{-3/2}+\left[\bar{R}^2+\left(\frac{\bar{R}}{2}-x\right)^2\right]^{-3/2}\right\} \tag{3-27}$$

而在亥姆霍兹线圈轴线上中心O处磁感应强度大小为

$$B_o'=\frac{8}{5^{3/2}}\frac{\mu_0 NI}{\bar{R}} \tag{3-28}$$

若线圈间距d不等于$\bar{R}$，设x为双线圈中轴线上某点离中心点O处的距离，则双线圈轴线上任一点的磁感应强度大小为

$$B''=\frac{1}{2}\mu_0 NI\bar{R}^2\left\{\left[\bar{R}^2+\left(\frac{d}{2}+x\right)^2\right]^{-3/2}+\left[\bar{R}^2+\left(\frac{d}{2}-x\right)^2\right]^{-3/2}\right\} \tag{3-29}$$

二、实验装置

实验仪器主要有：FB510A 型霍尔效应实验组合实验仪(主机)，FB510A 型霍尔效应实验仪(双线圈型)，FB400 型螺线管实验仪(平台)等，如图 3-8 所示.

(a)主机　(b)双线圈型霍尔效应实验仪　(c)螺线管实验仪

图 3-8　霍尔效应实验仪器

1. 主机

主机由励磁恒流源 I_M 输出、霍尔元件工作恒流源 I_S 输出、霍尔电压 V_H 输入，数字电流表、数字电压表等组成. 主机面板分布如图 3-9 所示.

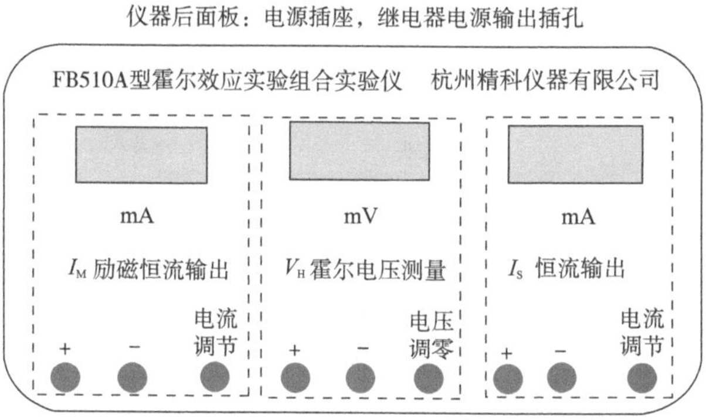

图 3-9　主机面板

1) 励磁恒流源 I_M 输出

为外接的螺线管或双线圈提供恒定电流以产生磁场. 红黑接线柱分别为该电源输出的正、负极. “I_M 电流调节”采用 16 圈多圈电位器进行细调，上面的数字表显示 I_M 的电流值，单位为“毫安”. 在每次使用前一定要将“I_M 电流调节”旋钮逆时针旋转到底，使励磁电流输出为零.

2) 霍尔元件工作恒流源 I_S 输出

为给外接的螺线管或双线圈测量仪的霍尔元件提供工作电流. 红黑接线柱分别为该电源的正、负极. “I_S 电流调节”采用 10 圈多圈电位器进行细调，上面的数字表显示 I_S 的电流值，单位为“毫安”. 在每次使用前一定要将“I_S 电流调节”旋钮逆时针旋转到底，使霍尔元件工作电流输出为零.

3)霍尔电压V_H输入

测量显示外接的螺线管或双线圈的霍尔探头的霍尔电压. 红黑接线柱分别为该V_H测量输入端的正、负极. 数字表显示V_H的电压值，单位为“毫伏”. 可以通过其中的“电压调零”旋钮调节“霍尔电压”(霍尔探头输出电压)的“输出值”,其显示的值并不是真正的“霍尔电压”值,因此在每次使用前(在“励磁恒流源I_M输出”和“霍尔元件工作恒流源I_S输出”均为零时)，先调节“电压调零”旋钮使其“输出值”为零. 这样，其显示的数值才是“霍尔电压”和“霍尔效应的副效应”所产生的电压值.

4)工作电源

在主机的后面板上有“电源”插座和“继电器电源输出”插孔.

“电源”插座是主机工作电源的输入端(220 V，50 Hz). 使用时，直接与外电源连接.

“继电器电源输出”插孔，是为FB510A型霍尔效应实验仪(双线圈型)，FB400型螺线管实验仪(平台)的继电器和指示灯供电的. 使用时用专用电缆与FB510A型霍尔效应实验仪(双线圈型)，FB400型螺线管实验仪(平台)的“传感器电源输入”端连接.

2. 霍尔效应实验仪(双线圈型)

如图3-10所示为FB510A型霍尔效应实验仪(双线圈型)的前面板，主要由励磁恒流源I_M输入端、霍尔元件工作恒流源I_S输入端、霍尔电压V_H输出端、双线圈、霍尔探头、继电器和转换开关等组成. 使用时，用专用电缆使其“传感器电源输入”端与FB510A型霍尔效应实验组合实验仪(主机)的“继电器电源输出”插孔连接.

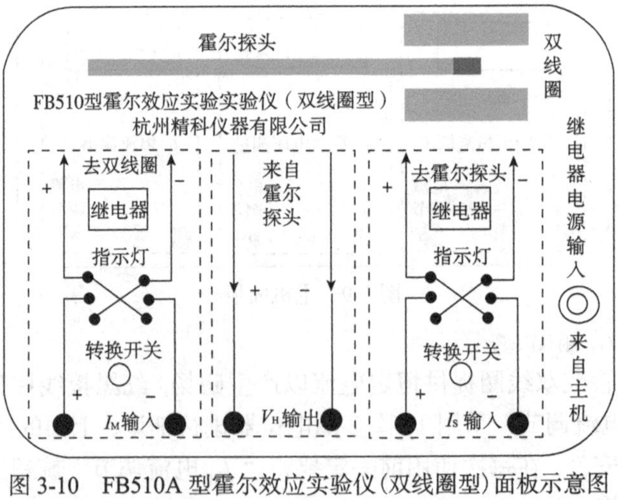

图3-10 FB510A型霍尔效应实验仪(双线圈型)面板示意图

1)双线圈

双线圈是用来产生工作磁场的. 当双线圈通有励磁电流I_M时，在双线圈中间激励磁场. 励磁电流I_M的大小由FB510A型霍尔效应实验组合实验仪(主机)的励磁恒流源I_M输出“电流调节”旋钮控制；励磁电流I_M的方向由FB510A型霍尔效应实验仪(双线圈型)的“转换开关”和“继电器”控制.

双线圈实际上构成了亥姆霍兹线圈，有效半径为$R = 38\text{ mm}$，线圈匝数1500匝(单线圈)，线圈间距$L = R = 38\text{ mm}$. 双线圈中心磁场强度参考表3-1.

表 3-1　磁场线圈中心磁场强度(参考)

励磁电流/mA	100	200	300	400	500
亥姆霍兹线圈磁场强度/mT	3.74	7.48	11.22	14.96	18.70

2)霍尔探头

当霍尔探头通有工作电流 I_S 时，在双线圈励磁电流 I_M 产生的磁场的作用下，将输出“霍尔电压”和“霍尔效应的副效应”所产生的电压. 工作电流 I_S 的大小由 FB510A 型霍尔效应实验组合实验仪(主机)的工作电流 I_S 输出“电流调节”旋钮控制；工作电流 I_S 的方向由 FB510A 型霍尔效应实验仪(双线圈型)的“转换开关”和“继电器”控制.

3)励磁恒流源 I_M 输入端

该输入端为双线圈提供励磁电流 I_M 以便激励磁场. 使用时，应使用专用电缆将其“正、负”接线柱与 FB510A 型霍尔效应实验组合实验仪(主机)的相应“正、负”接线柱连接. 通过“转换开关”和“继电器”为双线圈提供“正、负”励磁电流 I_M，产生“正、负”相反方向的磁场.

4)霍尔元件工作恒流源 I_S 输入端

该输入端为霍尔探头提供工作电流 I_S. 使用时，应使用专用电缆将其“正、负”接线柱与 FB510A 型霍尔效应实验组合实验仪(主机)的相应“正、负”接线柱连接. 通过“转换开关”和“继电器”为霍尔探头提供“正、负”相反方向的工作电流 I_S.

5)霍尔电压 V_H 输出端

来自于霍尔探头的“霍尔电压”和“霍尔效应的副效应”所产生的电压由此输出给 FB510A 型霍尔效应实验组合实验仪(主机)的“霍尔电压 V_H 输入”端,并在其上的“数字电压表”上显示数值. 使用时，应使用专用电缆将其“正、负”接线柱与 FB510A 型霍尔效应实验组合实验仪(主机)的相应“正、负”接线柱连接.

6)“继电器电源输入”插孔

是继电器和指示灯工作电源的输入端. 使用时，应使用专用电缆与 FB510A 型霍尔效应实验组合实验仪(主机)后面板的“继电器电源输出”插孔连接.

7)励磁电流 I_M 输入端的“转换开关”和“继电器”

当转换开关 “抬起”时，上两排指示灯亮，通过继电器给双线圈提供“正向”励磁电流 $+I_M$，在双线圈中间产生磁场 $+B$；当转换开关 “按下”时，下两排指示灯亮，通过继电器给双线圈提供“负向”励磁电流 $-I_M$，在双线圈中间产生磁场 $-B$.

8)工作电流 I_S 输入端的“转换开关”和“继电器”

当转换开关 “抬起”时，上两排指示灯亮，通过继电器给霍尔探头提供“正向”工作电流 $+I_S$；当转换开关 “按下”时，下两排指示灯亮，通过继电器给霍尔探头提供“负向”工作电流 $-I_S$.

3. 螺线管磁场实验仪(平台)

如图 3-11 所示为 FB400 型螺线管实验仪(平台)的前面板，主要由励磁恒流源 I_M 输入端、霍尔元件工作恒流源 I_S 输入端、霍尔电压 V_H 输出端、螺线管、霍尔探头、继电器和转换开关等组成. 使用时，用专用电缆使其“传感器电源输入”端与 FB510A 型霍尔效应实验组合实验仪(主机)的“继电器电源输出”插孔连接.

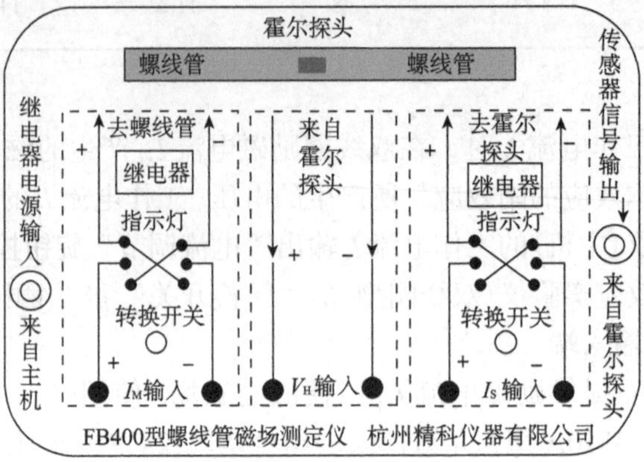

图 3-11 FB400 型螺线管磁场实验仪(平台)面板示意图

1)螺线管

螺线管是用来产生工作磁场的. 当螺线管通有励磁电流 I_M 时，在螺线管中间激励磁场. 励磁电流 I_M 的大小由 FB510A 型霍尔效应实验组合实验仪(主机)的励磁恒流源 I_M 输出“电流调节”旋钮控制；励磁电流 I_M 的方向由 FB400 型螺线管实验仪(平台)的“转换开关”和“继电器”控制.

螺线管线圈：匝数为 $N=2550$ 匝，长度为 $L=260\ \text{mm}$，平均直径为 $D=35\ \text{mm}$. 螺线管线圈中心磁场强度参考表3-2.

表 3-2 磁场线圈中心磁场强度(参考)

励磁电流/mA	100	200	300	400	500
螺线管线圈磁场强度/mT	1.22	2.44	3.67	4.88	6.11

2)霍尔探头

当霍尔探头通有工作电流 I_S 时，在双线圈励磁电流 I_M 产生的磁场的作用下，将输出“霍尔电压”和“霍尔效应的副效应”所产生的电压. 工作电流 I_S 的大小由 FB510A 型霍尔效应实验组合实验仪(主机)的工作电流 I_S 输出“电流调节”旋钮控制；工作电流 I_S 的方向由 FB400 型螺线管实验仪(平台)的“转换开关”和“继电器”控制.

3)励磁恒流源 I_M 输入端

该输入端是为螺线管提供励磁电流 I_M 以便激励磁场的. 使用时，应使用专用电缆将其“正、负”接线柱与 FB510A 型霍尔效应实验组合实验仪(主机)的相应“正、负”接线柱连接. 通过“转换开关”和“继电器”为螺线管提供“正、负”励磁电流 I_M，产生“正、负”相反方向的磁场.

4)霍尔元件工作恒流源 I_S 输入端

该输入端是为霍尔探头提供工作电流 I_S 的. 使用时，应使用专用电缆将其“正、负”

接线柱与 FB510A 型霍尔效应实验组合实验仪(主机)的相应“正、负”接线柱连接. 通过“转换开关”和“继电器”为霍尔探头提供“正、负”相反方向的工作电流 I_S.

5) 霍尔电压 V_H 输出端

来自于霍尔探头的“霍尔电压”和“霍尔效应的副效应”所产生的电压由此输出给 FB510A 型霍尔效应实验组合实验仪(主机)的“霍尔电压 V_H 输入”端,并在其上的“数字电压表”上显示数值. 使用时，应使用专用电缆将其“正、负”接线柱与 FB510A 型霍尔效应实验组合实验仪(主机)的相应“正、负”接线柱连接.

6) “继电器电源输入”插孔

是继电器和指示灯工作电源的输入端. 使用时，应使用专用电缆与 FB510A 型霍尔效应实验组合实验仪(主机)后面板的“继电器电源输出”插孔连接.

7) 励磁电流 I_M 输入端的“转换开关”和“继电器”

当转换开关“抬起”时，上两排指示灯亮，通过继电器给螺线管提供“正向”励磁电流 $+I_M$，在螺线管中间产生磁场 $+B$；当转换开关 “按下”时，下两排指示灯亮，通过继电器给双线圈提供“负向”励磁电流 $-I_M$，在双线圈中间产生磁场 $-B$.

8) 工作电流 I_S 输入端的“转换开关”和“继电器”

当转换开关 “抬起”时，上两排指示灯亮，通过继电器给霍尔探头提供“正向”工作电流 $+I_S$；当转换开关 “按下”时，下两排指示灯亮，通过继电器给霍尔探头提供“负向”工作电流 $-I_S$.

4. 继电器换向开关

单刀双向继电器的电原理如图 3-12 所示. 当继电器线包不加控制电压时,动触点与常闭端相连接；当继电器线包加上控制电压时，继电器吸合，动触点与常开端相连接. 实验架中使用了三个双刀双向继电器组成三个换向开关，换向由按钮开关控制. 当未按下按钮开关时，继电器线包不加电，常闭触点连接；当按下按钮开关时，继电器吸合.

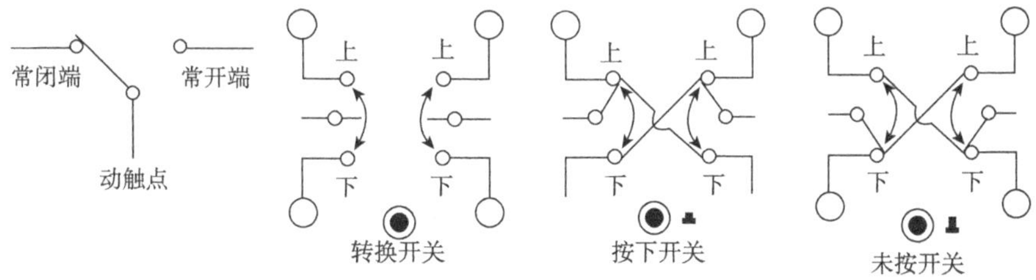

图 3-12　继电器工作示意图

三、实验内容和目的

测量霍尔效应的副效应所产生的电压；测绘双线圈的霍尔电压 V_H 与霍尔元件工作电流 I_S 之间的关系曲线；测绘双线圈的霍尔电压 V_H 与励磁电流 I_M 之间的关系曲线；确定双线圈内的霍尔探头材料的导电类型(P 型、N 型)；测通电双线圈单边水平方向磁场分布；测量螺线管轴线中心处霍尔电压 V_H 与励磁电流 I_M 之间的关系，从而确定霍尔电压 V_H 与磁感应强度 B 的关系；测量螺线管轴线中心处霍尔电压 V_H 与霍尔元件工作电流 I_S 之间的关系；测量通电螺线管轴向磁场分布.

(1)了解霍尔效应实验原理以及有关霍尔器件对材料要求的知识.

(2)学习用“对称测量法”消除副效应的影响.

(3)掌握利用霍尔效应测量磁场的原理.

(4)确定霍尔电压V_H与磁感应强度B的关系.

(5)确定霍尔电压V_H与霍尔元件工作电流I_S之间的关系.

(6)确定半导体试样的导电类型.

四、注意事项

(1)霍尔传感器各电极引线与对应的电流换向开关(本实验仪器采用按钮开关控制的继电器)的连线已由制造厂家连接好，实验时不必自己连接.

(2)霍尔片性脆易碎，电极非常细易断，严防撞击或用手去摸，否则容易损坏！霍尔片放置在亥姆霍兹线圈和螺线管中间，在需要调节霍尔片位置时，亦需要小心谨慎.

(3)二维(或一维)移动尺在调节时应缓慢，不能用力过度，否则容易损坏其传动机构.

(4)励磁线圈不宜长时间通电，否则线圈发热，会影响测量结果.

(5)霍尔元件有一定的温度系数，为了减少其自身发热对测量的影响，实验时工作电流不允许超过其额定值 5 mA. 为了延长霍尔元件的使用寿命，建议其工作电流取值范围为$I_S = 0\sim4.00$ mA.

(6)绝不可以将霍尔效应实验组合仪的激励电流“I_M输出”误接入螺线管实验装置的“I_S输入”或“V_H输出”处，否则一旦通电，霍尔元件即遭到损坏！

(7)必须经过教师检查，方可开启电源.

(8)关机前，必须将“I_S调节”和“I_M调节”旋钮逆时针旋到底.

(9)霍尔探头与传感器信号输出以及继电器与电路已经连接好，未经教师同意，请勿插拔.

五、实验操作

(一)霍尔效应副效应所产生的电压值的观测

(1)将主机面板上的I_S、I_M调节旋钮逆时针方向旋到底，使其输出电流等于零.

(2)主机电源插座与外电路连接(暂时不开启总电源).

(3)继电器工作电流连接(专用三芯插座及护套线). 将主机后面板的“继电器电源输出”与 FB510A 型霍尔效应实验仪(双线圈型)(副机 1)的“继电器电源输入”连接好.

(4)用红色与黑色插头导线将主机的“I_M励磁恒流输出”、“V_H霍尔电压测量”、“I_S恒流输出”与副机 1 的“I_M输入”、“V_H输出”、“I_S输入”分别连接好.

(5)“抬起”副机上的“转换开关”. 检查无误，开启总电源. 主机上的数字电表和副机 1 上的指示灯亮.

(6)预热 5 min，待各个元件工作稳定.

(7)通过“二维(或一维)移动尺”将霍尔探头移动到双线圈的“轴线中心”.

(8) 调节主机上的“电压调零”旋钮，使“V_H 霍尔电压测量”数字电压表显示为零. 实验准备完毕，开始测量.

(9)“抬起”副机上的“转换开关”. 调节主机上的“I_S恒流输出”，使“I_S恒流输出”指示为 0.50 mA，测量主机上的“V_H 霍尔电压测量”数字电压表显示数据，记录到专用记录表中；“按下”副机上“I_S恒流输出”的“转换开关”，使霍尔元件的工作电流变向，测量主机上的“V_H 霍尔电压测量”数字电压表显示数据，记录到专用记录表中.

(10) 调节主机上的“I_S恒流输出”,使“I_S恒流输出”指示分别为 1.00 mA、1.50 mA、2.00 mA、2.50 mA、3.00 mA、3.50 mA、4.00 mA，重复第(9)步.

(11) 实验结束，调节主机上的“I_S恒流输出”，使“I_S恒流输出”指示为 0.00 mA，“抬起”副机上“I_S恒流输出”的“转换开关”.

(12) 在整个实验过程中，应始终保持主机上的“I_M 励磁恒流输出”数字电流表的显示为零.

(二)测绘 V_H - I_S 曲线(双线圈磁场)

(1) 确保主机与副机 1 的电路连接准确；确保副机 1 的两个“转换开关”处于“抬起”；确保主机上的各个数字电表的显示为零；确保霍尔探头位于双线圈的“轴线中心”处.

(2) 顺时针转动“I_M 调节”旋钮，使 $I_M = 500$ mA 固定不变(可正负).

(3) 顺时针转动“I_S调节”旋钮，使 $I_S = 0.25$ mA ；通过改变副机 1 上“I_M 输入”和“I_S输入”上的转换开关，改变磁场与工作电流的方向. “抬起”“I_M 输入”转换开关：励磁电流 I_M 为“正”方向(从而磁场 B 为“正”方向)；“按下”“I_M 输入”转换开关：励磁电流 I_M 为“负”方向(从而磁场 B 为“负”方向)；“抬起”“I_S输入”转换开关：工作电流 I_S为“正”方向；“按下”“I_S输入”转换开关：工作电流 I_S为“负”方向.

依次读取磁场与工作电流在四个不同方向$(+B, +I_S)$、$(-B, +I_S)$、$(-B, -I_S)$、$(+B, -I_S)$时主机上的“V_H 霍尔电压测量”数字电压表显示数据，记录到专用记录表中.

(4) 顺时针转动“I_S调节” 旋钮，使霍尔探头工作电流 I_S依次为 0.50 mA、0.75 mA、1.00 mA、1.25 mA、1.50 mA、1.75 mA、2.00 mA、2.25 mA、2.50 mA、2.75 mA、3.00 mA、3.25 mA、3.50 mA、3.75 mA、4.00 mA，重复(3)步骤.

(5) 测量结束，使实验仪器恢复到 1.

(三)测绘 V_H - I_M 曲线(双线圈磁场)

(1) 确保主机与副机 1 的电路连接准确;确保副机 1 的两个“转换开关”处于“抬起”；确保主机上的各个数字电表的显示为零；确保霍尔探头位于双线圈的“轴线中心”处.

(2) 顺时针转动“I_S调节”旋钮，使 $I_S = 3.00$ mA 固定不变(可正负).

(3) 顺时针转动“I_M 调节”旋钮，使 $I_M = 100$ mA ；通过改变副机 1 上“I_M 输入”和“I_S输入”上的转换开关，改变磁场与工作电流的方向. “抬起”“I_M 输入”转换开关：励磁电流 I_M 为“正”方向(从而磁场 B为“正”方向)；“按下”“I_M 输入”转换开关：励磁电流 I_M 为“负”方向(从而磁场 B为“负”方向)；“抬起”“I_S输入”转换开关：工作电流 I_S为“正”方向；“按下”“I_S输入”转换开关：工作电流 I_S为“负”方向.

依次读取磁场与工作电流在四个不同方向$(+B, +I_S)$、$(-B, +I_S)$、$(-B, -I_S)$、$(+B, -I_S)$

时主机上的“V_H 霍尔电压测量”数字电压表显示数据，记录到专用记录表中.

(4)顺时针转动“I_M 调节”旋钮，使励磁电流 I_M 依次为 100 mA、125 mA、150 mA、175 mA、200 mA、225 mA、250 mA、275 mA、300 mA、325 mA、350 mA、375 mA、400 mA，重复(3)步骤.

(5)测量结束，使实验仪器恢复到 1.

(四)确定霍尔探头样品的导电类型(双线圈)

(1)确保主机与副机 1 的电路连接准确；确保副机 1 的两个“转换开关”处于“抬起”；确保主机上的各个数字电表的显示为零；确保霍尔探头位于双线圈的“轴线中心”处.

(2)副机 1 上“I_M 输入”的“转换开关”处于“抬起”状态，励磁电流 I_M 为“正”(从而磁场 B 为“正”)，B 沿 Z 方向；副机 1 上“I_S 输入”的“转换开关”处于“抬起”状态，霍尔探头工作电流 I_S 为“正”，I_S 沿 X 方向.

(3)顺时针转动“I_M 调节”旋钮，使 $I_M = 500$ mA .

(4)顺时针转动“I_S 调节”旋钮，使 $I_S = 2.00$ mA .

(5)测量“V_H 霍尔电压测量”数字电压表显示数据和正负.

(6)测量结束，使实验仪器恢复到(二)中(1).

(五)测量双线圈之间沿半径方向的磁场分布

(1)确保主机与副机 1 的电路连接准确；确保副机 1 的两个“转换开关”处于“抬起”；确保主机上的各个数字电表的显示为零；确保霍尔探头位于双线圈的“轴线中心”处.

(2)顺时针转动“I_M 调节”旋钮，使 $I_M = 500$ mA .

(3)顺时针转动“I_S 调节”旋钮，使 $I_S = 2.00$ mA .

(4)调节“FB510A 型霍尔效应实验仪(双线圈)”上二维移动支架中的水平移动旋钮，使霍尔探头向右移动到 0.0 mm.

(5)通过改变副机 1 上“I_M 输入”和“I_S 输入”上的转换开关，改变磁场与工作电流的方向. “抬起”“I_M 输入”转换开关：励磁电流 I_M 为“正”方向(从而磁场 B 为“正”方向)；“按下”“I_M 输入”转换开关：励磁电流 I_M 为“负”方向(从而磁场 B 为“负”方向)；“抬起”“I_S 输入”转换开关：工作电流 I_S 为“正”方向；“按下”“I_S 输入”转换开关：工作电流 I_S 为“负”方向.

依次读取磁场与工作电流在四个不同方向 $(+B, +I_S)$、$(-B, +I_S)$、$(-B, -I_S)$、$(+B, -I_S)$ 时主机上的“V_H 霍尔电压测量”数字电压表显示数据，记录到专用记录表中.

(6)调节“FB510A 型霍尔效应实验仪(双线圈)”上的二维移动支架中的水平移动旋钮，使霍尔探头向左移动，分别在 4.0 mm，8.0 mm，12.0 mm，16.0 mm，19.0 mm，22.0 mm，25.0 mm，28.0 mm，30.0 mm，32.0 mm，33.0 mm，34.0 mm，35.0 mm，36.0 mm，37.0 mm，38.0 mm，39.0 mm，40.0 mm，41.0 mm，42.0 mm，43.0 mm，44.0 mm，45.0 mm，46.0 mm 处，重复步骤(4).

(7)测量结束，使实验仪器恢复到(1).

(六)测绘 V_H - I_M 曲线(螺线管磁场)

(1)确保主机与 FB400 型螺线管实验仪(副机 2)的电路连接准确；确保副机 2 的两

个“转换开关”处于“抬起”；确保霍尔探头位于螺线管的“轴线中心”处，即刻度尺两端的 0 cm 处与红线对齐.

(2)将主机后面板的“继电器电源输出”与 FB400 型螺线管实验仪(副机 2)的“继电器电源输入”连接好.

(3)开启总电源. 确保主机上的各个数字电表的显示为零.

(4)顺时针转动“I_S调节” 旋钮，使霍尔探头工作电流为 $I_S = 4.00$ mA (可正负).

(5)顺时针转动“I_M调节” 旋钮，使 $I_M = 100$ mA；通过改变副机 2 上“I_M输入”和“I_S输入”上的转换开关，改变磁场与工作电流的方向. “抬起”“I_M输入”转换开关：励磁电流 I_M 为“正”方向（从而磁场 B 为“正”方向）；“按下”“I_M输入”转换开关：励磁电流 I_M 为“负”方向（从而磁场 B 为“负”方向）；“抬起”“I_S输入”转换开关：工作电流 I_S 为“正”方向；“按下”“I_S输入”转换开关：工作电流 I_S 为“负”方向.

依次读取磁场与工作电流在四个不同方向$(+B, +I_S)$、$(-B, +I_S)$、$(-B, -I_S)$、$(+B, -I_S)$时主机上的“V_H霍尔电压测量”数字电压表显示数据，记录到专用记录表中.

(6)顺时针转动“I_M调节”旋钮，使励磁电流 I_M 依次为 150 mA、200 mA、250 mA、300 mA、350 mA、400 mA、450 mA、500 mA、550 mA、600 mA、650 mA、700 mA，重复(5)步骤.

(7)测量结束，使实验仪器恢复到(1).

(七)测绘 V_H - I_S 曲线(螺线管磁场)

(1)确保主机与副机 2 的电路连接准确；确保副机 2 的两个“转换开关”处于“抬起”；确保主机上的各个数字电表的显示为零；确保霍尔探头位于螺线管的“轴线中心”处. 即刻度尺两端的 0 cm 处与红线对齐.

(2)顺时针转动“I_M调节”旋钮，使 $I_M = 500$ mA 固定不变(可正负).

(3)顺时针转动“I_S调节”旋钮，使 $I_S = 0.25$ mA；通过改变副机 2 上“I_M输入”和“I_S输入”上的转换开关，改变磁场与工作电流的方向. “抬起”“I_M输入”转换开关：励磁电流 I_M 为“正”方向（从而磁场 B 为“正”方向）；“按下”“I_M输入”转换开关：励磁电流 I_M 为“负”方向（从而磁场 B 为“负”方向）；“抬起”“I_S输入”转换开关：工作电流 I_S 为“正”方向；“按下”“I_S输入”转换开关：工作电流 I_S 为“负”方向.

依次读取磁场与工作电流在四个不同方向$(+B, +I_S)$、$(-B, +I_S)$、$(-B, -I_S)$、$(+B, -I_S)$时主机上的“V_H霍尔电压测量”数字电压表显示数据，记录到专用记录表中.

(4)顺时针转动“I_S调节” 旋钮，使霍尔探头工作电流 I_S 依次为 0.50 mA、0.75 mA、1.00 mA、1.25 mA、1.50 mA、1.75 mA、2.00 mA、2.25 mA、2.50 mA、2.75 mA、3.00 mA、3.25 mA、3.50 mA、3.75 mA、4.00 mA，重复(3)步骤.

(5)测量结束，使实验仪器恢复到(1).

(八)通电螺线管轴向磁场分布测量

(1)确保主机与副机 2 的电路连接准确；确保副机 2 的两个“转换开关”处于“抬起”；确保主机上的各个数字电表的显示为零.

(2)确保霍尔探头位于螺线管的“轴线中心”处,即刻度尺两端的 0 cm 处与红线对齐.

(3)顺时针转动“I_S调节” 旋钮，使 $I_S = 4.00\ \text{mA}$.

(4)顺时针转动“I_M 调节”旋钮，使 $I_M = 500\ \text{mA}$.

(5)通过改变副机 2 上“I_M 输入”和“I_S输入”上的转换开关，改变磁场与工作电流的方向. “抬起”“I_M 输入”转换开关: 励磁电流 I_M 为“正”方向（从而磁场 B 为“正”方向）；“按下”“I_M 输入”转换开关: 励磁电流 I_M 为“负”方向（从而磁场 B 为“负”方向）；“抬起”“I_S输入”转换开关: 工作电流 I_S 为“正”方向；“按下”“I_S输入”转换开关: 工作电流 I_S 为“负”方向；

依次读取磁场与工作电流在四个不同方向$(+B, +I_S)$、$(-B, +I_S)$、$(-B, -I_S)$、$(+B, -I_S)$时主机上的“V_H 霍尔电压测量”数字电压表显示数据，记录到专用记录表中.

(6)调节螺线管轴线上刻度尺示数分别为 $x = 0.0\ \text{cm}$ 、$1.0\ \text{cm}$ 、$2.0\ \text{cm}$ 、$3.0\ \text{cm}$ 、$4.0\ \text{cm}$ 、$5.0\ \text{cm}$ 、$6.0\ \text{cm}$ 、$7.0\ \text{cm}$ 、$8.0\ \text{cm}$ 、$9.0\ \text{cm}$ 、$10.0\ \text{cm}$ 、$11.0\ \text{cm}$ 、$12.0\ \text{cm}$ ，重复(3)步骤.

(7)测量结束，使实验仪器恢复到(1).

(九)实验结束

(1)将各个仪器的霍尔探头调回到最初始的位置.

(2)主机上的两个“电流调节”归零，使输出电流为零.

(3)将数字电压表的显示数据为零.

(4)关闭电源，卸下电缆线.

(5)整理好实验仪器，实验结束.

六、数据记录

1. 霍尔效应副效应所产生的电压值的观测(表 3-3)

表 3-3 霍尔效应副效应所产生的电压值的测量数据记录表 （$I_M = 0\ \text{mA}$）

I_S /mA	0.50	1.00	1.50	2.00	2.50	3.00	3.50	4.00
V_1/mV（$+I_S$）								
V_2/mV（$-I_S$）								

2. 双线圈磁场 V_H - I_S 曲线测绘(表 3-4)

表 3-4 用双线圈磁场测量霍尔电压与霍尔探头工作电流关系的数据表 （$I_M = 500\ \text{mA}$）

I_S /mA	V_1/mV	V_2/mV	V_3/mV	V_4/mV	V_H/mV
	$(+B,+I_S)$	$(-B,+I_S)$	$(-B,-I_S)$	$(+B,-I_S)$	
0.25					
0.50					
⋮					
4.00					

3. 双线圈磁场 V_H - I_M 曲线测绘(表 3-5)

表 3-5 用双线圈磁场测量霍尔电压与励磁电流关系的数据表 ($I_S = 3.00$ mA)

I_M/mA	V_1/mV	V_2/mV	V_3/mV	V_4/mV	V_H/mV
	$(+B,+I_S)$	$(-B,+I_S)$	$(-B,-I_S)$	$(+B,-I_S)$	
100					
125					
⋮					
400					

4. 确定霍尔探头样品的导电类型(双线圈)(表 3-6)

表 3-6 霍尔探头样品的导电类型的测量数据记录表

I_S/mA	I_M/mA	V_H/mV	半导体类型
2.00	500		

5. 双线圈之间沿半径方向的磁场分布(表 3-7)

表 3-7 双线圈之间沿半径方向的磁场测量数据记录表 ($I_M = 500$ mA , $I_S = 2.00$ mA)

x/mm	V_1/mV	V_2/mV	V_3/mV	V_4/mV	V_H/mV
	$(+B,+I_S)$	$(-B,+I_S)$	$(-B,-I_S)$	$(+B,-I_S)$	
0.0					
4.0					
⋮					
46.0					

6. 螺线管磁场 V_H - I_M 曲线测绘(表 3-8)

表 3-8 用螺线管磁场测量霍尔电压与霍尔探头工作电流关系的数据表 ($I_S = 4.00$ mA)

I_M/mA	V_1/mV	V_2/mV	V_3/mV	V_4/mV	V_H/mV
	$(+B,+I_S)$	$(-B,+I_S)$	$(-B,-I_S)$	$(+B,-I_S)$	
100					
150					
⋮					
700					

7. 螺线管磁场 V_H - I_S 曲线测绘(表 3-9)

表 3-9　用螺线管磁场测量霍尔电压与霍尔探头工作电流关系的数据表　($I_M = 500$ mA)

I_S /mA	V_1/mV	V_2/mV	V_3/mV	V_4/mV	V_H/mV
	$(+B,+I_S)$	$(-B,+I_S)$	$(-B,-I_S)$	$(+B,-I_S)$	
0.25					
0.50					
⋮					
4.00					

8. 通电螺线管轴向磁场分布测量(表 3-10)

表 3-10　螺线管轴线的磁场测量数据记录表　($I_M = 500$ mA，$I_S = 4.00$ mA)

x /cm	V_1/mV	V_2/mV	V_3/mV	V_4/mV	V_H/mV
	$(+B,+I_S)$	$(-B,+I_S)$	$(-B,-I_S)$	$(+B,-I_S)$	
0.0					
1.0					
⋮					
12.0					

七、数据处理

(1)用毫米方格纸绘制 V_H - I_S 曲线和 V_H - I_M 曲线.
(2)用一元线性回归法(最小二乘法)处理 V_H - I_S 和 V_H - I_M 数据.
(3)用毫米方格纸绘制 V_H - x 曲线.
(4)对“霍尔效应副效应所产生的电压值的观测”结果加以讨论.
(5)确定霍尔探头所用半导体的导电类型(双线圈).
(6)利用“螺线管磁场 V_H - I_S 曲线测绘”的实验数据计算该霍尔探头的灵敏度.

提示:
(1)螺线管线圈：匝数为：$N = 2550$ 匝，长度：$L = 260$ mm，平均直径：$D = 35$ mm.
(2)该组实验，螺线管的励磁电流为 $I_M = 500$ mA，由式(3-24)可计算轴线中心磁场 $B_{中心}$.
(3)取霍尔探头工作电流 $I_S = 4.00$ mA 的实验数据 V_H，由式(3-18)可计算霍尔探头的灵敏度 K_H.

八、参考讨论问题

(1)什么是霍尔效应?为什么此效应在半导体中特别显著?
(2)在实验中是如何消除霍尔效应的副效应的?

(3)假如提供了直流电源 E_1 、E_2，试件 S，滑线变阻器 R_1 、R_2，电磁铁 T，电流毫安表 A_1 、A_2，直流毫伏表 V 及换向开关等，能否完成霍尔效应实验？如能，请画出实验电路图，并简述操作过程.

(4)由霍尔效应副效应所产生的电压值的观测结果(表 3-3 的测量数据)与其他霍尔电压的测量结果比较，说明了什么问题？

九、参考文献

[1] 陆果. 基础物理学. 北京：高等教育出版社，1997

[2] 吕斯骅，段家忯. 基础物理实验. 北京：北京大学出版社，2002

[3] 江影，安文玉，王国荣，等. 普通物理实验. 哈尔滨：哈尔滨工业大学出版社，2002

[4] 张兆奎，缪连元，张力. 大学物理实验. 北京：高等教育出版社，2001

[5] 丁慎训，张连芳. 物理实验教程. 北京：清华大学出版社，2002

[6] 是度芳. 基础物理实验. 武汉：湖北科学技术出版社，2003

[7] 李长江. 物理实验. 北京：化学工业出版社，2002

[8] 刘映栋. 大学物理实验教程. 南京：东南大学出版社，2002

[9] 王荣. 大学物理实验. 长沙：国防科技大学出版社，2002

(詹卫伸　刘边卓)

实验 4　磁阻和巨磁阻效应实验

对霍尔效应作进一步研究发现，在通有电流的金属或半导体上施加磁场时，电阻值发生变化，这种现象称为磁致电阻变化效应，简称磁电阻效应. 通常，磁电阻(magnetoresistivity，MR)是指在一定磁场下材料电阻率的改变. 绝大多数非磁性导体的MR很小，约为0.00001%. 磁性导体的MR最大为3%～5%，且电阻率的变化与磁场方向与导体中电流方向的夹角有关，即具有各向异性，称为各向异性磁电阻(AMR).

1988年，长期研究磁电阻现象的法国巴黎大学Albert Fert教授研究组，从英国物理学家N. F. Mort提出的磁性金属电现象的模型出发，设计了一种多层薄膜结构，并在分子束外延制备的Fe / Cr多层膜中发现MR可达50%，其值远大于通常的AMR，成功地“放大”了磁电阻现象，并且在薄膜平面上磁电阻是各向同性的，人们称之为巨磁电阻(giant magnetoresistance，GMR). 随后不断发现了多种材料各种磁电阻效应.

利用磁电阻效应制作磁敏电阻，已得到较多应用. 常选用锑化铟、砷化铟等高迁移率的材料来制造磁敏电阻. 磁电阻元件主要应用于检测磁场、制作无接触电位器、磁卡识别传感器、无接触开关等. 在磁场中移动磁电阻效应显著的半导体元件，利用它的电阻变化，即可测量磁场的分布. 普通电位器由于使用接触电刷，存在着断路以及由于磨削粉末和外来物质，会影响接触的可靠性及使用的寿命. 基于磁电阻效应的磁敏电位器是通过改变磁场强度来改变电阻值的电位器，它主要由两部分组成，一部分是磁敏电阻体，另一部分是可移动或可变的磁场. 磁敏电阻的阻值随着穿过它的磁通密度的增加而增大. 一般的磁敏电位器是由两个磁敏电阻串联而成的，永久磁铁沿着磁敏电阻移动，改变了两个磁敏电阻的阻值比，当输入端加固定电压时，随着磁铁位置的改变，可得到不同的输出电压，起到电位器的作用. 由于两个磁敏电阻中一个电阻增大，另一个减小，因此总阻值不变，磁敏电位器可使每个电阻从总电阻的10%变到90%. 为了增大阻值和提高灵敏度，可将许多磁敏电阻元件串联起来，排成一定形状，如圆弧形或环形. 利用磁阻元件还可以检测出齿轮的凸凹所产生的磁场变化，从而测出齿轮的转速.

目前磁电阻效应已应用在各类传感器中，如位移传感器、转速传感器、位置传感器、速度传感器等.

一、实验原理

产生磁电阻效应的基本原因是磁场改变了载流子的漂移路径，致使与外加电场同方向的电流分量减小，等价于电阻增大. 在大多数金属中，电阻的变化是正的；类金属和过渡金属的合金以及饱和的铁磁体中，其变化是负的. 对于半导体，磁致电阻非常大，特别是在锑化铟中. 并且相对单晶来说，具有大的磁电阻各向异性，这一性质对确定能带结构有很大的价值. 磁致电阻测量还能提供有关迁移率、有效质量各向异性的信息.

磁电阻效应又分为物理磁电阻效应和几何磁电阻效应两种. 物理磁电阻效应指的是

材料电阻率随磁场增大的效应，所以又称为磁电阻率效应. 磁电阻效应还与样品的形状有关，不同几何形状的样品，在同样大小的磁场作用下，其电阻不同，这种磁电阻效应称为几何磁电阻效应.

(一)物理磁电阻效应

1. 只有一种载流子的磁电阻

设载流子的有效质量 m，带电量为 q，它们处在电场 $\boldsymbol{E}$ 和磁场 $\boldsymbol{B}$ 中，其运动方程为

$$m\frac{\mathrm{d}\boldsymbol{V}}{\mathrm{d}t}=q\boldsymbol{E}+q\boldsymbol{V}\times\boldsymbol{B} \tag{4-1}$$

如果在 x 轴方向施加电场 E_x，在 z 轴方向施加磁场 B_z，由于霍尔效应的影响，将引起载流子在 y 轴方向的运动，同时产生 y 轴方向的电场.

$$\boldsymbol{V}=V_x\hat{\boldsymbol{i}}+V_y\hat{\boldsymbol{j}}\,,\quad \boldsymbol{E}=E_x\hat{\boldsymbol{i}}+E_y\hat{\boldsymbol{j}}\,,\quad \boldsymbol{B}=B_z\hat{\boldsymbol{k}}\,,\quad V_z=0 \tag{4-2}$$

载流子的运动方程(4-1)化为

$$m\frac{\mathrm{d}V_x}{\mathrm{d}t}=qE_x+qV_yB_z\,,\qquad m\frac{\mathrm{d}V_y}{\mathrm{d}t}=qE_y-qV_xB_z \tag{4-3}$$

当达到动态平衡时，载流子不再向 y 轴方向偏转，$V_y=0$. 如果不考虑载流子速度的统计分布，设所有载流子的漂移速度均为平均速度 $\bar{V}$，则产生一霍尔电场 $E_y=V_xB_z$. 它对载流子的作用正好抵消了磁场对载流子的作用，使轨道不再偏折，所以对于 x 方向的电流不存在磁电阻效应.

但实际上载流子的速度并不都为 $\bar{V}$，有的载流子速度大于平均速度，有的小于平均速度. 因此，平均霍尔电场不能完全抵消磁场对各种速度的载流子的作用，载流子的轨道要发生偏转. 因而，沿外加电场方向运动的载流子数目减少，所以电阻率增大，表现出横向磁电阻效应. 这是一般金属中的磁电阻效应.

2. 两种载流子的磁电阻

如图 4-1 所示，当 $B_z=0$ 时(不加外磁场)，有

$$\boldsymbol{j}_0=\boldsymbol{j}_\mathrm{p}+\boldsymbol{j}_\mathrm{n} \tag{4-4}$$

若在 z 方向加一磁场 $B_z\neq 0$，此时电子和空穴相应的电流密度 $\boldsymbol{j}_\mathrm{p}$ 和 $\boldsymbol{j}_\mathrm{n}$ 向相反方向偏转，合成电流密度为

$$\boldsymbol{j}=\boldsymbol{j}_\mathrm{p}+\boldsymbol{j}_\mathrm{n} \tag{4-5}$$

稳定后，电子和空穴沿 y 方向电流不为零. 但是，总电流仍沿外加电场的方向，只是总电流降低($|\boldsymbol{j}|<j_0$)，相当于电阻率增大，表现出磁电阻效应. 这是一般半导体中的磁电阻效应.

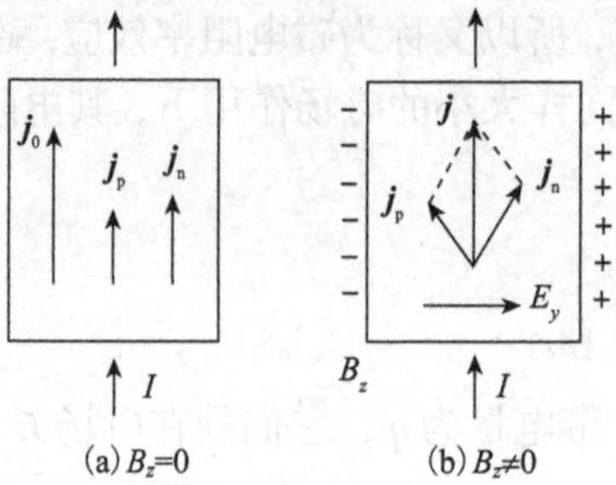

图 4-1 两种载流子的磁电阻

(二)几何磁电阻效应

图 4-2 画出了三种不同形状的样品. 图中上面部分为不加磁场的情况，下面为加磁场后的情况. 不加磁场时，电流密度矢量与外加电场方向一致. 加磁场后，由于产生横向电场，电流密度与合成电场方向不一致，二者夹以霍尔角θ. 图 4-2 中(a)所示的是霍尔效应明显的长条形样品，内部电流密度仍与边缘平行，而合成电场E偏转θ角，如图 4-2 中(d)所示，但在金属电极处，合成电场E与金属电极表面垂直，所以电流密度偏转θ角. 这样，在磁场作用下，电流流通的路程增长，磁电阻增大. 样品的电阻为

$$R=\rho\frac{L}{S} \tag{4-6}$$

在磁场作用下，样品的电阻增大与L、ρ有关. L的增加与样品的形状有关，对于长条形的样品，L的增大不明显，但对于扁条形的样品，电流偏转得很厉害，L明显增长，因而磁电阻效应明显. 尤其是如图 4-2 中(c)所示的圆盘形样品，几何磁电阻效应特别明显. 在磁场作用下，任何地方都不积累电荷，不产生霍尔电场. 从圆盘中心流出的电流密度，在达到周围的电极以前，总是形成与半径方向成霍尔角θ的弯曲，结果电流以螺旋形路径流通，L大大加长，电极间的电阻显著增大，这种圆盘称为科比诺圆盘.

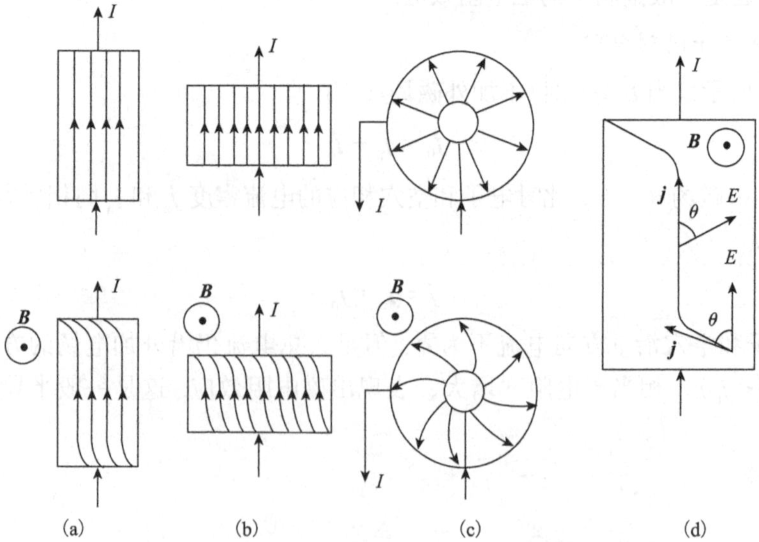

图 4-2 三种不同形状的样品在加磁场前后的电流分布

(三)磁电阻

通常利用磁场引起的电阻率的相对变化来度量磁电阻效应，磁电阻的大小为

$$MR = \frac{\Delta\rho}{\rho(0)} \times 100\% = \frac{\rho(B) - \rho(0)}{\rho(0)} \times 100\% \tag{4-7}$$

式中，$\rho(0)$ 和 $\rho(B)$ 分别为无磁场和有磁场的电阻率.

如果不考虑几何效应，则

$$MR = \frac{\Delta\rho}{\rho(0)} \times 100\% = \frac{9\pi}{16}\left(1 - \frac{\pi}{4}\right)\mu^2 B^2 \tag{4-8}$$

式中，μ 为载流子的迁移率.

材料的电阻可由欧姆定律 $R = U/I$ 测量，采用四引线接法，即由恒流源接至材料两端，用数字电压表测量两端的电压降. 样品在零磁场中测得的电阻值为 $R(0)$，对应不同的磁场 B 可测得不同的 $R(B)$. 磁电阻为

$$MR = \frac{\Delta\rho}{\rho(0)} \times 100\% = \frac{\Delta R}{R(0)} \times 100\% = \frac{R(B) - R(0)}{R(0)} \times 100\% \tag{4-9}$$

对条状样品，电阻率与电阻有同样的比例关系. 因此，测量电阻的变化即可认为是电阻率的变化. 只需改变磁场，测出电阻值，即可计算出不同磁场下电阻率的变化.

(四)巨磁阻效应

所谓巨磁阻效应，是指磁性材料的电阻率在有外磁场作用时较之无外磁场作用时存在巨大变化的现象. 它是一种量子力学效应和凝聚态物理学现象，是磁阻效应的一种，可以在磁性材料和非磁性材料相间的薄膜层(几个纳米厚)结构中观察到. 这种结构物质的电阻值与铁磁性材料薄膜层的磁化方向有关，两层磁性材料磁化方向相反情况下的电阻值明显大于磁化方向相同时的电阻值，电阻在很弱的外加磁场下具有很大的变化量.

巨磁电阻效应来自于载流电子的不同自旋状态与磁场的作用不同，因而导致的电阻值的变化，这种效应只有在纳米尺度的薄膜结构中才能观测出来. 电子除携带电荷外，还具有自旋特性，自旋磁矩有平行或反平行于外磁场两种可能取向. 传统的电子学是以电子的电荷移动为基础的，电子自旋往往被忽略. 实验证明，在过渡金属中，自旋磁矩与材料的磁场方向平行的电子，所受散射概率远小于自旋磁矩与材料的磁场方向反平行的电子. 这是因为，当电子的自旋磁矩与材料的磁场方向平行时，电子较容易通过磁性材料，呈现小电阻；当电子自旋方向与磁性材料磁化方向相反时，产生散射，通过的电子数减少，电子较难通过磁性材料，呈现大电阻. 总电流是两类自旋电流之和；总电阻是两类自旋电流的并联电阻，这就是所谓的两电流模型. 巨磁电阻效应表明，电子自旋对电流的影响非常强烈.

如图4-3所示，左侧给出的是巨磁阻薄膜的结构，左面和右面的材料结构相同，两侧是磁性材料薄膜层(FM1和FM2)，中间是非磁性材料薄膜层(NM)；右侧给出的是相应的等效电路.

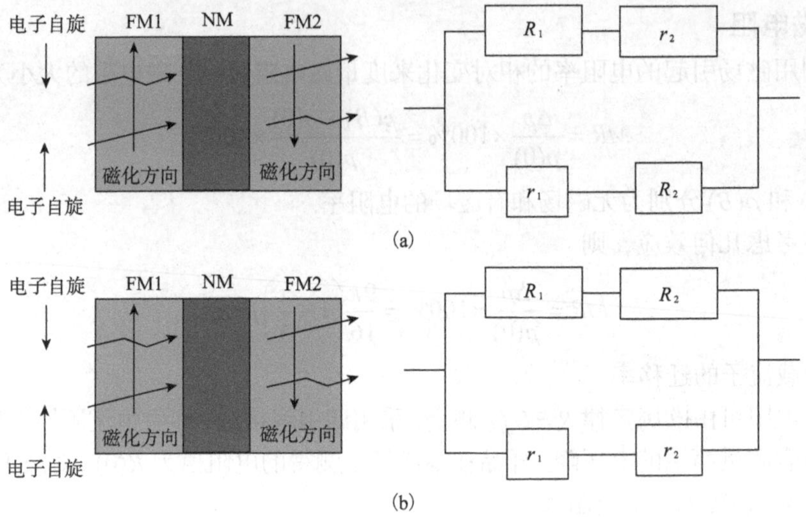

图 4-3 巨磁阻效应原理

图4-3(a)中，自旋向下的电子的自旋磁矩方向与磁性材料薄膜层FM1的磁化方向相反，电子被材料强烈散射，很难通过磁性材料薄膜层FM1，表现出大电阻 R_1；自旋向下的电子的自旋磁矩方向与磁性材料薄膜层FM2的磁化方向相同，很容易通过磁性材料薄膜层FM2，表现出小电阻 r_2；自旋向上的电子的自旋磁矩方向与磁性材料薄膜层FM1的磁化方向相同，很容易通过磁性材料薄膜层FM1，表现出小电阻 r_1；自旋向上的电子的自旋磁矩方向与磁性材料薄膜层FM2的磁化方向相反，电子被材料强烈散射，很难通过磁性材料薄膜层FM2，表现出大电阻 R_2. 大电阻 R_1 与小电阻 r_2 串联，得到一个大电阻；小电阻 r_1 与大电阻 R_2 串联得到一个大电阻. 两个大电阻并联，相当于一个大电阻.

如果将巨磁阻薄膜放入外磁场中，外磁场方向向上，则两层磁性材料薄膜层FM1和FM2的磁化方向均向上，如图4-3(b)所示. 自旋向下的电子的自旋磁矩方向与磁性材料薄膜层FM1的磁化方向相反，电子被材料强烈散射，很难通过磁性材料薄膜层FM1，表现出大电阻 R_1；自旋向下的电子的自旋磁矩方向与磁性材料薄膜层FM2的磁化方向相反，电子被材料强烈散射，很难通过磁性材料薄膜层FM2，表现出大电阻 R_2；自旋向上的电子的自旋磁矩方向与磁性材料薄膜层FM1的磁化方向相同，很容易通过磁性材料薄膜层FM1，表现出小电阻 r_1；自旋向上的电子的自旋磁矩方向与磁性材料薄膜层FM2的磁化方向相同，很容易通过磁性材料薄膜层FM2，表现出小电阻 r_2. 大电阻 R_1 与大电阻 R_2 串联，得到一个大电阻；小电阻 r_1 与小电阻 r_2 串联得到一个小电阻. 一个大电阻与一个小电阻并联，相当于一个小电阻.

这就是巨磁阻薄膜加与不加外磁场时，电阻发生巨大变化的巨磁阻效应的基本原理. 磁性金属多层薄膜的巨磁阻与磁场的方向无关，是各向同性的，它仅仅依赖于相邻铁磁层的磁化方向的相对取向. 外磁场的作用只是改变相邻铁磁层的磁化方向的相对取向. 这种结构物质的电阻值与铁磁性材料薄膜层的磁化方向有关，两层磁性材料磁化方向相反情况下的电阻值明显大于磁化方向相同时的电阻值，电阻在很弱的外加磁场下具有很大的变化量.

巨磁电阻效应的发现，引发了电子技术与信息技术的一场新的革命. 巨磁阻效应被成功地运用在硬盘生产上，具有重要的商业应用价值. 目前电脑，音乐播放器等各类数码电子产品中所装备的硬盘磁头，基本上都应用了巨磁阻效应. 除读出磁头外，巨磁阻效应同样可应用于测量位移、角度等传感器中，并且可广泛地应用于数控机床、汽车导航、非接触开关和旋转编码器中，与光电等传感器相比，具有功耗小、可靠性高、体积小、能工作于恶劣的工作条件等优点. 我国国内也已具备了巨磁阻基础研究和器件研制的良好基础. 中国科学院物理研究所及北京大学等科研院所和高校在巨磁阻多层膜、巨磁阻颗粒膜及巨磁阻氧化物方面都有深入的研究. 中国科学院计算技术研究所在磁膜随机存储器、薄膜磁头、MIG磁头的研制方面成果显著. 北京科技大学在原子和纳米尺度上对低维材料的微结构表征的研究及对大磁矩膜的研究均有较高水平.

(五)巨磁阻传感器原理

如图 4-4 所示，巨磁阻传感器将四个巨磁阻构成惠斯通电桥结构，该结构可以减少外界环境对传感器输出稳定性的影响，增加传感器灵敏度. 工作时图中“电流输入端”接 5～15 V 的稳压电压，“输出端”在外磁场作用下输出电压信号.

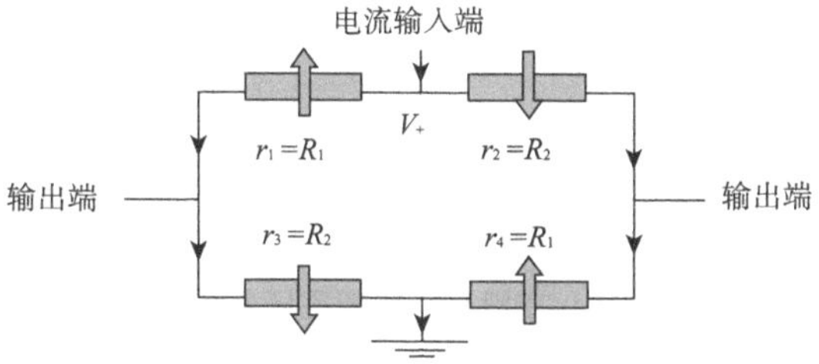

图 4-4　惠斯通电桥在磁场传感器应用中的原理

巨磁阻传感器的输出

$$U_{输出}=U_{\mathrm{OUT}+}-U_{\mathrm{OUT}-}=\frac{r_1}{r_1+r_3}V_+-\frac{r_2}{r_2+r_4}V_+$$
$$=\frac{R_1}{R_1+R_2}V_+-\frac{R_2}{R_1+R_2}V_+=\frac{R_1-R_2}{R_1+R_2}V_+ \tag{4-10}$$

在无加场强时，$R_1=R_2$，$U_{输出}=0$；

当存在外场强时，$R_1\neq R_2$ ，$U_{输出}=\frac{R_1-R_2}{R_1+R_2}V_+$.

(六)亥姆霍兹线圈的磁场

1. 载流圆线圈磁场

根据毕奥-萨伐尔定律，载流线圈在轴线(通过圆心并与线圈平面垂直的直线)上某点的磁应强度为

$$B=\frac{\mu_0R^2}{2(R^2+x^2)^{3/2}}NI \tag{4-11}$$

式中，I 为通过线圈的励磁电流强度，N 为线圈的匝数，R 为线圈平均半径，x 为圆心到该点的距离，μ_0 为真空磁导率. 因此，圆心处的磁感应强度 B_O 为

$$B_O = \frac{\mu_0}{2R} NI \tag{4-12}$$

本实验取 N=500 匝，I=500 mA，R=110 mm，圆心 O 处 $x=0$，可计算得到圆电流线圈磁感应强度 B_O=1.43 mT(注：1 mT=10 Gs).

2. 亥姆霍兹线圈

亥姆霍兹线圈是一对匝数和半径相同的共轴平行放置的圆线圈，两线圈间的距离 d 正好等于圆形线圈的半径 R. 这种线圈的特点是能在其公共轴线中点附近产生较广的均匀磁场区，故在生产和科研中有较大的实用价值，其磁场合成示意图如图 4-5 所示.

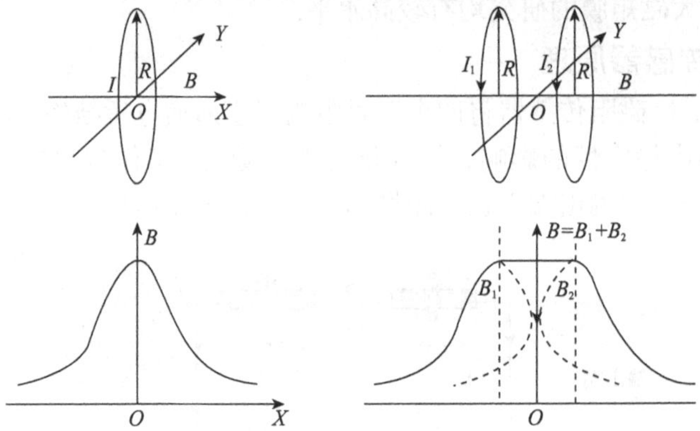

图 4-5　亥姆霍兹线圈磁场分布图

当两通电线圈电流方向不同时，在两线圈中心的磁场应为 0. 当两个通电线圈的通电电流方向一样时，线圈内部形成的磁场方向也一致，这样两线圈之间的部分就形成均匀磁场. 理论计算证明：当线圈间距 a 等于线圈半径 R 时，两线圈合磁场在轴上(两线圈圆心连线) $-a/2$～$+a/2$ 范围内是比较均匀的，这时的亥姆霍兹线圈磁感应强度计算公式为

$$B_O' = \frac{\mu_0 NI}{R} \times \frac{8}{5^{3/2}} \tag{4-13}$$

实验取 N=500 匝，I=500 mA，R=110 mm，可计算得到亥姆霍兹线圈内磁感应强度为 2.05 mT(注：1 mT=10 Gs). 实验仪器的亥姆霍兹线圈红色接线柱是接的内铜导线，黑色接线柱是外铜导线，可用右手法则判别磁场方向.

二、实验装置

实验装置如图 4-6 所示，包括 DH-GMR-2 型实验仪(主机)一台，双线圈和巨磁阻传感器组合系统(副机)一台和 7 根导线. 实验装置的面板和连线如图 4-7 所示.

图 4-6　巨磁阻效应实验装置

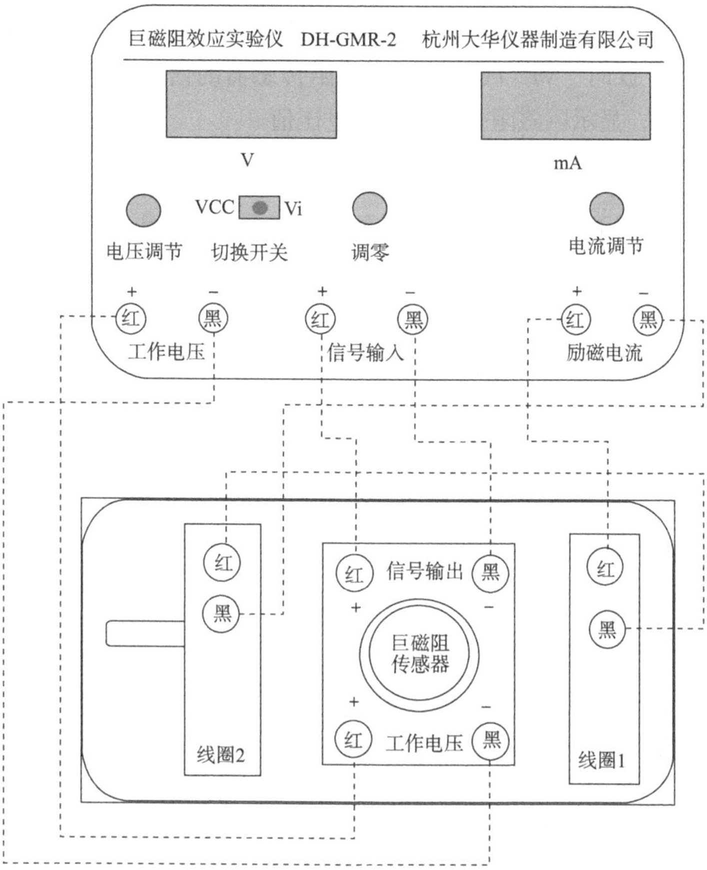

图 4-7　巨磁阻效应实验系统面板和连线

1. 实验仪(主机)

为副机上的双线圈提供励磁电流、为副机上的巨磁阻传感器提供工作电压和显示巨磁阻传感器输出电压. 输出电流：0～0.5 A，最大电压 24 V；3 位半 LED 显示，最小分辨率 1 mA.

“励磁电流”：为双线圈提供励磁电流输出. 如果要使双线圈为亥姆霍兹线圈，则要求在满足线圈的距离等于线圈的半径的前提下，还要“励磁电流”的“+”(红)与线圈 1 的“红”相连，线圈 1 的“黑”与线圈 2 的“红”相连，线圈 2 的“黑”与“励磁电流”的“黑”(–)相连，如图 4-7 所示. “电流调节”旋钮：调节励磁电流值. mA 数字表：显示励磁电流值.

工作电压：为巨磁阻传感器提供工作电压输出，“+”(红)和“黑”(–)必须与巨磁阻传感器提供工作电压(输入)的“+”(红)和“黑”(–)相应连接，如图 4-7 所示. “电压调节”旋钮：调节巨磁阻传感器工作电压值.

“信号输入”：接收来自巨磁阻传感器的输出电压，“+”(红)和“黑”(–)必须与巨磁阻传感器“信号输出”的“+”(红)和“黑”(–)相应连接，如图 4-7 所示. 调零：调节巨磁阻传感器“信号输出”电压的显示值，只有在“切换开关”扳向“Vi”时才有效.

“V 数字显示表”：显示巨磁阻传感器工作电压值和巨磁阻传感器的信号输出电压的值. 当“切换开关”扳向“Vi”时，显示巨磁阻传感器的信号输出电压值；当“切换开关”扳向“Vcc”时，显示巨磁阻传感器工作电压值.

2. 双线圈

在励磁电流的作用下，产生磁场. 如果要使双线圈为亥姆霍兹线圈，则要求线圈的距离等于线圈的半径. 线圈 1 是固定不动的；线圈 2 可以在底座上的滑槽内沿线圈 1 的轴线方向移动，底座上有刻度的标尺可以指示线圈 2 的位置，线圈 2 上也有一条白线指示线圈的位置. 每个线圈有 500 匝，线圈有效半径为 110 mm；温升不大于 10 ℃的最大负荷电流不小于 0.5 A.

由于巨磁阻传感器线性范围为−8.0～+8.0 Gs，饱和磁场为 15 Gs，当亥姆霍兹线圈励磁电流到达一定值时，巨磁阻传感器输出已经饱和，输出变化很小，就不需要继续增大励磁电流了(参考值：励磁电流≤300 mA).

3. 巨磁阻传感器

巨磁阻效应传感器有四组巨磁敏电阻 MR1，MR2，MR3，MR4，如图 4-8 所示. B 为磁场敏感方向，当 B 向的磁场在一定范围内增加变化时，巨磁敏电阻 MR1，MR3 的阻值会变大，MR2，MR4 的阻值会变小. 在 T_1，T_3 端加一稳定电压 V_{cc}，有一微弱磁场作用于 MR1，MR2，MR3，MR4 时，在 T_2，T_4 端会出现电压信号.

灵敏度为 3.3～4.0 mV/(V · Gs)；线性范围为−8.0～+8.0 Gs；饱和磁场为 15 Gs. 工作电源：4～15 V 连续可调，典型值是 5 V，注意：工作电压值不要超过 16.5 V. 测量信号 4 位半 LED 显示.

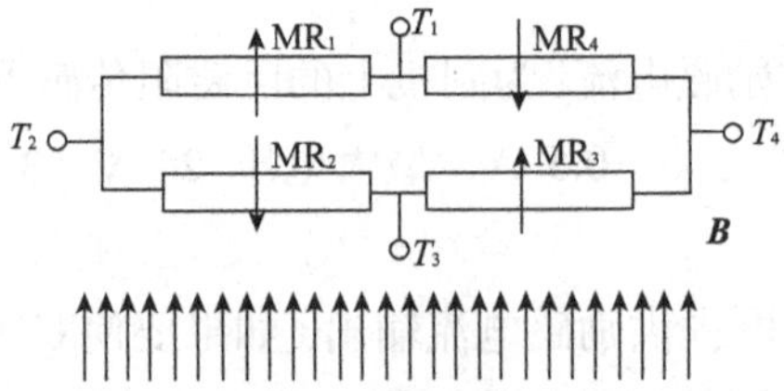

图 4-8 巨磁阻传感器结构示意图

传感器灵敏度计算公式为

$$\delta=\frac{\Delta U_0/\Delta B}{V_{cc}} \tag{4-14}$$

注：ΔB 是磁场的变化量；ΔU_0 是与磁场变化相应的巨磁阻传感器的输出电压值的变化量；$\Delta U_0/\Delta B$ 实际上就是巨磁阻传感器的输出电压值随磁场变化的直线的斜率；V_{cc} 是传感器的工作电压值.

在相同场强下，当外场强方向平行于传感器敏感轴方向时，传感器输出最大；当外场强方向偏离传感器敏感轴方向时，传感器输出与偏离角度成余弦关系，即传感器灵敏度与偏离角度成余弦关系，则有

$$\delta(\theta)=\delta(0)\cos\theta \tag{4-15}$$

巨磁阻传感器被固定在双线圈中心轴线并与底座平面平行的平面内，并可在这个平面内绕垂直于双线圈中心轴线的直线轴转动；巨磁阻传感器圆形盒外套有固定不动的角度刻度盘，刻度盘的0°指向双线圈的中心轴线方向；巨磁阻传感器圆形盒上有一个角度游标，可以指示巨磁阻传感器敏感轴与双线圈中心轴线的偏离角.

三、实验内容和目的

(1) 了解巨磁阻效应原理，掌握巨磁阻传感器原理及其特性.

(2) 学习巨磁阻传感器的定标方法，用巨磁阻传感器测量弱磁场.

(3) 测量巨磁阻传感器敏感轴与被测磁场间夹角与传感器灵敏度的关系.

(4) 测量巨磁阻传感器的灵敏度与工作电压的关系.

四、注意事项

(1) 使用磁性传感器时，应尽量避免铁质材料和可以产生磁性的材料在传感器附近出现.

(2) 我们的实验是自己产生磁场并进行测量，注意相互间距离，即仪器之间的磁串扰.

(3) 巨磁阻传感器的工作电压值不要超过 16.5 V.

(4) 励磁电流不要超过 500 mA.

(5) 每次改变巨磁阻工作电压后，传感器输出都要重新调零.

五、实验操作

(一)实验准备

(1) 确保可移动线圈 2 固定在 10(R)处，即线圈 2 支座上的白色指示线与底座上的刻度尺的 10(R)指示线对齐，并用专用的螺丝固定好线圈 2(双线圈成为亥姆霍兹线圈).

(2) 按照图 4-7 连接亥姆霍兹线圈的接线柱.

(3) 将所有的旋钮按照面板上的方向标示，调到最小位置.

(4) 检查无误后，开电源.

(二)巨磁阻传感器输出信号电压随磁场的变化

(1) 将传感器转盘的角度刻度转到 0 刻度上，使传感器敏感轴与亥姆霍兹线圈共轴.

(2) 将显示“切换开关”打到“Vcc”端，调节“电压调节”旋钮，使传感器的“工作电压”调到 5 V.

(3) 将“励磁电流”调到 350 mA.

(4) 静置 3 min 后，再将“励磁电流”调节到 0 mA.

(5)将显示“切换开关”打到“Vi”端，旋转“调零”旋钮，使“输入信号”显示值为 0.

(6)旋转“励磁电流”旋钮，使励磁电流依次为 0 mA，10 mA，20 mA，…，300 mA，依次记录“V 数字表”所显示的相应的巨磁阻传感器的信号输出电压值于表格 4-1 中.

(三)测量巨磁阻传感器敏感轴与被测磁场间夹角对传感器灵敏度的影响

(1)将传感器转盘的角度刻度转到 0 刻度上，使传感器敏感轴与亥姆霍兹线圈共轴.

(2)将显示“切换开关”打到“Vcc”端，调节“电压调节”旋钮，使传感器的“工作电压”调到 5 V.

(3)将“励磁电流”调到 350 mA.

(4)静置 3 min 后，再将“励磁电流”调节到 0 mA.

(5)将显示“切换开关”打到“Vi”端，旋转“调零”旋钮，使“输入信号”显示值为 0.

(6)将“励磁电流”调到 200 mA.

(7)顺时针旋转传感器转盘，每次旋转 5°，测量到 90°. 记录各个巨磁阻传感器敏感轴与被测磁场间夹角 θ 时，巨磁阻传感器的信号输出电压值.

(四)测量巨磁阻传感器的灵敏度与工作电压的关系

(1)将传感器转盘的角度刻度转到 0 刻度上，使传感器敏感轴与亥姆霍兹线圈共轴.

(2)将显示“切换开关”打到“Vcc”端，调节“电压调节”旋钮，使传感器的“工作电压”调到 6 V.

(3)将“励磁电流”调到 350 mA.

(4)静置 3 min 后，再将“励磁电流”调节到 0 mA.

(5)将显示“切换开关”打到“Vi”端，旋转“调零”旋钮，使“输入信号”显示值为 0.

(6)旋转“励磁电流”旋钮，使励磁电流依次为 0 mA，10 mA，20 mA，…，300 mA，依次记录“V 数字表”所显示的相应的巨磁阻传感器的信号输出电压值于表格 4-3 中.

(7)将显示“切换开关”打到“Vcc”端，调节“电压调节”旋钮，使传感器的“工作电压”依次调到 6 V、8 V、13 V、15 V，重复(3)～(6)步.

注意：每次改变巨磁阻工作电压后，传感器输出要重新调零.

(五)实验结束

(1)将各个输出、输入旋钮旋转到最小.

(2)关闭电源，卸下电缆线.

(3)整理好实验仪器，实验结束.

六、数据记录

表 4-1　巨磁阻传感器输出信号电压随磁场的变化测量数据　　（工作电压：5.000 V）

励磁电流/mA	磁感应强度 B/Gs	传感器输出电压 U_o/mV
0		
10		
20		
…		
300		

表 4-2　巨磁阻传感器敏感轴与被测磁场间夹角与传感器灵敏度的关系测量数据

工作电压：5.000 V；励磁电流：200 mA

偏离角/(°)	$\cos\theta$	传感器输出电压 U_o/mV
0		
5		
10		
…		
90		

表 4-3　巨磁阻传感器的灵敏度与工作电压的关系测量数据

励磁电流和磁场强度		传感器输出电压 U_o/mV			
励磁电流/mA	磁感应强度/Gs	V_{cc}=6 V	V_{cc}=8 V	V_{cc}=13 V	V_{cc}=15 V
0					
10					
…					
300					

七、数据处理

(一)巨磁阻传感器输出信号电压随磁场的变化测量

(1)根据式(4-13)计算各个励磁电流下的磁场强度，并列于表 4-1 中.

(2)由表 4-1 的数据，在坐标纸上画出巨磁阻传感器的信号输出电压与磁场强度的关系曲线.

(3)用最小二乘法(一元线性回归)处理表 4-1 的数据，求得 U_o-B 直线斜率 $k = \Delta U_o / \Delta B$.

(4)由式(4-14)，计算巨磁阻传感器在 5 V 工作电压时的灵敏度.

(二)巨磁阻传感器敏感轴与被测磁场间夹角与传感器灵敏度的关系

(1)根据式(4-13)计算各个励磁电流下的磁场强度，并列于表 4-2 中.

(2)由表 4-2 的数据，在坐标纸上画出巨磁阻传感器的信号输出电压与 $\cos\theta$ 的关系曲线.

(3)用最小二乘法(一元线性回归)处理表 4-2 的数据.

(三)巨磁阻传感器的灵敏度与工作电压的关系

(1)根据式(4-13)计算各个励磁电流下的磁场强度，并列于表 4-3 中.

(2)用最小二乘法(一元线性回归)处理表 4-1 的数据，求得 U_o - B 直线斜率 $k = \Delta U_o / \Delta B$.

(3)由式(4-14)，计算巨磁阻传感器在 6 V、8 V、13 V、15 V 工作电压时的灵敏度.

(4)在坐标纸上画出灵敏度与工作电压的关系曲线.

八、参考讨论问题

(1)什么是磁电阻效应？什么是巨磁阻效应？

(2)巨磁阻器件的应用如何？

(3)地磁场对测量结果有影响吗？如何减小甚至消除地磁场对测量的影响？

(4)为什么在每次磁场调零时，都要将“励磁电流”调到 350 mA，静置 3 min 后，再将“励磁电流”调节到 0 mA？

(5)对巨磁阻传感器的灵敏度与工作电压的关系的最后数据处理结果加以讨论.

九、参考文献

[1] 陈宜生，周佩瑶，冯艳全. 物理效应及其应用. 天津：天津大学出版社，1996

[2] 沈元华等. 基础物理实验. 北京：高等教育出版社，2003

(詹卫伸　程大海)

实验 5　光的干涉衍射实验

光的干涉和衍射现象是光的波动性的具体表现，光的干涉产生干涉条纹，光的衍射产生衍射条纹，都表现为光在遇到障碍物之后出现光的强度在空间稳定分布的现象. 光的衍射是指光绕过障碍物直线传播路径而进入阴影区里，偏离直线传播就进入几何的阴影，并且在屏幕上呈现光强不均匀的光学现象. 两列频率相同的光波在空中相遇时发生叠加，在某些区域总加强，在另外一些区域总减弱，出现明暗相间的条纹或者是彩色条纹的现象叫做光的干涉. 光的衍射和光的干涉现象证明了光具有波动性. 干涉和衍射的本质在于波的相干叠加性，只是干涉是有确定光程差的几束光的叠加，而衍射是光程各不相同的无数多次波的相干叠加，这就是干涉和衍射的本质区别. 在多数实验中干涉和衍射是同时存在的，衍射对干涉有调制作用，表现在高强的分布上. 干涉强调的是不同光束相互影响而形成相长或相消的现象；衍射强调的是光线偏离直线传播而进入本应为阴影的区域的现象.

产生稳定的干涉是有条件的，只有两列光波的频率相同，位相差恒定，振动方向一致的相干光源，才能产生光的干涉. 由两个普通独立光源发出的光，不可能具有相同的频率，更不可能存在固定的相差，因此不能产生干涉现象. 将一束光设法分成两部分并使它们发生叠加，即可获得干涉图样. 著名的光的干涉实验有杨氏双缝干涉实验、薄膜干涉实验、迈克耳孙干涉实验等.

杨氏双缝干涉实验(分波阵面法)：从单缝(线光源)发出的单色光射到与之平行的双缝上，即可在双缝屏后获得来自双缝(相干光源)的两束相干光在空间叠加，用光屏承接后可获得干涉图样(在一定范围内出现等间隔明暗相间的平行干涉条纹；用白光做实验则可获得彩色干涉图样). 薄膜干涉：一列光波照射到透明薄膜上，从膜的前、后表面分别反射形成两列相干光波，叠加后产生干涉. 其中，对楔形薄膜来说，凡是薄膜厚度相等的一些相邻位置，光的干涉效果相同而形成一条同种情况(如光振动加强)的干涉条纹(亮纹). 随着薄膜厚度的逐渐变化，干涉效果出现周期性变化，一般在薄膜上形成明暗交替相间的干涉条纹图样，称为等厚薄膜干涉. 迈克耳孙干涉实验实际上属于薄膜干涉，它们在工程技术上有广泛的应用.

任何障碍物都可以使光发生衍射现象，但发生明显衍射现象的条件是“苛刻”的. 由于光的波长很短，只有十分之几微米，通常物体都比它大得多，但是当光射向一个针孔、一条狭缝、一根细丝时，可以清楚地看到光的衍射. 用单色光照射时效果好一些，如果用复色光，则看到的衍射图案是彩色的. 衍射现象的出现与否主要取决于障碍物线度和波长大小的对比，只有在障碍物线度与波长可以比拟时，衍射现象才明显地表现出来. 可见光的波长为 3.9×10^{-5}～7.6×10^{-5} cm，一般障碍物或孔隙都远大于此，因而通常都显示出光的直线传播. 一旦遇到与波长差不多数量级的障碍物或孔隙时，衍射现象就变得显著起来.

由光源、衍射屏和接收屏组成的系统，按它们相互间距的大小，将衍射分为两大类. 一类是光源和接收屏(或两者之一)距离衍射屏有限的为菲涅耳衍射；另一类是光源和接收屏都距离衍射屏为无限远的夫琅禾费衍射. 要实现夫琅禾费衍射，必须保证光源到单缝的距离和单缝到衍射屏的距离均无限远(或相当于无限远). 但是，把光源及接收屏放在离衍射屏无限远在实际上是做不到的. 因此，必须采取相应的措施，才能实际形成夫琅禾费衍射. 要使光源距狭缝无限远，实际上可以把光源置于第一个透镜的焦平面上，使之成为平行光束；要使观察屏距狭缝无限远，实际上可以在第二个透镜的焦平面上放置观察屏幕. 除单缝衍射外，如X射线晶体衍射和光栅衍射等，在科学研究和工程技术上有广泛的应用. 光的衍射是近代光学技术，如光谱分析、晶体结构分析、全息技术等的实验基础. 衍射光强在空间重新分配，利用光电器件(如硅光电池或光电管等)测量光强的相对变化，是近代测试技术中常用的光强测量方法之一.

单缝衍射也可以用物质波来解释，这充分说明了光现象的复杂性和多样性，单缝衍射、双缝干涉等是描述某种光现象的最简单方法. 其实，“粒子”和“波动”都是经典物理的概念. 近代科学实践证明，光是十分复杂的客体，对于它的本性问题，只能用它所表现的性质和规律来回答，光的某些方面的行为像经典的“波动”，另一些方面的行为却像经典的“粒子”，这就是所谓的“光的波粒二象性”. 任何经典的概念都不能完全概括光的本性，光的概念还在演变着，光的新理论也还在发展着.

一、实验原理

光的干涉(衍射)实验光路主要由光源、衍射元件和观察屏等在光学平台上组装而成. 根据光干涉(衍射)理论分析，不同干涉(衍射)元件将产生不同的干涉(衍射)图样和光强分布谱. 本实验着重研究单缝夫琅禾费衍射、杨氏双缝干涉和双棱镜干涉.

(一)单缝的夫琅禾费衍射

要实现单缝夫琅禾费衍射，必须保证光源至单缝的距离和单缝到衍射屏的距离均为无限远(或相当于无限远)，即要求照射到单缝上的入射光、衍射光都为平行光，屏应放到相当远处，在实验中只用两个透镜即可达到此要求. 实验光路如图 5-1 所示.

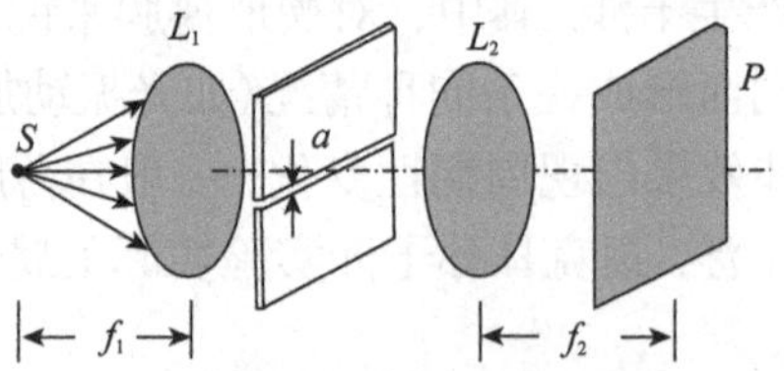

图 5-1　夫琅禾费单缝衍射实验示意图

如图 5-2(a)所示，一束平行光(由透镜 L_1 出射)照射到缝宽为 a 的单狭缝上，经单狭缝后，沿各个方向都有子波发出，其中方向为 θ 平行子波经透镜 L_2 会聚到透镜后焦平面上的 P 点，发生相干叠. 这里 θ 是衍射角，用以标定场点位置. 由振幅矢量法可以分析后焦面上的衍射强度分布 $I(\theta)$. 我们知道，像空间后焦面上的一个点对应于物空间的一个方向，即从单缝发出衍射角为 θ 的一束平行次波线才能会聚于 P 点，发生相干叠加而决定了衍射强度. 为此，将单缝从其上边 A 开始，划分为 N (N 是一个很大的数)个相等的细缝，直至其下边 B. 每个细缝作为次波源对场点 P 处的光波振动都有贡献，由于各个细缝发出的子波到 P 点距离近似相等，所以各个子波在 P 点的振幅也近似相等，都等于 A_1. 因为单狭缝上下边缘 A、B 光线到达 P 点的光程差为

$$AB = a\sin\theta \tag{5-1}$$

所以相邻两个细缝发出的子波到达 P 点时的光程差都是

$$\delta_1 = \frac{AB}{N} = \frac{a\sin\theta}{N} \tag{5-2}$$

相应的相位差为

$$\varphi_1 = \frac{2\pi\delta_1}{\lambda} = \frac{2\pi a\sin\theta}{\lambda} \tag{5-3}$$

根据惠更斯-菲涅耳原理，P 点光振动的合振幅就等于这 N 个细缝发出的子波在 P 点的振幅的矢量合成，也就等于 N 个同频率、等振幅（A_1）、相位差依次都是 φ_1 的振动的合成. 合振幅可按多边形法则作图，如图 5-2(b)所示，可以得到衍射角为 θ 的 P 点的合振幅为

$$A(\theta) = A_1\frac{\sin(N\varphi_1/2)}{\sin(\varphi_1/2)} \tag{5-4}$$

由于 N 非常大，所以 φ_1 非常小，因而 $\sin(\varphi_1/2) \approx \varphi_1/2$，所以

$$A(\theta) = A_1\frac{\sin(N\varphi_1/2)}{\varphi_1/2} = NA_1\frac{\sin(N\varphi_1/2)}{N\varphi_1/2} \tag{5-5}$$

引入参量

$$\alpha = \frac{N\varphi_1}{2} = \frac{\pi a\sin\theta}{\lambda} \tag{5-6}$$

则

$$A(\theta) = NA_1\frac{\sin\alpha}{\alpha} \tag{5-7}$$

当 $\theta = 0$ 时，$\alpha = 0$，$\dfrac{\sin\alpha}{\alpha} = 1$，所以 $A(0) = NA_1$，可见 NA_1 为中央条纹中点处的合振幅，所以 P 点的合振幅为

$$I = I_0\left(\frac{\sin\alpha}{\alpha}\right)^2 = I_0\frac{\sin^2\alpha}{\alpha^2} \tag{5-8}$$

式中，I_0 为中央明条纹中心处的光强. 该式就是单缝夫琅禾费衍射的光强公式. 单缝夫琅禾费衍射振幅分布和强度分布如图 5-3 所示.

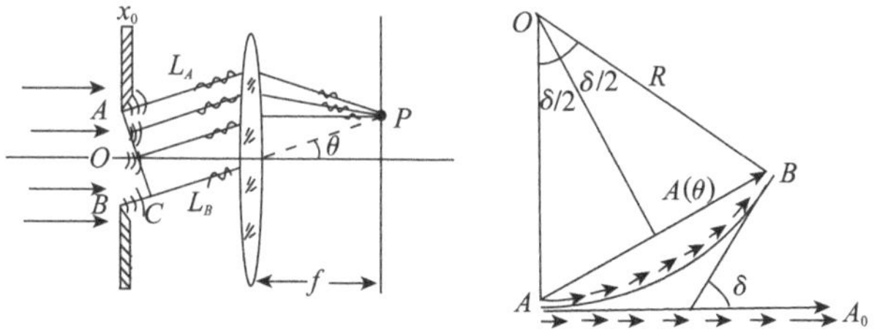

(a)光程差分析　(b)矢量图解法

图 5-2　单缝夫琅禾费衍射

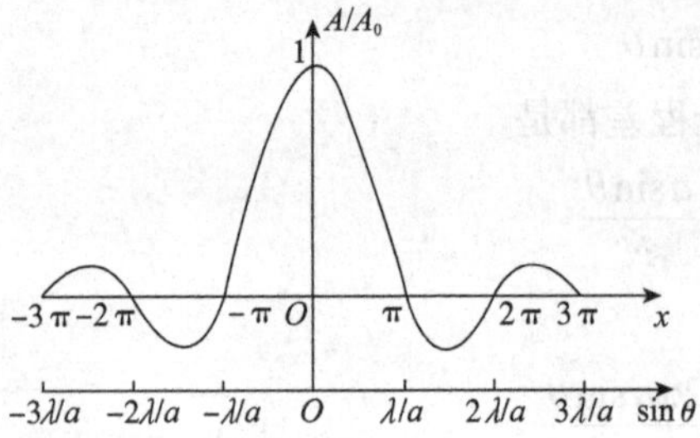

(a)振幅分布

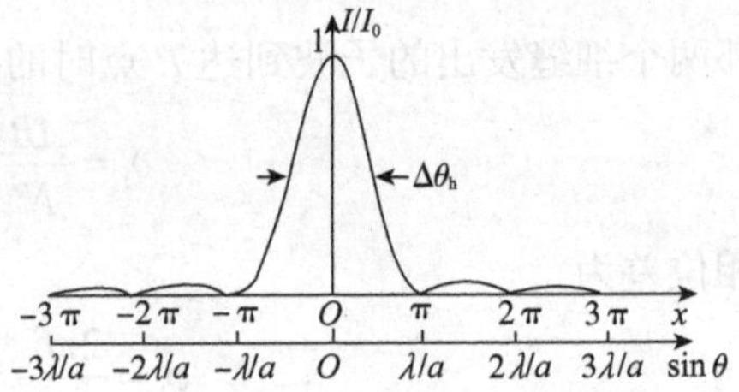

(b)强度分布

图 5-3 单缝夫琅和费衍射

1. 最大值

当$\theta=0$时，$\operatorname{sinc}\alpha=\dfrac{\sin\alpha}{\alpha}=1$为最大值. 在单缝衍射中，表现为$\theta=0$时，衍射强度$I(0)=I_0$为最大值，称其为主极大(零级衍射峰)，这个明条纹称为中央明纹，其位置正是几何光学像点位置. $\theta=0$的位置是中央明纹的中心.

2. 零点位置

sinc 函数存在一系列零点. 当$\alpha=k\pi, k=\pm1,\pm2,\cdots$时，$\operatorname{sinc}\alpha=0$. 这在单缝衍射中表现为当

$$a\cdot\sin\theta=k\lambda,\quad k=\pm1,\ \pm2,\ \cdots \tag{5-9}$$

时，衍射强度$I(\theta)=0$，出现暗点. 上式称为单缝衍射零点条件. 由零点条件可以确定各个暗纹的中心线的角位置.

3. 次极大

sinc 函数在相邻两个零点之间存在一个极大值，其位置可由微分方程$\dfrac{\mathrm{d}(\operatorname{sinc}\alpha)}{\mathrm{d}\alpha}=0$导出，结果引出一个三角方程

$$\tan\alpha=\alpha \tag{5-10}$$

这可由作图法定解. 由超越方程(5-10)可以求得

$$\sin\theta=\pm1.43\frac{\lambda}{a},\pm2.46\frac{\lambda}{a},\pm3.47\frac{\lambda}{a},\cdots \tag{5-11}$$

这就是在中央明纹两侧次级明纹中心的角位置. 次级明纹中心线的位置差大概在两相邻暗纹的中点，但朝中央明纹中心方向稍偏少许. 各次级明纹中心的光强为

$$I=0.0471I_0,0.0165I_0,0.00834I_0,\cdots \tag{5-12}$$

可见，各级明纹的光强度随着级次的增大而迅速减小，第一级明纹的光强度还不到中央明纹光强的 5%.

4. 半角宽度$\Delta\theta_0$

零级衍射斑的角范围，由零级衍射峰与其邻近暗点之间的角方位之差值给以度量，称其为零级衍射的半角宽度，即$\Delta\theta_0=\theta_1-\theta_0$. 在平行光正入射条件下，$\theta_0=0$，$\theta_1\approx\sin\theta_1=\lambda/a$，故得单缝夫琅禾费衍射的零级衍射半角宽度为

$$\Delta\theta_0 = \frac{\lambda}{a} \tag{5-13}$$

我们特别重视零级衍射斑的半角宽度$\Delta\theta_0$，这是因为零级斑集中了全部入射光功率的80%以上，而$\Delta\theta_0$定量地体现了衍射效应的强弱程度，$\Delta\theta_0$越大，意味着经单缝以后衍射波越加发散. 因此，人们也将这个在后焦面上零级斑扩展的半角宽度$\Delta\theta_0$称为衍射发散角——从单缝这一侧物空间中看待衍射波的弥漫.

5. 条纹的线位置

如图 5-4 所示，在$\tan\theta \approx \sin\theta \approx \theta$的条件下，各级暗纹在观察屏上的位置为

$$x_k \approx f\sin\theta_k = f\frac{k\lambda}{a} \tag{5-14}$$

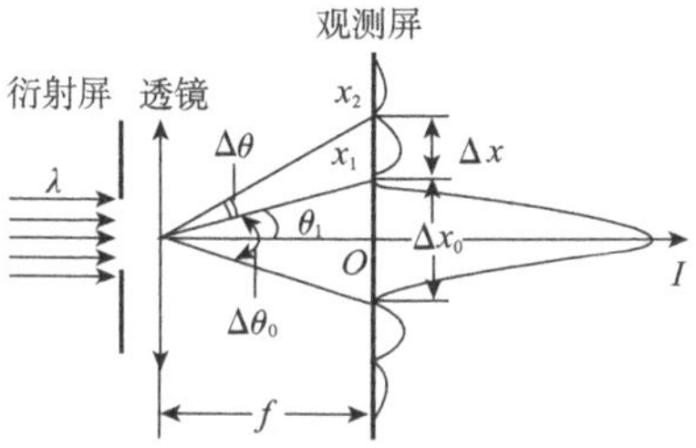

图 5-4　观察屏上的衍射条纹

6. 条纹宽度

两个第 1 级暗条纹中心间的距离即为中央明条纹的宽度，中央明条纹的宽度最宽，约为其他明条纹宽度的 2 倍.

考虑到一般θ角较小，中央明条纹的半角宽度为

$$\theta \approx \sin\theta = \frac{\lambda}{a} \tag{5-15}$$

以f表示透镜L的焦距，则得观察屏上中央明条纹的线宽度为

$$\Delta x_0 = 2f\tan\theta \approx 2f\sin\theta = 2f\frac{\lambda}{a} \tag{5-16}$$

上式表明，中央明条纹的宽度正比于波长λ，反比于缝宽a. 这一关系又称为衍射反比律. 缝越窄，衍射越显著；缝越宽，衍射越不明显.

两个相邻暗条纹中心间的距离即为次级明条纹的宽度. 在$\tan\theta \approx \sin\theta \approx \theta$的条件下，次级明条纹在观察屏上的宽度为

$$\Delta x \approx f\frac{\lambda}{a} = \frac{1}{2}\Delta x_0 \tag{5-17}$$

由此可见，如果测定了衍射条纹的线间距，就可以测定光的波长.

7. 波长的影响

波长的影响表现为两个方面：一是影响半角宽度$\Delta\theta_0$，长波对应的$\Delta\theta_0$大，即长波衍射效应更强烈；二是影响峰值I_0，这是因为峰值$I_0 \propto 1/\lambda$. 因此，红光与蓝光相比较，红光衍射的半角宽度大，且红光衍射峰低. 波长影响衍射峰值这一点常为人们忽视，以为白

光照射单缝发生衍射时像点依然是白光，这是一个误解. 根据衍射理论，衍射分光不仅改变了非像点处的光谱成分，也改变了像点处的光谱成分. 用色度学语言说，衍射也改变了像点即零级峰位置的色调.

(二)杨氏双缝干涉

我们知道，原子发光具有间断性、独立性和随机性. 一个原子一次发光所持续的时间约为10^{-8}s，也就是说，一个原子一次只能发出一段有限长的、具有确定频率、确定振动方向的波列. 实际光源是由大量原子组成的，每一个原子每一次发光都是完全独立的、随机的. 尽管在某些条件下(用单色光源、偏振片)可以实现频率相同、振动方向相同，但是相位差恒定却很难实现，它在1s内要变化10^8次. 因此，在激光问世之前，要得到相干光源，必须采取特殊的方法.

1801年，英国物理学家托马斯·杨首先做了杨氏双缝实验. 其原理如图5-5，被单色光照亮的狭缝S可看成一个线光源，它发出一系列柱面波，平行双缝S_1、S_2正好在同一个波阵面上. 因此，无论S发出的波列的特性如何随时间变化，作为次级波源的S_1、S_2是频率、相位、振动方向均相同的相干光源. 这种从波阵面上分割出两部分作为光源来实现相干的方法称为分波面法.

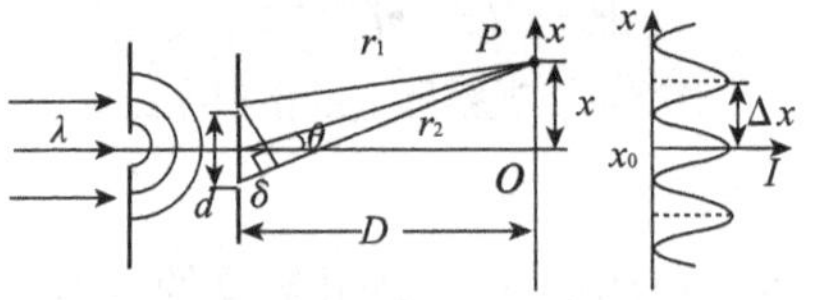

图5-5 杨氏双缝干涉示意图

S_1、S_2分别发出柱面波，二者为相干波，在两波相遇的空间每一点的合振幅都由叠加原理给出，但实际上我们更关心的是光强的分布，因为目前所有光的接收器只是对光的强度产生响应. 因此，我们只讨论观察屏上P点的光强.

实验上发现，在观察屏上形成明暗相间的干涉条纹. 当前后移动观察屏时，条纹间距变化；当观察屏离光源较远时，条纹在屏上是等间距分布的.

1. 光程差

如图5-5所示，光源S_1、S_2的初相位相等$\varphi_1=\varphi_2$.

由于$D\gg d\gg\lambda$ ($D\sim$m, $d\sim10^{-4}$m)，所以近似有

$$r_2^2=D^2+(x+d/2)^2,\quad r_1^2=D^2+(x-d/2)^2,\quad r_2+r_1\approx 2r=2\sqrt{D^2+x^2}\approx 2D$$

$$r_2^2-r_1^2=(r_2+r_1)(r_2-r_1)=2D(r_2-r_1)=2xd\quad\rightarrow\quad r_2-r_1=\frac{dx}{D}$$

由此可以得到两束光在观察屏上P点光程差为

$$\delta=r_2-r_1\approx d\sin\theta\approx d\tan\theta\approx d\frac{x}{D}\tag{5-18}$$

相应的相位差为

$$\Delta\varphi=\frac{2\pi}{\lambda}\delta\approx\frac{2\pi}{\lambda}d\sin\theta\approx\frac{2\pi}{\lambda}d\frac{x}{D}\tag{5-19}$$

2. 干涉条纹角位置

在 $\Delta\varphi = 2k\pi \to d\sin\theta = k\lambda\ \ (k = 0, \pm1, \pm2, \cdots)$ 时，两束光波在 P 点叠加的合振幅最大，因而光强最大，就形成明亮的条纹.

在 $\Delta\varphi = (2k'+1)\pi \to d\sin\theta = (2k'+1)\dfrac{\lambda}{2}\ \ (k' = \pm1, \pm2, \cdots)$ 时，两束光波在 P 点叠加的合振幅最小，因而光强最小，就形成暗纹.

相位差或者光程差为其他值的各点，光强介于最明与最暗之间.

3. 干涉条纹线位置

$$\Delta\varphi = 2k\pi \to x_k = k\frac{D\lambda}{d}\quad (k = 0, \pm1, \pm2, \cdots) \tag{5-20}$$

时，两束光波在 P 点叠加的合振幅最大，因而光强最大，就形成明亮的条纹.

$$\Delta\varphi = (2k'+1)\pi \to x_{k'} = (2k'+1)\frac{D\lambda}{2d}\quad (k' = \pm1, \pm2, \cdots) \tag{5-21}$$

时，两束光波在 P 点叠加的合振幅最小，因而光强最小，就形成暗纹.

相位差或者光程差为其他值的各点，光强介于最明与最暗之间.

4. 条纹间距

定义观察屏上两相邻明(暗)条纹中心距离为条纹间距，则

$$\Delta x = \frac{D}{d}\lambda \tag{5-22}$$

由此可见，如果测定了干涉条纹的线间距，就可以测定光的波长.

5. 实验装置处于介质中

如果整个实验装置处于折射率为 n 的介质中，则明条纹中心位置为

$$x_k = k\frac{D\lambda}{nd}\quad (k = 0, \pm1, \pm2, \cdots) \tag{5-23}$$

暗条纹中心位置为

$$x_{k'} = (2k'+1)\frac{D\lambda}{2nd}\quad (k' = \pm1, \pm2, \cdots) \tag{5-24}$$

条纹间距为

$$\Delta x = \frac{D}{nd}\lambda \tag{5-25}$$

$k = 0$，称为中央明条纹；$k = \pm1$，称为第一级明条纹；$k = \pm2$，称为第二级明条纹等.

由此可见，如果测定了干涉条纹的线间距，就可以测定光的波长；或者已知波长的情况下，可以测定介质的折射率.

6. 白光入射

由于相邻明纹(或暗纹)的间距和波长成正比，因此，如果用白光做实验，则除了 $k = 0$ 的中央明纹的中部因各单色光重合而显示为白色外，其他各级明纹将因不同色光的波长不同，它们的极大值出现的位置错开而变成彩色的光谱，并且各种颜色级次稍高的条纹将发

生重叠，以致模糊一片分不清条纹了. 白光干涉条纹的这一特点在干涉测量中可用来判断是否出现了零级条纹.

(三)菲涅耳双棱镜干涉

菲涅耳双棱镜可以看成由两块底面相接、棱角很小(小于1°)的直角棱镜合成(实际上是在一块玻璃上，将其上表面加工成两块楔形板而成)，用它可以实现分波前干涉. 通过对其产生的干涉条纹间距毫米量级的测量，可以实现纳米量级波长的测量.

如图 5-6 所示，双棱镜 AB 的棱脊(两直角棱镜底边的交线)与狭缝 S 的长度方向平行，H 为观察屏，且三者都与纸面垂直放置. 若置单色光源 M 于双棱镜的正前方，则从 M 发出来的光束经过透镜 L_1 会聚于狭缝 S 上，由狭缝 S 出射的光束投射到双棱镜上，通过双棱镜的折射后，变为两束相重叠的光，这两束光仿佛是从光源 M 的两个虚光源 S_1 和 S_2 射出的一样. 由于 S_1 和 S_2 是两个相干光源，故在两束光相互重叠的区域(图中画双斜线的区域)内发生干涉. 若在两束光相重叠的区域内放置一个屏 H，则可在屏 H 上看到明暗交替的、与狭缝 S 平行的、等间距的直线条纹. 中心 O 处因两束光的光程差为零而形成中央明纹，其余的各级条纹则分别排列在零级的两侧.

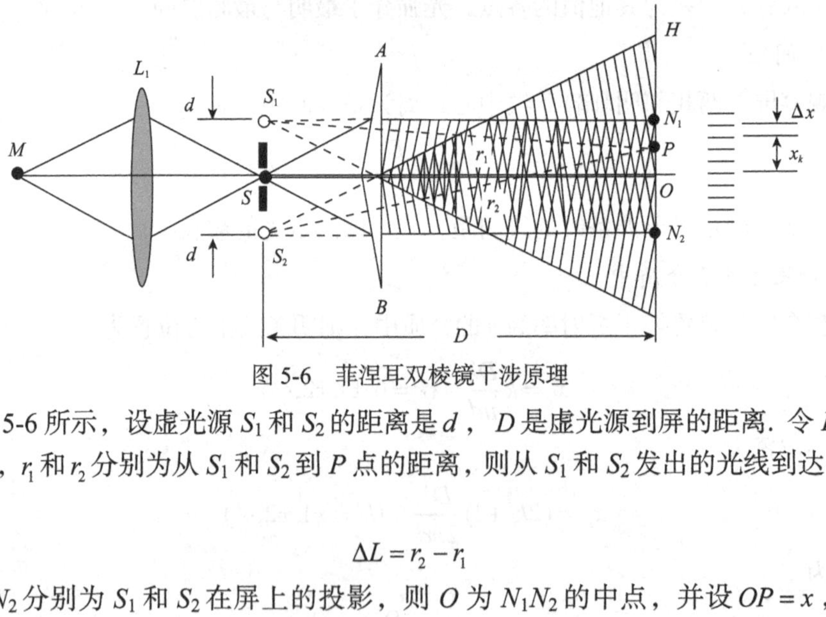

图 5-6 菲涅耳双棱镜干涉原理

如图 5-6 所示，设虚光源 S_1 和 S_2 的距离是 d，D 是虚光源到屏的距离. 令 P 为屏上任意一点，r_1 和 r_2 分别为从 S_1 和 S_2 到 P 点的距离，则从 S_1 和 S_2 发出的光线到达 P 点得光程差为

$$\Delta L = r_2 - r_1 \tag{5-26}$$

令 N_1 和 N_2 分别为 S_1 和 S_2 在屏上的投影，则 O 为 N_1N_2 的中点，并设 $OP = x$，因此从 $\triangle S_1N_1P$ 及 $\triangle S_2N_2P$ 得

$$r_1^2 = D^2 + \left(x - \frac{d}{2}\right)^2, \quad r_2^2 = D^2 + \left(x + \frac{d}{2}\right)^2 \tag{5-27}$$

两式相减，得 $r_2^2 - r_1^2 = 2dx$；另外，又有 $r_2^2 - r_1^2 = (r_2 - r_1)(r_2 + r_1) = \Delta L(r_2 + r_1)$. 通常 D 较 d 大得很多，所以 $r_2 + r_1$ 近似等于 $2D$，因此光程差为

$$\Delta L = \frac{dx}{D} \tag{5-28}$$

如果 λ 为光源发出的光波的波长，干涉极大和干涉极小处的光程差是

$$\Delta L = \frac{dx}{D} = \begin{cases} k\lambda & (k = 0, \pm 1, \pm 2, \cdots), 明纹 \\ \dfrac{2k+1}{2}\lambda & (k = 0, \pm 1, \pm 2, \cdots), 暗纹 \end{cases} \tag{5-29}$$

由上式可知，任意两条干涉条纹(明或暗)之间的距离为

$$\Delta x = \frac{D}{d}\lambda \tag{5-30}$$

所以用实验方法测得Δx，D和d后，即可算出该单色光源的波长.

如果实验是在光具座上进行的，则Δx的大小可以由测微目镜直接测量；D和d的值可以用凸透镜二次成像法测得，凸透镜二次成像法测量D和d值的光路如图5-7所示. 在双棱镜与观察屏(测微目镜的差丝面)之间插入一焦距为f_2的凸透镜L_2，当$D > 4f_2$时，移动L_2使虚光源S_1、S_2两次成像于观察屏上，一次成放大实像T_1T_2，间距为d_1；一次为缩小实像U_1U_2，间距为d_2. 用测微目镜分别测出d_1、d_2后，可得d值为

$$d = \sqrt{d_1 d_2} \tag{5-31}$$

若透镜L_2两次成像所移动的距离为$\varDelta$，焦距为f_2，则虚光源平面到观察屏的距离D为

$$D = 2f_2 + \sqrt{4f_2^{\,2} + \varDelta^2} \tag{5-32}$$

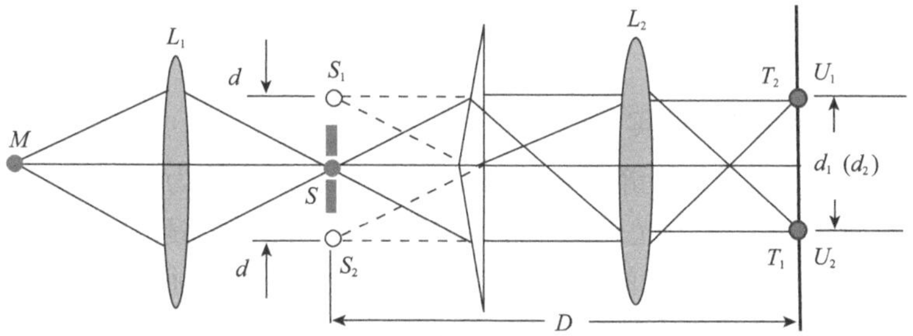

图5-7　凸透镜的二次成像法示意图

二、实验装置

实验采用SGW-1A型干涉衍射实验装置，主要包括光具座(包括导轨)，低压钠灯，可调狭缝，单缝板，双缝，双棱镜，测微目镜，焦距为50 mm的凸透镜L_1，焦距为150 mm的凸透镜L_2(带有孔径光阑)，焦距为300 mm的凸透镜L_3. 以上全部光学元件均带有支架和滑动座(可沿着导轨移动)以及可绕垂直于导轨的竖直轴转动(可固定)，全部的滑动座均可以固定在导轨上.

低压钠灯，发出5893 nm和5896 nm的双黄线，用作实验的光源.

导轨上带有米尺，用以测量各个光学元件的位置.

测微目镜是用来测量条纹位置的. 测微目镜的目镜可调，以便适应不同的实验者；测微目镜内置带有刻度的分划板；测微目镜的千分尺与叉丝固连，转动千分尺的旋钮，叉丝随之移动，由千分尺可以读出叉丝的位置.

三、实验内容和目的

通过杨氏双缝干涉实验、双棱镜干涉实验和夫琅禾费单缝衍射实验测量光源的波长.

(1)加深对夫琅禾费单缝衍射的认识.

(2)加深对杨氏双缝干涉的认识.

(3)加深对双棱镜干涉的认识.

(4)理解光学仪器的精密性.

四、注意事项

(1)严禁触摸光学元件表面.

(2)本实验属于自组装光学仪器,组装仪器需要自行调试.

(3)光学仪器是精密仪器,调试和测量时一定要耐心细致.

(4)光学元件是易损器件,使用和拿取时,一定要轻拿轻放.

(5)光学仪器在使用时,要调节到最佳状态,一定要进行“同轴等高”调试.

五、实验操作

(一)夫琅禾费单缝衍射实验

光路如图 5-8 所示,单狭缝缝宽 0.2 mm,凸透镜 L_3 的焦距为 300 nm. 由 S_2 出射的柱面光经 L_2 后成为平行光;平行光垂直入射到单狭缝上,经单狭缝衍射,再经凸透镜 L_3 会聚到读数显微镜和测微目镜系统的分划板上. 从目镜可以观测到衍射条纹.

(1)可调单狭缝 S_1 系统移入导轨,靠近钠光灯,适当调节狭缝宽度,使钠光灯照亮狭缝,适当调节狭缝的高度,调整狭缝,使其与导轨轴线垂直.

(2)移入透镜 L_2($f_2=150$ mm)系统,使 L_2 平面与导轨轴线垂直(与 S_1 平行),调整 L_2 的高度,使其中心对准 S_1 的中间.

(3)沿导轨移动透镜 L_2,使 L_2 出射平行光(L_2 的前焦点与狭缝重合),固定 L_2 的位置.

(4)移入单狭缝 S_2(缝宽 0.2 mm)系统,使 S_2 平面与导轨轴线垂直(与 L_2 平行),调整 S_2 的高度,使其中间对准 L_2 的中心,固定 S_2 的位置.

(5)移入透镜 L_3(焦距 300 mm)系统,使 L_3 平面与导轨轴线垂直(与 S_2 平行),调整 L_3 的高度,使其中心对准 S_2 的中间.

(6)沿导轨移动 L_3 系统,使其靠近 S_2,固定 L_3 的位置.

(7)移入测微目镜系统,沿导轨移动该系统,使系统处于 L_3 的后焦平面处,固定测微目镜系统位置.

(8)仔细调节整个系统,使其“同轴等高”,使能够在目镜中观察到单缝衍射条纹.

(9)完成光路调节之后,目镜视场内中央极大两侧均可见几条明暗相间的衍射条纹. 仔细调节可调狭缝 S_1,使条纹达到最亮. 调节狭缝铅直,并使分化板的毫米刻线与衍射条纹平行.

(10)用测微目镜测定左右一级暗条纹的位置(中～中)，二值相减得到中央明纹线宽.

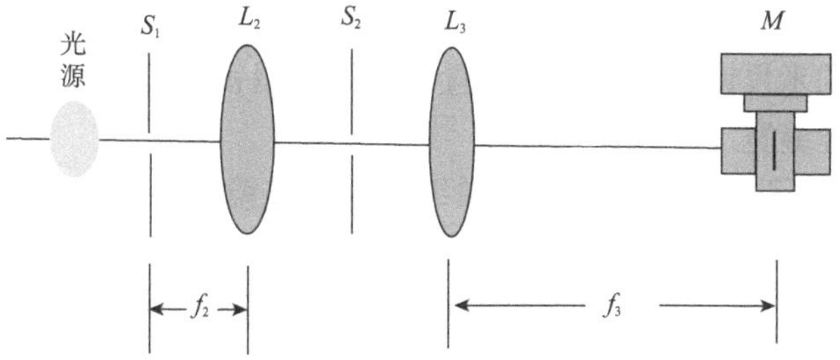

图 5-8　夫琅禾费单缝衍射实验光路图

转动螺旋测微器的鼓轮，使叉丝移动到中央明纹左侧的第一级暗纹的中间处，记下螺旋测微器的读数 x_{-1}；继续转动螺旋测微器的鼓轮，使叉丝移动到中央明纹右侧的第一级暗纹的中间处，记下螺旋测微器的读数 x_{+1}. 注意：鼓轮只可向一个方向旋转. 如果操作不当，必须重测.

(二)杨氏双缝干涉实验

光路如图 5-9 所示. 光源发出的光经 L_1($f_1 = 50$ mm)会聚到可调单缝 S_1 处，由 S_1 出射的柱面光经 L_2 会聚入射到双狭缝上，由双狭缝出射的是两束相干光；在观察屏 M(测微目镜)上可以观察到干涉条纹.

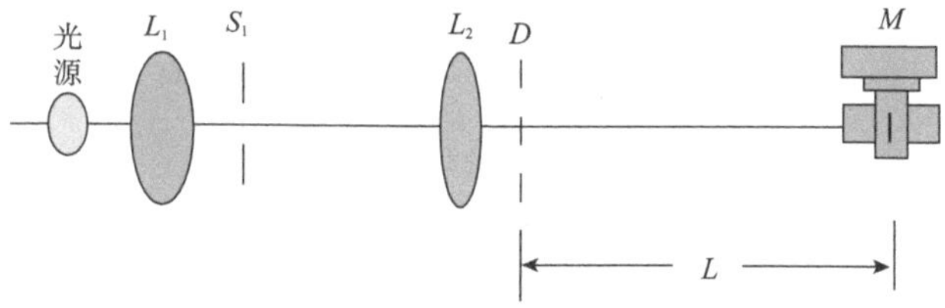

图 5-9　杨氏双狭缝干涉实验光路图

(1)移入凸透镜 L_1，靠近钠光灯，使 L_1 到钠光灯的距离大于 L_1 的 2 倍焦距.

(2)移入可调单狭缝 S_1 系统，适当调节狭缝的高度，调整狭缝，使其与导轨轴线垂直. 沿导轨移动 S_1，使由 L_1 出射的光会聚到 S_1 处，固定 L_1 的位置.

(3)移入透镜 L_2 系统，使 L_2 平面与导轨轴线垂直(与 S_1 平行)，调整 L_2 的高度，使其中心对准 S_1 的中间.

(4)沿导轨移动透镜 L_2，使 L_2 到 S_1 的距离大于 L_2 的 2 倍焦距，固定 L_2 的位置.

(5)移入双狭缝 D 系统，靠近 L_2. 使 D 平面与导轨轴线垂直(与 L_2 平行)，调整 D 的高度，使其中间对准 L_2 的中心，固定 D 的位置.

(6)移入测微目镜系统 M.

(7)仔细调节整个系统，使其“同轴等高”，使能够在目镜中观察到双狭缝干涉条纹.

(8)完成光路调节之后，目镜视场内几条明暗相间的干涉条纹. 仔细调节可调狭缝 S_1，使条纹达到最亮. 调节狭缝铅直，并使分化板的毫米刻线与干涉条纹平行.

(9)用测微目镜测定 6 个亮条纹的线宽.

转动螺旋测微器的鼓轮，使叉丝移动到左侧的某级亮纹的中间处(第 0 条亮纹)，记下螺旋测微器的读数 x_0；继续转动螺旋测微器的鼓轮，使叉丝向右侧移动至第 6 条亮纹的中间处，记下螺旋测微器的读数 x_6. 注意：鼓轮只可向一个方向旋转，如果操作不当，必须重测.

(10) 从导轨上的米尺读出双狭缝的位置 L_1 和测微目镜的位置 L_2.

(11) 测量双狭缝缝宽.

如图 5-10 所示，移走透镜 L_1 和可调单缝 S_1，将透镜 L_2(150 mm) 放置到双狭缝 D 与测微目镜 M 之间，使双狭缝 D 经透镜 L_2 在测微目镜 M 的分划板上成实像.

调节透镜 L_2 和双狭缝 D 的位置，使它们之间的距离为 2 倍焦距($2f_2 = 300\ \text{mm}$)；调节测微目镜 M 与透镜 L_2 的位置，使它们之间的距离为 2 倍焦距($2f_2 = 300\ \text{mm}$)，则在测微目镜 M 的分划板上成双狭缝等大的实像.

转动螺旋测微计的鼓轮，使叉丝移动到左侧的狭缝实像中心处，记下螺旋测微器的读数 d_1；继续转动螺旋测微器的鼓轮，使叉丝移动到右侧的狭缝实像中心处，记下螺旋测微器的读数 d_2. 注意：鼓轮只可向一个方向旋转，如果操作不当，必须重测.

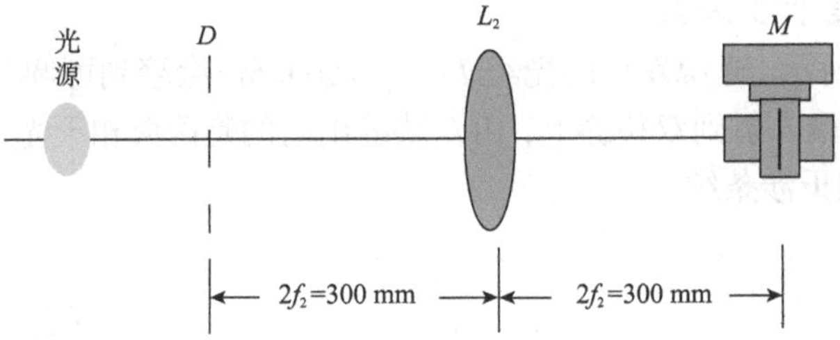

图 5-10　测量双狭缝缝宽

(三)菲涅耳双棱镜干涉实验测量光波长

光路如图 5-11 所示. 菲涅耳双棱镜实验也是用分波阵面法实现双光束干涉的典型实验之一. 实验的原理与杨氏实验原理基本相同. 对双棱镜实验，式(5-30)中的 d 是虚光源 S_1 与 S_2 的距离；$D = l_1 + l_2$，是虚光源 S_1 与 S_2 到测微目镜分划板 M 的距离，近似于狭缝到双棱镜 B 的距离 l_1 加双棱镜到测微目镜分划板 M 的距离 l_2.

光源发出的光经 L_1($f_1 = 50\ \text{mm}$)的短焦距凸透镜会聚到可调单缝 S 处，由 S 出射的柱面光入射到双棱镜上；使双棱镜 B 的棱脊与可调单缝 S 平行；由双棱镜出射的是两束相干光，相当于两个虚光源发出的两束相干光；在观察屏 M(测微目镜)上可以观察到干涉条纹.

(1) 移入凸透镜 L_1，靠近钠光灯，使 L_1 到钠光灯的距离大于 L_1 的 2 倍焦距.

(2) 移入可调单缝 S 系统，适当调节狭缝的高度，调整狭缝，使其与导轨轴线垂直. 沿导轨移动 S，使由 L_1 出射的光会聚到 S 处. 固定 L_1 的位置.

(3) 移入双棱镜系统 B，将双棱镜 B 置于可调狭缝 S 后 12～15 cm 处，使双棱镜 B 棱脊与导轨轴线垂直(与可调单缝 S 平行)，调整双棱镜 B 的高度，使其中心对准 S 的中间.

(4) 移入测微目镜系统 M，仔细调节整个系统，使其“同轴等高”.

(5) 沿导轨移动测微目镜系统 M，能够在目镜中观察到干涉条纹. 仔细调节可调单缝 S 大小，获得清晰的干涉条纹，固定测微目镜系统 M 的位置.

(6) 用测微目镜测定亮条纹的线宽

转动螺旋测微器的鼓轮，使叉丝移动到左侧的某级亮纹(第 0 条亮纹)的中间处，记下

螺旋测微器的读数 x_0；继续转动螺旋测微器的鼓轮，使叉丝向右侧移动至第 10 个亮纹的中间处，记下螺旋测微器的读数 x_{10}. 注意：鼓轮只可向一个方向旋转，如果操作不当，必须重测.

(7) 在导轨上的米尺读出可调单缝 S 的位置 D_1 (近似于虚光源的位置) 和测微目镜的位置 D_2. 两个位置之差即近似为虚双光源到分划板的距离 $D=|D_2-D_1|$.

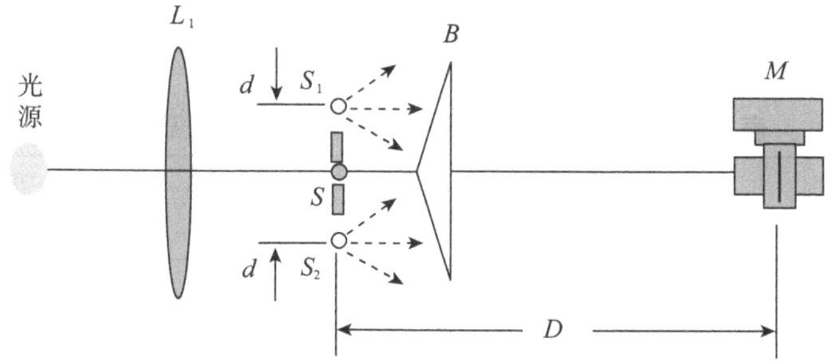

图 5-11　菲涅耳双棱镜干涉实验光路图

(8) 测量两个虚双光源的间距.

如图 5-12 所示，在双棱镜 B 和测微目镜 M 之间重新加上凸透镜 L_2 (焦距 150 mm) (注意：不可移动 S 与 B 的位置)，利用使 S 在测微目镜的分划板上成像的方法调节光路的"等高同轴"，当目镜 M 与虚双光源的距离大于 4 倍焦距时，虚双光源成的大小双像在分划板上应有良好的对称性.

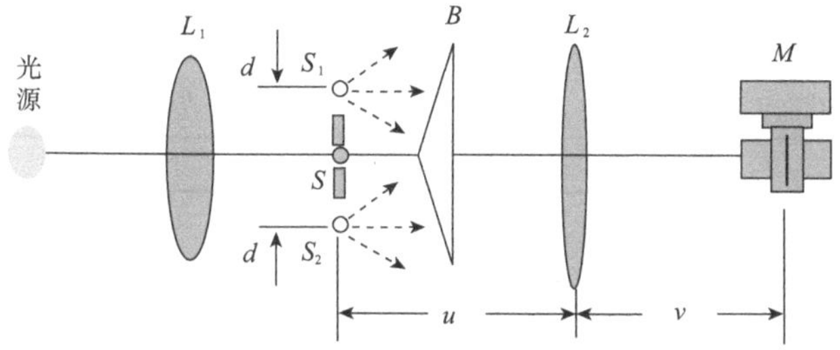

图 5-12　测量虚双光源之间的距离

仔细调节凸透镜 L_2 (焦距 150 mm) 和测微目镜 M 的位置，使 S 的两个虚光源 S_1 与 S_2 在测微目镜 M 的分划板上成两个放大的清晰实像 S_1' 和 S_2'. 固定凸透镜 L_2 和测微目镜 M 的位置.

转动螺旋测微器的鼓轮，使叉丝移动到实像 S_1' 中心处，记下螺旋测微器的读数 d_1'；继续转动螺旋测微器的鼓轮，使叉丝移动实像 S_2' 中心处，记下螺旋测微器的读数 d_2'. 两个读数之差就是虚双光源像的间距 $d'=|d_2'-d_1'|$. 注意：鼓轮只可向一个方向旋转，如果操作不当，必须重测.

在导轨的米尺上读出 S 的位置 (近似于双虚光源) u_1，凸透镜 L_2 (焦距 150 mm) 的位置 $u_2(v_1)$，测微目镜 M 的位置 v_2，则 $u=|u_2-u_1|$ 为双虚光源的物距，$v=|v_2-v_1|$ 为双虚光源的像距.

由透镜放大公式可知，虚双光源之间的测量距离 d 为

$$d=\frac{u}{v}d'$$

(四)结束实验

(1)清点和整理好各个光学元件，关闭电源(光源).

(2)整理好实验台，经教师同意后，方可结束实验.

六、数据记录

表 5-1 夫琅禾费单缝衍射实验测量光波长数据记录表

单狭缝缝宽 a /mm	凸透镜焦距 f_3 /mm	左第一级暗纹位置 x_{-1} /mm	右第一级暗纹位置 x_{+1} /mm

表 5-2 杨氏双狭缝实验测量光波长数据记录表

第 0 级亮纹位置 x_0 /mm	第 6 级亮纹位置 x_6 /mm	狭缝位置 L_1 /mm	目镜位置 L_2 /mm	左狭缝 d_1 /mm	右狭缝 d_2 /mm

表 5-3 菲涅耳双棱镜干涉实验测量光波长数据记录表

x_0 /mm	x_{10} /mm	D_1 /mm	D_2 /mm	
d_1' /mm	d_2' /mm	u_1 /mm	$u_2(v_1)$ /mm	v_2 /mm

七、数据处理

1. 夫琅禾费单缝衍射实验测量波长

(1)中央明纹的线宽度 $\Delta x_0=\left|x_{-1}-x_{+1}\right|$.

(2)位置是单次测量，不确定度取仪器的示值误差，合成不确定度为

$$u(\Delta x_0)=\sqrt{u^2(x_{-1})+u^2(x_{+1})}$$

(3)计算波长 $\lambda=\dfrac{a}{2f_3}\Delta x_0=$______.

(4)计算波长测量的不确定度.

取缝宽 a 和焦距 f_3 为确切值，则波长测量的不确定度为

$$u(\lambda)=\frac{a}{2f_3}u(\Delta x_0)=\_\_\_\_\_\_$$

(5)波长测量的结果.

根据波长测量的不确定度修约波长测量计算值得有效数字，给出波长测量结果.

2. 杨氏双狭缝干涉实验测量波长

(1) 相邻亮条纹线宽 $\Delta x = \frac{1}{6}|x_0 - x_6|$.

(2) 相邻亮条纹线宽测量的不确定度. 位置是单次测量，不确定度取仪器的示值误差，合成不确定度为

$$u(\Delta x) = \frac{1}{6}\sqrt{u(x_6)^2 + u(x_0)^2}$$

(3) 距离 L 的测量值 $L = |L_2 - L_1|$.

(4) 距离 L 测量的不确定度. 位置是单次测量，不确定度取仪器的示值误差，合成不确定度为

$$u(L) = \sqrt{u(L_1)^2 + u(L_2)^2}$$

(5) 双狭缝线宽度 $d = |d_1 - d_2|$.

(6) 双狭缝线宽度的测量是一次测量，不确定度取仪器的示值误差，合成不确定度为

$$u(d) = \sqrt{u(d_1)^2 + u(d_2)^2}$$

(7) 计算波长 $\lambda = \frac{d}{L}\Delta x$.

(8) 计算波长测量的不确定度.

$$u(\lambda) = \sqrt{\left(\frac{\Delta x}{L}\right)^2 u^2(d) + \left(\frac{d\Delta x}{L^2}\right)^2 u^2(L) + \left(\frac{d}{L}\right)^2 u^2(\Delta x)}$$

(9) 波长测量的结果. 根据波长测量的不确定度修约波长测量计算值得有效数字，给出波长测量结果.

3. 菲涅耳双棱镜干涉实验测量波长

(1) 相邻亮条纹线宽 $\Delta x = \frac{1}{10}|x_0 - x_{10}|$.

(2) 相邻亮条纹线宽测量的不确定度. 位置是单次测量，不确定度取仪器的示值误差，合成不确定度为

$$u(\Delta x) = \frac{1}{10}\sqrt{u(x_{10})^2 + u(x_0)^2}$$

(3) 虚双光源到分划板的距离 D 的测量值 $D = |D_2 - D_1|$.

(4) 虚双光源到分划板的距离 D 测量的不确定度. 位置是单次测量，不确定度取仪器的示值误差，合成不确定度为

$$u(D) = \sqrt{u(D_1)^2 + u(D_2)^2}$$

(5) 虚双光源像的大小的测量值 $d' = |d_2' - d_1'|$.

(6) 虚双光源像的大小的测量的不确定度. 位置是单次测量，不确定度取仪器的示值误差，合成不确定度为

$$u(d')=\sqrt{u(d_1')^2+u(d_2')^2}$$

(7) 物距的测量值 $u=|u_2-u_1|$.

(8) 物距测量的不确定度. 位置是单次测量，不确定度取仪器的示值误差，合成不确定度为

$$u(u)=\sqrt{u(u_1)^2+u(u_2)^2}$$

(9) 像距的测量值 $v=|v_2-v_1|$.

(10) 像距测量的不确定度. 位置是单次测量，不确定度取仪器的示值误差，合成不确定度为

$$u(v)=\sqrt{u(v_1)^2+u(v_2)^2}$$

(11) 虚双光源之间距离的测量值 $d=\frac{u}{v}d'$.

(12) 虚双光源之间距离测量的不确定度.

$$u(d)=\sqrt{\left(\frac{d'}{v}\right)^2u^2(u)+\left(\frac{ud'}{v^2}\right)^2u^2(v)+\left(\frac{u}{v}\right)^2u^2(d')}$$

(13) 计算波长 $\lambda=\frac{d}{D}\Delta x$.

(14) 计算波长测量的不确定度.

$$u(\lambda)=\sqrt{\left(\frac{\Delta x}{D}\right)^2u^2(d)+\left(\frac{d\Delta x}{D^2}\right)^2u^2(D)+\left(\frac{d}{D}\right)^2u^2(\Delta x)}$$

(15) 波长测量的结果. 根据波长测量的不确定度修约波长测量计算值得有效数字，给出波长测量结果.

八、参考讨论问题

(1) 什么是“同轴等高”？光学仪器为什么要求“同轴等高”？如何调节光学仪器“同轴等高”？有什么好的办法?

(2) 本实验使用钠光灯作光源，出现的干涉和衍射条纹很少. 请说明原因. 讨论本实验如何改进才能出现更多的条纹，实验效果更好？提示：使用激光作为光源.

九、参考文献

[1] 钟锡华. 现代光学基础. 北京：北京大学出版社，2003

[2] 姚启钧. 光学教程. 北京：高等教育出版社，1989

[3] 母国光. 光学. 北京：人民教育出版社，1978

[4] 吕斯骅，段家忯. 基础物理实验. 北京：北京大学出版社，2002

(詹卫伸　王　硕)

实验 6　迈克耳孙干涉实验

迈克耳孙干涉仪是 1883 年美国物理学家迈克耳孙和莫雷合作，为研究“以太”漂移而设计制造出来的精密光学仪器. 它是利用分振幅法产生双光束以实现干涉的著名经典光学仪器. 其原理是一束入射光分为两束后各自被对应的平面镜反射回来，这两束光从而能够发生干涉. 干涉中两束光的不同光程可以通过调节干涉臂长度以及改变介质的折射率来实现，从而能够形成不同的干涉图样. 通过调整该干涉仪，可以产生等厚干涉条纹，也可以产生等倾干涉条纹，主要用于长度和折射率的测量. 在近代物理和近代计量技术中，迈克耳孙干涉仪具有一定的地位，如在光谱线精细结构的研究和用光波标定标准米尺等实验中都有着重要的应用. 激光出现后，有了单色性非常好的光源，各种应用就更为广泛. 根据迈克耳孙干涉仪的基本原理研制成功的各种精密仪器已经广泛应用于生产和科研领域.

一、实验原理

(一)干涉的基本原理

如图 6-1 所示，两列到达 P 点的光波的电矢量

$$\boldsymbol{E}_1=\boldsymbol{E}_{10}\cos(\omega_1 t-k_1 r_1+\varphi_1),\qquad \boldsymbol{E}_2=\boldsymbol{E}_{20}\cos(\omega_2 t-k_2 r_2+\varphi_2) \tag{6-1}$$

根据波的叠加原理，在 P 点的光矢量是两个光波的光矢量在该点的矢量和. 若 $\boldsymbol{E}_1$ 和 $\boldsymbol{E}_2$ 两个振动之间的夹角为 θ，则可以将合成振动矢量 $\boldsymbol{E}_1+\boldsymbol{E}_2=\boldsymbol{E}$ 分解为 $\boldsymbol{E}_1$ 方向的振动 $E_{/\!/}=E_1+E_2\cos\theta$ 和垂直于 $\boldsymbol{E}_1$ 方向的振动 $E_{\perp}=E_2\sin\theta$.

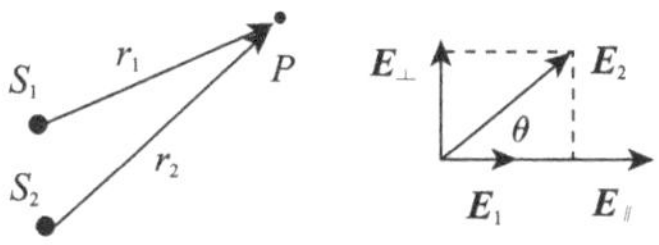

图 6-1　两列波的空间叠加

电振动

$$E_{\perp}=A_{\perp}\cos(\omega_2 t-k_2 r_2+\varphi_2)=E_{20}\sin\theta\cos(\omega_2 t-k_2 r_2+\varphi_2)$$

在 P 点的光强度

$$I_{\perp}=\overline{A_{\perp}^{\ 2}}=E_{20}^{\ 2}\sin^2\theta \tag{6-2}$$

它与时间无关，而且对于空间各点位置的依赖性与单个点光源类似，不会引起光强度的重新分布.

电振动

$$E_{/\!/}=E_{10}\cos(\omega_1 t-k_1 r_1+\varphi_1)+E_{20}\cos\theta\cos(\omega_2 t-k_2 r_2+\varphi_2)$$

是两个同方向简谐振动的合成，其和振动的振幅平方为

$$A_{/\!/}^2=E_{10}^2+E_{20}^2\cos^2\theta+2E_{10}E_{20}\cos\theta\cos\delta \tag{6-3}$$

其中，相位差 δ 为

$$
\begin{aligned}
\delta &= (\omega_1 t - k_1 r_1 + \varphi_1) - (\omega_2 t - k_2 r_2 + \varphi_2) \\
&= -(\omega_2 t - \omega_1 t) + (k_2 r_2 - k_1 r_1) - (\varphi_2 - \varphi_1)
\end{aligned} \tag{6-4}
$$

由于相位差δ随时间改变，作为平均能量密度的光强$I_{//}$应是$A_{//}^2$在一个周期内的平均值

$$
I_{//} = \overline{A_{//}^2} = E_{10}^2 + E_{20}^2 \cos^2\theta + 2E_{10}E_{20}\cos\theta\overline{\cos\delta} \tag{6-5}
$$

由此可见，在两列波交叠区域的P点的总光强为

$$
\begin{aligned}
I &= I_{\perp} + I_{//} = \overline{A_{//}^2} = E_{10}^2 + E_{20}^2 + 2E_{10}E_{20}\cos\theta\overline{\cos\delta} \\
&= I_1 + I_2 + 2\sqrt{I_1 I_2}\cos\theta\overline{\cos\delta}
\end{aligned} \tag{6-6}
$$

式中，I_1和I_2分别为光源S_1和S_2单独在P点的光强，它们都不随时间改变. 然而，在上式的第三项中，尽管$\cos\theta$是不随时间改变的，但$\cos\delta$却是随时间和空间位置改变的，计算空间某一点的光强时，需将其对时间平均. 第三项与两个光源的频率ω_1和ω_2、初相位φ_1和φ_2以及空间P点的位置和波所经过的介质有关. 这第三项决定了空间各点实际光强的差异，可以引起光强在空间的重新分布，它是我们感兴趣的项，称为干涉项.

光波是电磁波，在描述光波的方程是线性微分方程时，叠加原理对光波也是成立的. 在满足下述相干条件时，光波也会产生干涉现象，即频率相同、振动方向平行、相位差恒定的两束简谐光波相遇时，在光波重叠区，某些点合成光强大于分光强之和，在另一些点，合成光强小于分光强之和，合成光波的光强在空间形成强弱相间的稳定分布. 光波的这种叠加称为相干叠加. 能产生相干叠加的两束光称为相干光. 相干叠加必须满足的条件称为相干条件. 如果两束光不满足相干叠加条件，则在光波的重叠区，合成光强等于分光强之和，没有干涉现象产生. 此时两束光的叠加称非相干叠加.

1. 非相干叠加

(1) 当$\boldsymbol{E}_1 \perp \boldsymbol{E}_2$，即$\theta = \dfrac{\pi}{2}$时，有

$$
I = I_1 + I_2 \tag{6-7}
$$

(2) 当$\omega_1 \neq \omega_2$时，有

$$
\overline{\cos\delta} = \frac{1}{T}\int_t^{t+T} \cos[-(\omega_2 t - \omega_1 t) + (k_2 r_2 - k_1 r_1) - (\varphi_2 - \varphi_1)]\mathrm{d}t = 0
$$

$$
I = I_1 + I_2 \tag{6-8}
$$

(3) 当初相差$(\varphi_2 - \varphi_1)$不随时间恒定时，由于普通光源中原子或分子发光的间隙性和随机性，从两个独立的普通光源或普通光源的不同部分发出光波的初相差$(\varphi_2 - \varphi_1)$是不固定的，而且$(\varphi_2 - \varphi_1)$随时间在 0～2π 迅速地变化着，因此与$(\varphi_2 - \varphi_1)$有关的$\cos\delta$项，在观察或记录时间内的平均值等于零.

$$
I = I_1 + I_2 \tag{6-9}
$$

综上讨论，当两光波电矢量(或者说振动方向)相互垂直，或两光波频率不相等，或两光波的初相差不恒定，这三种情况之一存在时，干涉项都为零. 干涉项都为零时波的叠加，称为非相干叠加.

2. 相干叠加

在 $\omega_1=\omega_2=\omega$，$\theta\neq\dfrac{\pi}{2}$，初相差 $(\varphi_2-\varphi_1)$ 恒定的情况下，

$$\overline{\cos\delta}=\frac{1}{T}\int_t^{t+T}\cos[(k_2r_2-k_1r_1)-(\varphi_2-\varphi_1)]\mathrm{d}t$$
$$=\cos[(k_2r_2-k_1r_1)-(\varphi_2-\varphi_1)]=\cos\Delta\varphi$$

其中 $\Delta\varphi=(k_2r_2-k_1r_1)-(\varphi_2-\varphi_1)$，为两光波在 P 点的相位差. 则 P 点的光强为

$$I=I_1+I_2+2\sqrt{I_1I_2}\cos\theta\cos\Delta\varphi \tag{6-10}$$

一般取 $\theta=0$，称为完全相干光，即叠加的两光波电矢量的振动方向平行，则

$$I=I_1+I_2+2\sqrt{I_1I_2}\cos\Delta\varphi \tag{6-11}$$

干涉项不为零时，光波的叠加称为相干叠加. 由于两光波在 P 点的相位差 $\Delta\varphi$ 是随空间点 P 的不同而不同，因此，相干叠加时，空间各点的光强一般不同，但不随时间变化，即在空间形成一个稳定的光强分布，称为干涉图样，这一现象称为干涉.

显然，相干叠加时，若 $\Delta\varphi=\pm2k\pi\quad(k=0,1,2,\cdots)$，则 P 点的光强极大(相长干涉)

$$I_{\max}=I_1+I_2+2\sqrt{I_1I_2} \tag{6-12}$$

若 $\Delta\varphi=\pm(2k+1)\pi\quad(k=0,1,2,\cdots)$，则 P 点的光强极小(相消干涉)

$$I_{\min}=I_1+I_2-2\sqrt{I_1I_2} \tag{6-13}$$

若 $E_{10}=E_{20}$，即 $I_1=I_2$，则 $I_{\max}=4I_1=4I_2$，$I_{\min}=0$，在这种情况下，干涉图样的明暗对比度最大，干涉效果最好.

干涉图样(条纹)可反映光的全部信息(强度，相位)，是光信息存储(全息照相)的物理基础.

3. 干涉条纹衬比度

干涉条纹衬比度(对比度)，定义为

$$V=\frac{I_{\max}-I_{\min}}{I_{\max}+I_{\min}} \tag{6-14}$$

决定衬比度的因素为振幅比，光源的单色性，光源的宽度.

4. 相干条件

两束光波产生干涉的条件为：①频率相同；②相位差恒定；③光矢量振动方向平行. 其中频率相同是任何波产生干涉的必要条件，至于第③条，从上面的讨论可以看出，只要光矢量振动方向不相互垂直，满足条件①和②，原则上都能观察到干涉现象. 不过，在其他条件不变的情况下，光矢量振动方向愈接近平行，干涉效果愈明显. 相位差恒定是保证干涉图样稳定所必需的. 前面说过，对普通光源，至少条件②是不能满足的，因此，要观察到光的干涉，必须对光源作特殊安排.

5. 获得相干光的方法

根据光源的发光机理，我们知道两个独立的普通光源或同一光源的不同部分发出的光

不是相干光，因为它们的频率一般不同，光矢量的振动方向及相位差都随时间无规则地变化，不满足相干条件. 这种非相干光源发出的光的叠加是不会产生稳定干涉图样的.

要实现相干叠加，观察到稳定干涉图样，必须用满足相干条件的光源. 从整体看，普通单色光源发出的光是不相干的；但从微观分析看，如图 6-2 所示，如果能够从光源发出的同一波列的波面上取出两个次波源(分波阵面法，如杨氏干涉)，或把同一波列的波分为两束光波(分振幅法，如薄膜干涉)，这样经分波后的两束光，不但频率相同、振动方向相同，而且相遇时总有恒定的相位差，因而满足相干条件，在叠加区域能观察到稳定的干涉图样.

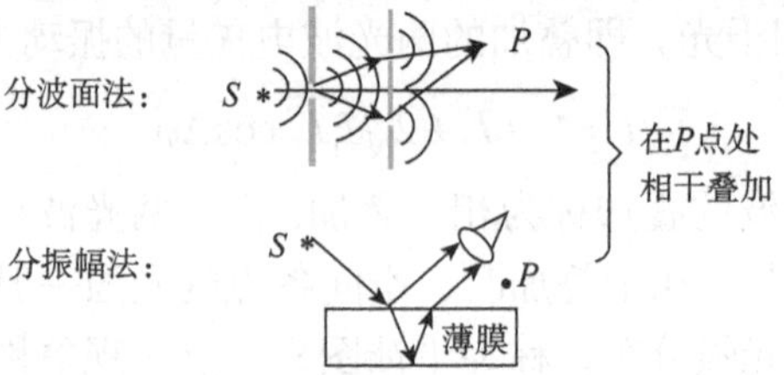

图 6-2　获得相干光的方法

由于激光的出现，光源的相干性大大提高，现已能实现两个独立激光束的干涉. 快速光电接收器件的出现，使人们可以看到比过去短暂得多的干涉现象.

(二)迈克耳孙干涉

1. 迈克耳孙干涉仪光路

迈克耳孙干涉仪是一种分振幅双光束干涉仪. 它的光路如图 6-3 所示. 从光源 S 发出的一束平行光入射到一平行平面板 G_1 上，G_1 板的后表面镀有半反射膜，这个半反射膜将一束光分为两束光，一束为反射光Ⅰ，另一束为透射光Ⅱ，二者强度近乎相等，此板称为分束板. 当激光束以 45° 角射向 G_1 时，被它分为互相垂直的两束光，它们分别垂直入射到反射镜 M_1 和 M_2 上，经反射后这两束光再回到 G_1 的半反射膜上，又重新会聚成一束光. 由于反射光Ⅰ和透射光Ⅱ为两相干光束，因此，可在 E 方向观察到干涉条纹. G_2 为一补偿板，其物理性能与几何形状皆与 G_1 相同(但不镀反射膜)，G_2 与 G_1 平行，G_2 的作用是保证Ⅰ和Ⅱ两束光在毛玻璃 E 处的光程完全相等. 图 6-3 中的 M_2' 是 M_2 被 G_1 反射所成的虚像 M_2'，从观察者看来，两相干光束是从 M_1 和 M_2' 反射而来，因此，我们把迈克耳孙干涉仪产生的干涉等效为 M_1 和 M_2' 间的空气膜所产生的干涉来进行分析研究.

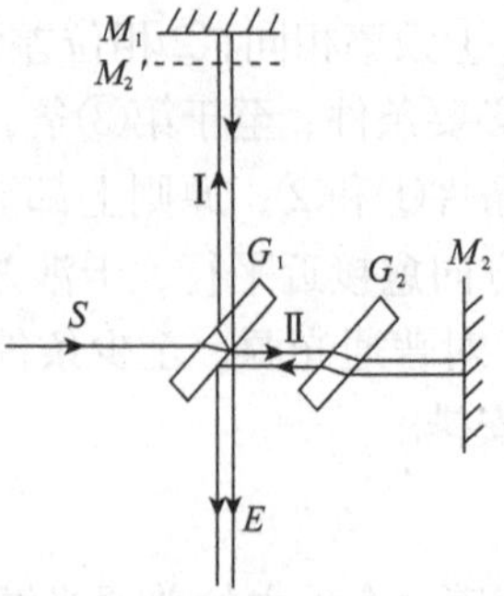

图 6-3　迈克耳孙干涉仪光路图

2. 迈克耳孙干涉条纹的图样

迈克耳孙干涉仪的干涉条纹是等光程差点的轨迹，因此，要分析某种干涉产生的图样，必求出相干光的光程差位置分布的函数.

1）点光源照明——非定域干涉条纹

如图 6-4 所示，激光束经短焦距凸透镜会聚后可得点光源 S，它发出球面波照射迈克耳孙干涉仪，经 G_1 分束及 M_1、M_2 反射后射向屏 E 的光可以看成是由虚光源 S_1 和 S_2' 发出的. 其中 S_1 为点光源 S 经 G_1 及 M_1 反射后成的像，S_2' 为点光源 S 经 M_2 及 G_1 反射后成的像（等效于点光源 S 经 G_1 及 M_2' 反射后成的像）. 这两个虚光源 S_1，S_2' 所发出的两列球面波，在它们能相遇的空间里处处相干，即各处都能产生干涉条纹. 因此，在这个光场中的任何地方放置毛玻璃都能看到干涉条纹，这种干涉称为非定域干涉.

随着 S_1，S_2' 与毛玻璃的相对位置不同，干涉条纹的形状也不同. 当毛玻璃与 S_1 S_2' 连线垂直时（此时 M_1 与 M_2' 大体平行），得到圆条纹，圆心在 S_1 S_2' 连线和毛玻璃屏的交点 O 处. 当毛玻璃 E 与 S_1 S_2' 连线的垂直平分线垂直时（此时 M_1，M_2' 与 E 的距离大体相等，且它们之间有一个小夹角）将得到直线条纹. 其他情况下将得到椭圆、双曲线干涉条纹. 对于非定域圆条纹，如图 6-5 所示，可以分析它的特性.

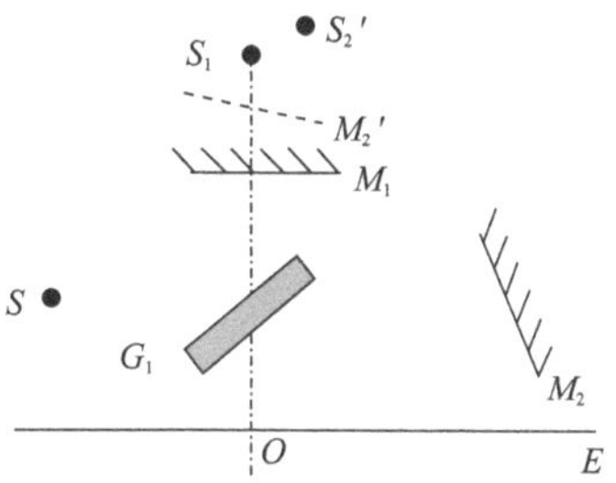

图 6-4　点光源照明光路图

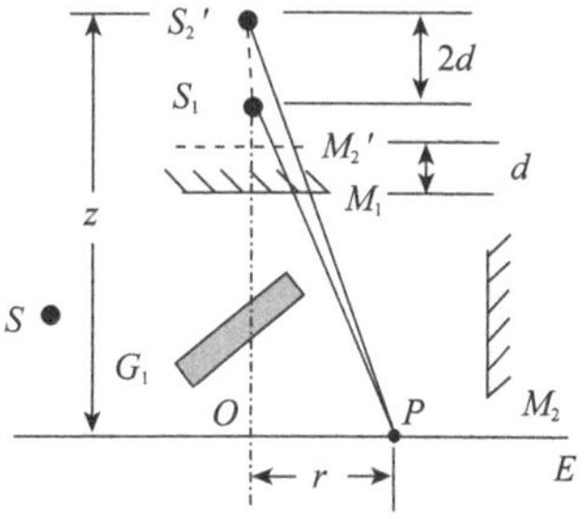

图 6-5　点光源照明非定域圆形条纹

如图 6-5 所示，S_1、S_2' 在接收屏上任一点 P 的光程差为 $\Delta L = S_2'P - S_1P$，当 $r \ll z$ 时，有 $\Delta L = 2d\cos\theta$，而 $\cos\theta \approx 1-\theta^2/2$，$\theta \approx r/z$，所以

$$\Delta L = 2d\left(1-\frac{r^2}{2z^2}\right) \tag{6-15}$$

（1）亮纹条件：当光程差 $\Delta L = k\lambda$ 时，有亮纹. 其轨迹为圆，有

$$2d\left(1-\frac{r^2}{2z^2}\right)=k\lambda \tag{6-16}$$

若 z,d 不变，则 r 越小，k 越大，即靠中心的条纹干涉级次高，靠边缘（r 大）的条纹干涉级次低.

（2）条纹间距：令 r_k 及 r_{k-1} 分别为两个相邻干涉环的半径，根据式（6-16）有

$$2d\left(1-\frac{r_k^2}{2z^2}\right)=k\lambda\text{，}\quad 2d\left(1-\frac{r_{k-1}^2}{2z^2}\right)=(k-1)\lambda$$

两式相减，得干涉条纹间距为

$$\Delta r = r_{k-1} - r_k \approx \frac{\lambda z^2}{2 r_k d} \tag{6-17}$$

由此可见，条纹间距Δr的大小由四种因素决定：靠近中心的干涉圆环(半径r_k越小)，Δr越大，干涉条纹中间稀边缘密；d越小，Δr越大，即M_1与M_2'的距离越小，条纹越稀，距离越大，条纹越密；z越大，Δr越大，即点光源S、接收屏E及M_1与(M_2')镜离分束板G_1越远，则条纹越稀；波长越长，Δr越大.

(3)条纹的“吞吐”：缓慢移动M_1镜，改变d，可看见干涉条纹“吞”、“吐”的现象. 这是因为，对于某一特定级次为k_1的干涉条纹(干涉环半径为r_{k_1})有

$$2d\left(1-\frac{r_{k_1}^2}{2z^2}\right) = k_1 \lambda \tag{6-18}$$

跟踪比较，移动M_1镜，当d增大时，r_{k_1}也增大，则可以看见条纹“吐”的现象；当d减小时，r_{k_1}也减小，则可以看见条纹“吞”的现象.

对圆心处，有$r=0$，式(6-15)变成$2d=k\lambda$. 若M_1镜移动了距离Δd，所引起干涉条纹“吞”或“吐”的数目$N=\Delta k$，则有

$$2\Delta d = N\lambda \tag{6-19}$$

所以，若已知波长λ，就可以从条纹的“吞”“吐”数目N，求得M_1镜的移动距离Δd，这就是干涉测长的基本原理；反之，若已知 M_1镜的移动距离Δd和条纹的“吞”“吐”数目N，由式(6-18)可求得波长λ.

2)扩展光源照明-定域干涉条纹

迈克耳孙干涉是薄膜干涉(一般为空气薄膜)，如图 6-6 所示，可以看成是由M_1和M_2'组成的空气薄膜. 用扩展的面光源照射时，只能在特定的位置的观察屏上才能出现干涉条纹，因此称为定域干涉.

设M_1和M_2'之间的夹角为α，某一入射光M_1和M_2'上的入射点分别为A和B，在M_2'上的入射角为θ，薄膜在A点的厚度为e. 在M_1和M_2'上的反射光，可以看成是由P点发出的. 经过简单的几何推导，可以得到两束光的光程差为

$$\delta = 2e(\cos\theta + \sin\theta\tan\alpha) \tag{6-20}$$

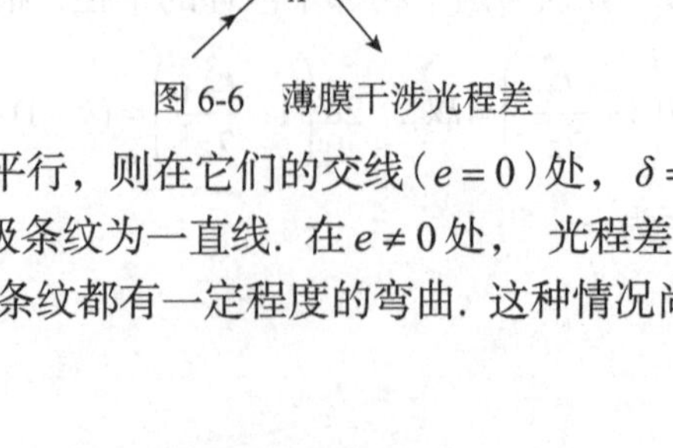

图 6-6 薄膜干涉光程差

(1)若M_1和M_2'不相平行，则在它们的交线($e=0$)处，$\delta=0$，为零级亮条纹. 因M_1和M_2'均为平面，所以零级条纹为一直线. 在$e\neq 0$处， 光程差δ与入射角θ有关. 故除零级条纹外，一般来说其他条纹都有一定程度的弯曲. 这种情况尚不能叫严格的等厚干涉.

(2) 对于一定的 α (M_1 与 M_2'不平行)，仅在入射光为平行光(θ 为恒量)的情况下，光程差 δ 才只随厚度 e 而变，干涉条纹为一些平行直线，这才是等厚干涉的情况. 这种情况的一个特例，就是平行光垂直入射($\theta=0$)，这时光程差 $\delta=2e$，这就是最简单的一种等厚干涉.

(3) M_1 若平行 M_2'，即 $\alpha=0$，厚度 e 恒定，光程差 $\delta=2e\cos\theta$ 仅随入射角而变，干涉条纹为环状. 这就是等倾干涉的情况.

对于等倾干涉，如图 6-7(a)所示，M_1 和 M_2'互相平行，用扩展光源照明. 对由上、下两表面反射而形成的倾角 θ 相同的两光束，其光程差均为

$$\delta=2d\cos\theta \tag{6-21}$$

此时在 E 方，用人眼直接观察，或放一会聚透镜在其后焦面用屏去观察，可以看到一组同心圆，每一个圆各自对应一恒定的倾角 θ，所以称为等倾干涉条纹. 等倾干涉条纹定域于无穷远，在这些同心圆中，干涉条纹的级别以圆心处为最高，此时 $\theta=0$，因而有

$$\delta=2d=k\lambda \tag{6-22}$$

当移动 M_1 使 d 增加时，圆心处条纹的干涉级次越来越高，可看见圆条纹一个一个从中心“吐”出来；反之，当 d 减小时，条纹一个一个地向中心“吞”进去. 每当“吐”出或“吞”进一条条纹时，d 就增加了或减少了 $\lambda/2$.

再看等倾条纹的角间距. 对于第 k 级有 $2d\cos\theta_k=k\lambda$，对于第 $k+1$ 级有 $2d\cos\theta_{k+1}=(k+1)\lambda$，两式相减，并利用 $\cos\theta\approx1-\theta^2/2$ (当 θ 较小时)，可得相邻两条纹的角距离

$$\Delta\theta_k=\theta_k-\theta_{k+1}\approx\frac{\lambda}{2d\theta_k} \tag{6-23}$$

可见，① d 一定时，越靠中心的干涉圆环(即 θ_k 越小)，$\Delta\theta_k$ 越大，即干涉条纹中间稀边缘密. ② θ_k 一定时，d 越小，$\Delta\theta_k$ 越大，即条纹将随着 d 的减小而变得稀疏.

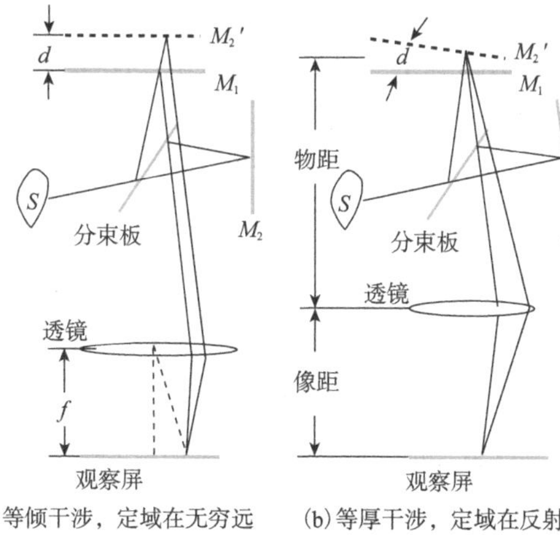

(a) 等倾干涉，定域在无穷远　(b) 等厚干涉，定域在反射镜表面

图 6-7 扩展光源的等倾干涉和等厚干涉

对于等厚干涉，如图 6-7(b)所示，当 M_1 与 M_2'有一很小角度 α，且 M_1 与 M_2'所形成的空气楔很薄时，用扩展光源照明就出现等厚干涉条纹. 等厚干涉条纹定域在镜面附近，

若用眼睛观测，应将眼睛聚焦在镜面附近. 经过镜 M_1 与 M_2'反射的两光束，其光程差仍可近似地表示为 $\Delta L = 2d\cos\theta$ (当 M_1 与 M_2'交角 α 很小时). 在镜 M_1 与 M_2'相交处，由于 $d = 0$，光程差为零，应观察到直线亮条纹，但由于光束Ⅰ和Ⅱ是分别在分束板 G_1 背面的内、外侧反射的，相位突变的情况不同，会有附加的光程差. 若 G_1 的背面未镀半反射膜，则两光束的光程差中会有半波损失，M_1 与 M_2'相交处的干涉条纹(中央条纹)是暗的；若 G_1 的半反射膜是镀银的或镀铝的或是多层介质膜，则情况较复杂，M_1 与 M_2'相交处的干涉条纹(中央条纹)就不一定是最暗的.

由于 θ 是有限的(一般比较小)，$\delta = 2d\cos\theta \approx 2d(1-\theta^2/2)$. 在交棱附近，$\delta$ 中第二项 $d\theta^2$ 可以忽略，光程差主要决定于厚度 d，所以在空气楔上厚度相同的地方光程差相同，观察到的干涉条纹是平行于两镜交棱的等间隔的直线条纹. 在远离交棱处，$d\theta^2$ 项(与波长大小可比)的作用不能忽视，而同一根干涉条纹上光程差相等，为使 $\delta = 2d(1-\theta^2/2) = k\lambda$，必须用增大 d 来补偿由于 θ 的增大而引起光程差的减小，所以干涉条纹在 θ 逐渐增大的地方要向 d 增大的方向移动，使得干涉条纹逐渐变成弧形，而且条纹弯曲的方向是凸向两镜交棱的方向.

3. 光源的相干长度和相干时间

实际光源(如氦氖激光器、钠灯、汞灯)对应于原子能级跃迁所产生的单色辐射都有各自的持续时间 Δt，每一个原子跃迁辐射是一列有稳定振幅和频率的简谐波列，其长度为

$$\Delta l = c\Delta t \tag{6-24a}$$

当把这一波列分成两部分以后，若在传播过程中它们之间的光程差大于波列长度 Δl，以致两个波列不能相遇，就不会发生干涉现象，因而把 Δl 称为相干长度，Δt 称为相干时间. 利用迈克耳孙干涉仪的分束板 G_1 可把上述单色光波列分成两列进行，分别被 M_1 和 M_2 镜反射之后再相遇. 如图 6-8 所示，当两臂光程大致相等，即光程差 δ 很小的条件下由同一波列 S 分开的 S_1 和 S_2'两波列几乎能够完全重叠，此时干涉条纹是清晰易辨的. 随着光程差 δ 的增大，两波列将由部分相遇到完全不能相遇，干涉条纹可见度逐渐降低，直到条纹消失. 极限情况是干涉条纹由清晰到消失的变化过程中，在等光程光路中增加的光程差恰好等于光源的相干长度.

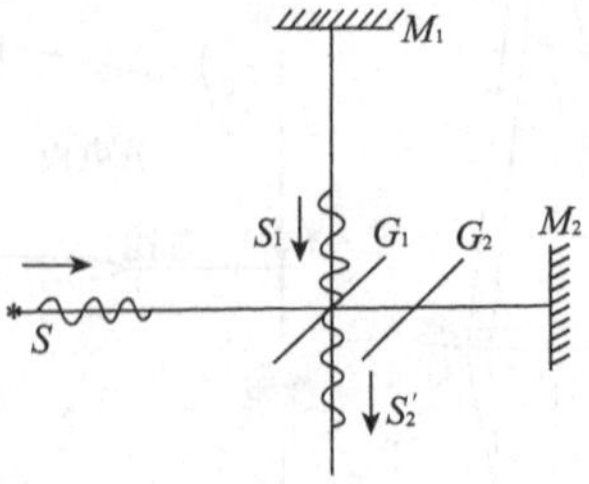

图 6-8 迈克耳孙干涉仪光波的相干性

相干长度 Δl 与光谱线带宽 $\Delta\lambda$ 的关系是

$$\Delta l = \frac{\lambda^2}{\Delta\lambda} \tag{6-24b}$$

可见，光源的单色性越好，$\Delta\lambda$ 越小，相干长度 Δl 就越长，He-Ne 激光单色性很好，约

632.8 nm 的谱线带宽 $\Delta\lambda$ 只有 10^{-4}～10^{-7}nm，所以相干长度为从几米到几公里的范围. 而普通的钠光灯、汞灯的 $\Delta\lambda$ 均为零点几纳米，相干长度只有 1～2 cm. 白炽灯发射的光平均带宽 $\Delta\lambda \approx \lambda$，相干长度为波长的数量级，所以只能看到级数很小的彩色条纹.

(三)迈克耳孙干涉仪测量气体折射率原理

在 $t=15$ ℃，压强 P 为 101325 Pa，即 760 mmHg 时，空气对真空中波长为 0.633 μm 的光的折射率 $n=1.00027652$，它与真空折射率之差为 $n-1=2.7652\times10^{-4}$. 这个折射率差用一般方法很难测出，使用干涉法可以很方便地测量且准确度很高.

如图 6-9 所示，激光器 L 所发出的激光经分束镜(半透半反) G 分成两束光，其中一束光经平面反射镜 M_2 反射后，到达接收屏 H；另一束光经过气室 R，到达平面反射镜 M_1 反射后，再经过气室，到达分束镜(半透半反) G，反射后到达接收屏 H. 到达接收屏 H 的两束光是相干光，在到达接收屏 H 上应该观察到干涉条纹.

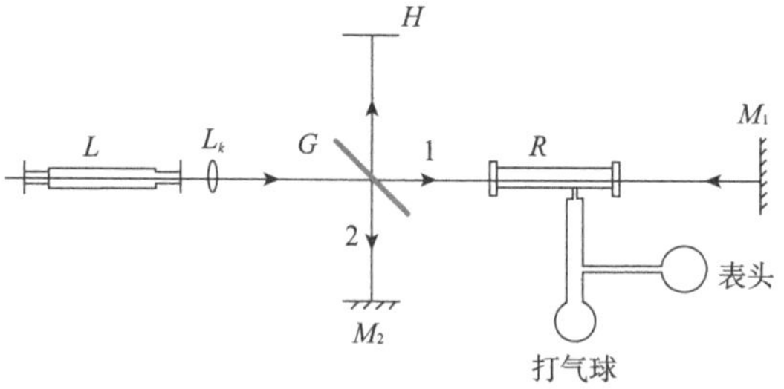

图 6-9 迈克耳孙干涉仪测量气体折射率原理图

当气室内气体的分子数密度(气体压强)改变时，从而使气体的折射率发生改变，到达接收屏 H 的两束光的光程差将改变，在到达接收屏 H 上观察到的干涉条纹的级数将会改变(干涉圆环在中心有消失或生长现象).

若气室内空气压强改变了 ΔP，折射率随之改变了 Δn，就会导致光程差改变 δ，引起干涉条纹 N 个环的变化. 设气室内空气柱长度为 L，激光波长为 λ，则

$$\delta = 2\cdot\Delta n\cdot L = N\lambda \tag{6-25}$$

因此，气室内空气的折射率变化为

$$\Delta n = \frac{N\lambda}{2L} \tag{6-26}$$

根据气体折射率的改变量(Δn)与单位体积内气体粒子数改变量($\Delta\rho$)成正比的规律，真空中没有气体分子($\rho=0$)，真空中的折射率为 1，则在真空中注入分子数密度为 ρ 的气体时，气体的折射率 n 满足的方程为

$$n-1=\beta\cdot\rho \tag{6-27}$$

其中，β 为比例系数.

对于在热力学标准状态下(热力学温度 $T_0=273$ K，压强 $P_0=101325$ Pa)的空气粒子数密度 ρ_0，其折射率 n_0 满足的方程为

$$n_0-1=\beta\cdot\rho_0 \tag{6-28}$$

由式(6-27)和式(6-28)有

$$\frac{n-1}{n_0-1}=\frac{\rho}{\rho_0} \tag{6-29}$$

联系理想气体的状态方程，有

$$P=\rho\cdot k\cdot T,\qquad P_0=\rho_0\cdot k\cdot T_0 \tag{6-30}$$

其中，k为玻尔兹曼常量，P和P_0分别为热力学温度T和热力学标准状态下的温度T_0时气体的压强.

由式(6-29)和式(6-30)，得到

$$\frac{n-1}{n_0-1}=\frac{PT_0}{P_0T} \tag{6-31}$$

若实验中,室温(热力学温度)T不变,对上式求压强P的变化(ΔP)所引起的空气折射率n的变化(Δn)，则有

$$\Delta n=(n_0-1)\cdot\frac{T_0}{T}\cdot\frac{\Delta P}{P_0} \tag{6-32}$$

因$T=T_0(1+\alpha t)$(其中α是相对压力系数，等于$1/273.15=3.661\times10^{-3}$ ℃；t是摄氏温度，即室温)，代入式(6-32)，有

$$n_0=1+P_0\cdot(1+\alpha t)\cdot\frac{\Delta n}{\Delta P} \tag{6-33}$$

于是，将式(6-26)代入上式，得到

$$n_0=1+P_0\cdot(1+\alpha t)\cdot\frac{\lambda}{2L}\cdot\frac{N}{\Delta P} \tag{6-34}$$

测出若干不同的压强变化ΔP所对应的干涉环变化数N，P_0和α为已知，t见温度计显示，λ和L为已知，一并代入式(6-34)即可求得相当于热力学标准状态下的空气折射率.

另外，根据式(6-31)得

$$n-1=(n_0-1)\cdot\frac{PT_0}{P_0T}=(n_0-1)\cdot\frac{P}{(1+\alpha t)P_0}=P\cdot\frac{\lambda}{2L}\cdot\frac{N}{\Delta P} \tag{6-35}$$

于是，得到

$$n=1+P\cdot\frac{\lambda}{2L}\cdot\frac{N}{\Delta P} \tag{6-36}$$

其中的环境气压P从实验室的气压计读出，根据式(6-36)，通过实验即可测得实验环境下的空气折射率.

二、实验装置

如图 6-10 所示，实验仪器为 SGM−1 型迈克耳孙干涉仪，包括 He-Ne 激光和钠钨灯光源以及测量气体折射率的实验装置.

M_1和M_2是在相互垂直的两臂上放置的两个平面反射镜，其背面各有三个调节螺旋，用来调节镜面的方位；M_2是固定的，M_1由精密丝杆控制，可沿臂轴前后移动，其移动距离由转盘读出. 仪器前方粗调手轮分度值为10^{-2} mm，右侧微调手轮的分度值为10^{-4} mm，

可估读至 10^{-5} mm，两个读数手轮属于涡轮蜗杆传动系统. 分束板 G_1 和补偿板 G_2 放在两臂轴相交处.

气室 A 和气压表 AP 是用来测量气体折射率的，不用时应该卸下.

图 6-10　SGM-1 型迈克耳孙干涉仪

AG：橡胶球；P_1：钠钨灯电源；P_2：He-Ne 激光电源；S_2：He-Ne 激光管；AP：气压(血压)表；FG：毛玻璃；S_1：钠钨双灯；BE：扩束器；BS：分束器；A：气室；M_1：参考镜；M_2：动镜；CP：补偿板；MC：螺旋测微器

三、实验内容和目的

用迈克耳孙干涉仪测定 He-Ne 激光器所发射的红色激光的波长；用迈克耳孙干涉仪测定环境空气的折射率.

(1) 了解迈克耳孙干涉仪的原理和构造.

(2) 掌握迈克耳孙干涉仪的使用.

四、注意事项

(1) 迈克耳孙干涉仪是精密光学仪器，禁止手触光学零件的透光面和反射面.

(2) 调节 M_1 背面螺钉及拉簧螺丝时均应缓慢旋转，用力要适当，不可斜向强扳硬拧.

(3) 不要自行拆卸仪器的机械部件，以免发生装调困难或降低测量机构的准确度.

(4) 一般情况下，不要擦拭仪器的光学零件. 必须擦拭时，先得用清洁的软毛刷掸去灰尘，再用脱脂棉球滴上乙醇和乙醚混合液轻拭.

(5) 使用氦气激光器作光源时，眼睛不可以直接面对激光光束传播方向凝视，接收和观察干涉条纹，应使用毛玻璃屏，不要用肉眼直接观察，以免伤害视网膜.

(6) 室内空气的扰动，将改变局部空气的密度和折射率，对测量产生严重的干扰. 不得在实验室内走动和大声讲话.

五、实验操作

(一)迈克耳孙干涉的实验观察

(1) 开启钠灯作光源，可在灯罩上置一针孔屏. 预热，稳定.

(2) 调节两个平面镜，同时直接向视场观察，直到两组光点在适当水平上重合.

(3) 移开针孔屏，在光源和分束器之间插入毛玻璃屏，即有干涉条纹出现.

(4) 细致地调节 M_1 和 M_2，直到眼睛上下左右移动时，环心虽然也随之移动，但无明暗变化，即无干涉环涌出或消失，所得一系列明暗相间的同心圆环即相当于某一厚度的平行空气膜产生的等倾干涉图样.

(5) 使动镜向条纹逐一消失于环心的方向移动，直到视场内条纹极少时，仔细调节平面镜，使其稍许倾斜，转动测微螺旋，使弯曲条纹向圆心方向移动，可见陆续出现一些直条纹，即等厚干涉条纹.

(6) 在等厚干涉产生直条纹之后，适当提高钠钨双灯，并接通钨灯电源，加入白光照明视场的下半部分，向直条纹比较弯曲的一侧继续缓慢地转动测微螺旋，待逐渐出现彩色条纹，可在其中辨认出中央暗条纹，这是光程差为零处的干涉.

(7) 关闭钠灯和钨灯，开启 He-Ne 激光器，预热，稳定.

(8) 将激光器前的扩束器转移到光路以外，放置好毛玻璃屏.

(9) 调节 He-Ne 激光器支架，使光束平行于仪器的台面，从分束器平面的中心入射，使各光学镜面的入射和出射点至台面的距离约为 70 mm，并以此为准，调节平面镜 M_1 和 M_2 的倾斜，使毛玻璃屏中央两组光点重合.

(10) 将扩束器置入光路，即可在毛玻璃屏上获得干涉条纹.

(11) 面对毛玻璃屏上的激光干涉条纹，只要仔细调节平面镜，逐步把干涉环的圆心调到视场中央，即可认为获得了等倾干涉图样.

(12) 使动镜向条纹逐一消失于环心的方向移动，直到视场内条纹极少时，仔细调节平面镜，使其稍许倾斜，转动测微螺旋，使弯曲条纹向圆心方向移动，可见陆续出现一些直条纹，即等厚干涉条纹.

(二)迈克耳孙干涉实验测量 He-Ne 激光波长

(1) 调出 He-Ne 激光等倾干涉图样，并把干涉环的圆心调到视场中央.

(2) 仔细转动微调鼓轮，使条纹的变化处于“缩进”.

(3) 继续转动微调鼓轮，当圆形条纹中间的一条缩为一暗点时，记录读数 d_0；再向同一方向转动微调鼓轮，同时观察毛玻璃屏上干涉圆环的变化，默数干涉圆环中心变暗 50 次；当圆形条纹中间的一条缩为一暗点时，记录读数 d_{50}. 反复练习几次，直到熟练.

注意：迈克耳孙干涉仪是精密的光学仪器，实验过程中的一次小的失误(数环失误，鼓轮读数失误等)都可能带来测量结果的严重误差，因此，在开始测量前一定要练习熟练.

注意：操作中要一个方向旋转微调手轮，不能再反方向旋转，以避免产生新的空程.

(4) 熟练后，开始测量.

转动鼓轮，当圆形条纹中间的一条缩为一暗点时，记录读数 x_0；继续转动微调鼓轮，同时观察毛玻璃屏上干涉圆环的变化，默数干涉圆环中心变暗 50 次，记录读数 x_1；继续转动微调鼓轮，同时观察毛玻璃屏上干涉圆环的变化，默数干涉圆环中心变暗 50 次，记录读数 x_2；继续转动微调鼓轮，一直测量到第 15 个干涉圆环中心变暗 50 次，记录读数 x_{15}.

准备用逐差法处理实验数据.

(三)迈克耳孙干涉实验测量环境压强下空气的折射率

(1)将小气室(内壁长 80 mm)置于迈克耳孙干涉仪光路中，气压计固定好.

(2)He-Ne 激光器做光源，调节干涉仪，获得适量等倾干涉条纹.

(3)向气室里充气(0～40 kPa，或 0～300 mmHg，1 mmHg=1333.3 Pa)；再稍微松开阀门，以较低的速率放气的同时，计数干涉环的变化数. 反复练习，直到掌握放气的速度(以能够数得过来条纹的变化为准).

(4)熟练后，开始测量.

仔细转动微调鼓轮，使圆形条纹中间的一条缩为一暗点.

向气室里充气(200～250 mmHg).

稍微松开阀门，以较低的速率放气的同时，计数干涉环的变化数.

放气终止，压力表指针回零，记下干涉环的变化数 N_i (估计出 1 位小数).

重复上述测量，共 9 次.

六、数据记录

表 6-1　迈克耳孙干涉实验测量 He-Ne 激光波长数据记录表

测量次数	0	1	2	3	4	5	6	7
鼓轮读数 x_i/mm								
测量次数	8	9	10	11	12	13	14	15
鼓轮读数 x_i/mm								

表 6-2　迈克耳孙干涉实验测量环境压强下空气的折射率实验数据记录表

环境温度：______环境压强：$P=760\ \text{mmHg}$；

压强变化：$\Delta P=$______，气室程度：$L=80\ \text{mm}$，激光波长：$\lambda=632.8\ \text{nm}$

测量次数	1	2	3	4	5	6	7	8	9
干涉环的变化数 N_i									

七、数据处理

1. 用逐差法计算激光的波长

(1)用逐差法计算，条纹“吞吐” $50\times8=400$ 次，螺旋测微器读数之差 Δx_i：$\Delta x_i=x_{i+8}-x_i$.

(2)条纹“吞吐” $50\times8=400$ 次，螺旋测微器读数之差的平均值和标准偏差 $\sigma_{\Delta x}$.

$$\overline{\Delta x}=\frac{1}{8}\sum\Delta x_i,\qquad \sigma_{\Delta x}=\sqrt{\frac{\sum(\Delta x_i-\overline{\Delta x})^2}{8-1}}$$

检查全部 Δx_i 数据与平均值 $\overline{\Delta x}$ 差值的绝对值，若小于 $3\sigma_{\Delta x}$，则数据合格；若大于 $3\sigma_{\Delta x}$，

则舍去该Δx_i，余下的Δx_i重新计算$\overline{\Delta x}$和$\sigma_{\Delta x}$，然后再作比较，直到满足要求.（视具体情况可以重新进行实验测量）

(3)计算Δx的A类不确定度

$$u_{\mathrm{A}}(\Delta x)=t_P\cdot\frac{\sigma_{\Delta x}}{\sqrt{8}}$$

(4)计算Δx的B类不确定度.

B类不确定度主要为仪器引起的不确定度，本实验主要来源于测量过程中的读数误差，B类不确定度量值取读数系统最小刻度值的1/2，即$u_{\mathrm{B}}(x_{i+400})=u_{\mathrm{B}}(x_i)=0.005\ \mathrm{mm}$，这样，

$$u_{\mathrm{B}}(\Delta x)=\sqrt{{u_{\mathrm{B}}}^2(x_{i+400})+{u_{\mathrm{B}}}^2(x_i)}$$

(5)计算Δx的总不确定度

$$u(\Delta x)=\sqrt{u_{\mathrm{A}}^2(\Delta x)+u_{\mathrm{B}}^2(\Delta x)}$$

(6)条纹“吞吐”$50\times 8=400$次，螺旋测微器读数之差的测量结果

$$\Delta x=\overline{\Delta x}\pm u(\Delta x)\ (单位)\quad (P=0.955)$$

(7)条纹“吞吐”1次，动镜移动距离为

$$\overline{\Delta d}=\frac{\overline{\Delta x}}{20\times 50\times 8}$$

(实验装置：螺旋测微器读数变化与动镜移动距离的传动比为20：1)

(8)条纹“吞吐”1次，动镜移动距离Δd的测量不确定度

$$u(\Delta d)=\frac{1}{20\times 50\times 8}u(\Delta x)$$

(9)条纹“吞吐”1次，动镜移动距离Δd的测量结果表示

$$\Delta d=\overline{\Delta d}+u(\Delta d)$$

(10)计算波长测量值$\bar{\lambda}$：$\bar{\lambda}=2\cdot\overline{\Delta d}$.

(11)计算波长$\bar{\lambda}$的测量不确定度

$$u(\lambda)=2\cdot u(\Delta d)$$

(12)根据波长测量的不确定度修正波长测量的有效数字，写出波长的测量结果

$$\lambda=\bar{\lambda}\pm u(\lambda)\ (单位)\quad (P=0.955)$$

2. 迈克耳孙干涉实验测量环境压强下空气的折射率

(1)计算干涉环的变化数的平均值和标准偏差.

$$\overline{N}=\frac{1}{9}\sum_{i=1}^{9}N_i\ ,\qquad \sigma_N=\sqrt{\frac{\sum(N_i-\overline{N})^2}{9-1}}$$

检查全部N_i数据与平均值$\overline{N}$差值的绝对值，若小于$3\sigma_N$，则数据合格；若大于$3\sigma_N$，则舍去该N_i，余下的N_i重新计算$\overline{N}$和σ_N，然后再作比较，直到满足要求.（视具体情况可以重新进行实验测量）

(2)计算测量 N 的 A 类不确定度

$$u_A(N)=t_P\cdot\frac{\sigma_N}{\sqrt{n}}$$

(3)计算测量 N 的 B 类不确定度.

B 类不确定度主要为仪器引起的不确定度，本实验主要来源于测量过程中的读数误差，B 类不确定度量值取读数系统最小刻度值的 1/2，即 $u_B(N)=0.5$.

(4)计算测量 N 的总不确定度

$$u(N)=\sqrt{u_A^2(N)+u_B^2(N)}$$

(5)计算环境空气折射率测量值

$$n=1+P\cdot\frac{\lambda}{2L}\cdot\frac{N}{\Delta P}$$

(6)计算折射率 n 测量的总不确定度

$$u(n)=P\cdot\frac{\lambda}{2L}\cdot\frac{1}{\Delta P}u(N)$$

(7)根据波长测量的不确定度修正波长测量的有效数字，写出波长的测量结果

$$n=\bar{n}\pm u(n)\ (\text{单位})\quad (P=0.955)$$

八、参考讨论问题

(1)实验中怎样才能观察到非定域的直条纹和双曲线条纹?

(2)迈克耳孙干涉仪的分束板 G_1 应使反射光和透射光的光强比接近 1：1，这是为什么?

(3)从相干性方面叙述补偿板的作用.

(4)总结组装、调整迈克耳逊干涉仪的经验和获得各种干涉条纹的规律.

(5)分析测定空气折射率时，产生测量误差的原因.

九、参考文献

[1] 母国光. 光学. 北京：人民教育出版社，1978

[2] 姚启钧. 光学教程. 北京：高等教育出版社，1989

[3] 林抒. 普通物理实验. 北京：人民教育出版社，1981

[4] 丁慎训. 物理实验教程. 北京：清华大学出版社，2002

[5] 张兆奎. 大学物理实验. 北京：高等教育出版社，2001

[6] 任隆良. 物理实验. 天津：天津大学出版社，2003

[7] 吕斯骅，段家忯. 基础物理实验. 北京：北京大学出版社，2002

[8] 潘人培等. 物理实验教学参考书. 北京：高等教育出版社，1990

(詹卫伸 王 硕)

实验 7　声速测量实验

机械振动在介质中的传播称为机械波，声波就是一种在弹性介质中传播的机械波. 人耳能听到的声波称为可闻声波，频率在 20 Hz～20 kHz，频率低于 20 Hz 的声波是次声波，频率高于 20 kHz 则称为超声波. 声波是一种在弹性介质中传播的纵波. 声波的波长、强度、传播速度等是声波的重要特征量. 超声波具有波长短、能定向传播等优点. 超声波在介质中传播时，声速、声衰减和声阻抗都与介质的特性及状态有关，通过测量这些声学量可以探知介质的特性和状态变化. 这些声学量的测量方法也是超声无损检测的实验基础. 例如，介质的声速与介质的许多非声学特性都有直接或间接的关系，通过声速的测量可以求出固体介质的弹性模量，进行气体成分分析，测定液体的比重、液体的成分及溶液浓度等. 在超声波测距、定位、医学诊断、无损检测、测液体流速、测量气体温度瞬时变化等方面，超声波传播速度都得到广泛应用. 利用介质的温度、压强、流速与声速的关系则可以探测这些状态参量的变化. 介质的声速是应用最广而且测量精度也较高的声学量.

在同一介质中，声速基本与频率无关，例如在空气中，频率从 20 Hz 变化到 8 万 Hz，声速变化不到万分之二. 由于超声波具有波长短，易于定向发射，不会造成听觉污染等优点，我们通过测量超声波的速度来确定声速. 本实验用压电陶瓷超声换能器来测定超声波在空气中的传播速度，它是非电量电测方法应用的一个例子.

声速的测量方法可分为两类：第一类方法是测出传播距离和所需时间后即可算出声速，称为“时差法”，这是工程应用中常用的方法；第二类方法是利用波长频率关系式，测量出频率和波长来计算出声速，测量波长时又可用“共振干涉法”或“相位比较法”. 传播声波的介质可以是气体、液体和固体.

一、实验原理

(一)声波传输的基本理论

如果已知声源振动的频率 f，就可通过测定空气中声波波长 λ 来求空气中的声速 v，即

$$v = f \cdot \lambda \tag{7-1}$$

如果空气中一个平面状声源沿与平面垂直的 x 方向做角频率为 ω（$\omega = 2\pi f$）、振幅为 a 的简谐振动，就会形成一列沿 x 方向传播的平面纵波. 如果该声波在前进中遇到一个垂直于 x 方向的刚性平面，就会反射回来，与入射声波发生干涉而形成驻波. 若将声源所在位置定为坐标原点，在驻波场中，坐标为 x 的空气质点，它的位移 ξ 可表示为

$$\xi = \frac{a\sin[k(L-x)]}{\sin kL}\cos\omega t \quad \left(k = \frac{2\pi}{\lambda} = \frac{\omega}{v}\right) \tag{7-2}$$

其中，k 为波数，L 为声源与刚性平面之间距离.

对于某一确定的 L，满足 $|\sin[k(L-x)]|=1$ 的地方，振幅最大，称为波腹；满足 $\sin[k(L-x)]=0$ 的地方，称为波节；两相邻波节或波腹之间的距离 $\lambda/2$ 称为半波长，位移 ξ 是 L 的函数. 当 $|\sin kL|=1$ 时，波腹最小；当 $\sin kL=0$ 时，波腹趋于 ∞，这表示达到共振状态. 由于声波传播中的阻尼衰减，实际上，共振时的波腹只能达到有限的数值. 式(7-2)描述的驻波称为空气质点的位移驻波.

在驻波场中，空气质点位移的图像是不能直接观察到的，而声压却可以通过仪器加以观测. 所谓声压就是空气中由于声扰动而引起的超出静态大气压强的那部分压强，它通常用 p 表示. 根据声学理论

$$p=-\rho_0 v^2\frac{\partial\xi}{\partial x} \tag{7-3}$$

其中，ρ_0 为空气的静态密度. 于是声压驻波可表示为

$$p=\rho_0\,\omega\,v\,a\frac{\sin\left[k(L-x)+\dfrac{\pi}{2}\right]}{\sin kL}\cos\omega t \tag{7-4}$$

将空气质点的位移驻波表达式与声压驻波表达式加以比较，可以知道：在声场中空气质点位移为波腹的地方，声压为波节；而空气质点位移为波节的地方，声压为波腹. 在作为反射面的刚性平面处，$x=L$，空气质点的位移恒为零，而这里的声压则恒为波腹. 将 $x=L$ 代入式(7-4)，得到刚性平面处声压振幅为

$$|p(L)|=\frac{\rho_0\omega va}{|\sin kL|} \tag{7-5}$$

上式表明，当 L 改变时，刚性平面处的声压振幅也随之改变，其数值在极大值与极小值之间作周期性的变化；而当 L 改变 $\lambda/2$ 时，$|p(L)|$ 又复原，即

$$\left|p\left(L\pm\frac{\lambda}{2}\right)\right|=|p(L)| \tag{7-6}$$

刚性平面处声压振幅的大小可以通过示波器观测，根据 $|p(L)|$ 随 L 周期变化的原理，可求出半波长 $\lambda/2$. 如果声源频率已知，便可求出声速. 这是第一种方法，称为共振法.

实际上，在发射器(声源)和接收器(刚性平面处)之间存在的是驻波与行波叠加. 由于接收器的反射面不是理想刚性平面，它对入射声波能量有吸收，空气对声波也有吸收作用，声波振幅将随传播距离而衰减. 所以，还可以通过比较声源处的声压 $p(0)$ 与刚性平面处的声压 $p(M)$ 的相位来测定声速. 这是求声速的第二种办法，称为相位法或行波法.

设声源发射的平面行波(用空气质点的位移来表示)为

$$\xi=a\cos(\omega t-kx) \tag{7-7}$$

由式(7-3)有

$$p(0)=-\rho_0 v\omega a\sin\omega t \tag{7-8}$$

$$p(M)=-\rho_0 v\omega a\sin(\omega t-kM) \tag{7-9}$$

$p(M)$ 比 $p(0)$ 的相位落后 kM.

分别将声源和接收器两处的电压信号接到示波器的 x 轴和 y 轴上去，将会在荧光屏上

看到李萨如图形. 随着反射面位置的变化，图形在椭圆与直线间作周期性变化. 当M的改变量为一个波长λ时，图形便恢复原状，根据这一原理，便可测出声波波长λ.

另外，通过声波在理想气体中传播速度与气体状态参量的关系，也可以计算出声速，声波在理想气体中的传播可认为是绝热过程，因此传播速度可表示为

$$v=\sqrt{\frac{\gamma RT}{\mu}} \tag{7-10}$$

式中，R为摩尔气体常量$\left(R=8.314\ \mathrm{J/(mol\cdot K)}\right)$，$\gamma$是比热比(气体比定压热容与比定容热容之比)，$\mu$为摩尔质量，$T$为气体的开氏温度，若以摄氏温度$\theta$计算，则

$$T=T_0+\theta,\qquad T_0=273.15\ \mathrm{K}$$

代入式(7-10)得

$$v=\sqrt{\frac{\gamma R}{\mu}(T_0+\theta)}=\sqrt{\frac{\gamma R}{\mu}T_0}\cdot\sqrt{1+\frac{\theta}{T_0}}=v_0\cdot\sqrt{1+\frac{\theta}{T_0}} \tag{7-11}$$

若将空气当成理想气体来处理，对于空气介质，0℃时的声速$v_0=331.45\ \mathrm{m/s}$.

若同时考虑空气中水蒸气的影响，校准后声速公式为

$$v=331.45\sqrt{\left(1+\frac{\theta}{T_0}\right)\left(1+\frac{0.3192p_{\mathrm{w}}}{p}\right)}\quad \mathrm{m/s} \tag{7-12}$$

式中，p_{w}为水蒸气的分压强，p为大气压强. 而$p_{\mathrm{w}}=p_{\mathrm{s}}H$，其中$p_{\mathrm{s}}$为测量温度下空气中水蒸气的饱和蒸汽压，$H$为相对湿度.

(二)共振干涉法(驻波法)测量声速原理

一列行波以某一频率在介质中沿一直线传播时,若遇到障碍,就在其界面以相同频率、相同的振幅、相同的振动方向、沿同一直线反射回去，叠加而成驻波. 相邻两波节或两波腹间的距离就是半个波长. 驻波中振幅最大的点称为波腹，振幅最小的点称为波节，任何两个相邻波腹(或两个相邻波节)之间的距离都等于半个波长.

如图7-1所示为共振干涉法(驻波法)测量声速原理框图. 图中系统1和系统2为压电陶瓷超声换能器，系统1作为超声源(发射探头)，低频信号发生器发出的正弦电压信号接到换能器后，即能发出一平面声波. 系统2作为超声波的接收探头，接收的声压转换成电信号后输入示波器观察，系统2在接收超声波的同时还反射一部分超声波. 这样，由系统1发出的超声波和由系统2反射的超声波在系统1和系统2之间的区域干涉而形成驻波. 改变系统1和系统2之间的距离，在一系列特定的位置上，接收面系统2上的声压达到极大值，可以证明，相邻两极大值之间的距离为半波长$\lambda/2$. 为了测出驻波相邻波腹之间的半波长距离，可改变系统1和系统2之间的距离，同时用示波器监测接收器上的输出电压幅度变化，可以看到示波器上显示的信号幅度发生周期性的大小变化，即由一个极大变到极小，再变到极大，而幅度每一次周期性的变化，就相当于系统1和系统2之间的距离改变了$\lambda/2$. 相邻两次出现最大电压数值时系统1和系统2之间距离的改变由游标尺测得，两读数之差的绝对值应等于声波波长的 1/2. 这样就测出了波长，再由低频信号发生器可

读出超声源的频率 f，就可计算出声速 v.

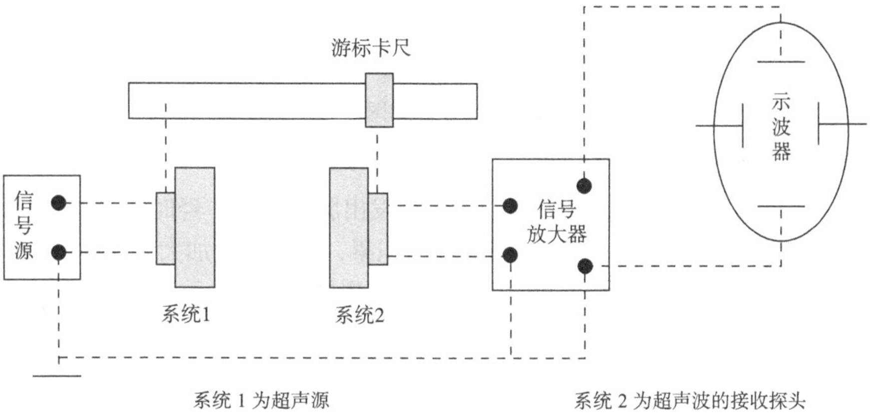

图 7-1　共振干涉法测量声速

(三)相位比较(行波)法测量声速原理

声波是振动状态的传播，在声波传播方向上任何一点和波源之间都存在相位差. 相位差 ϕ，声波频率 f，波速 v 和传播距离 M 之间的关系为

$$\phi = \omega t = 2\pi f M / v = 2\pi M / \lambda \tag{7-13}$$

如图 7-2 所示为相位比较法测量声速原理框图. 将系统 1 和系统 2 的正弦电压信号分别输入示波器的 X 信道和 Y 信道，在示波器上可以观察到两个相互垂直的同频率简谐振动合成的李萨如图形(图 7-3). 改变系统 1 和系统 2 之间的距离时相位差发生变化，椭圆的特性也随之变化. 每当相位差的变化满足

$$\Delta \phi = \phi_2 - \phi_1 = \frac{2\pi}{\lambda}(M_2 - M_1) = 2\pi, \qquad \Delta M = M_2 - M_1 = \lambda \tag{7-14}$$

时，相同的李萨如图形就会重复出现. 也就是说，当接收器和发射器的距离变化等于一个波长时，则发射与接收信号之间的相位差也正好变化一个周期(即 $\Delta \phi = 2\pi$)，相同的图形就会出现；反之，准确观测相位差变化一个周期时接收器移动的距离，即可得出其对应声波的波长 λ，再根据声波的频率即可求出声波的传播速度.

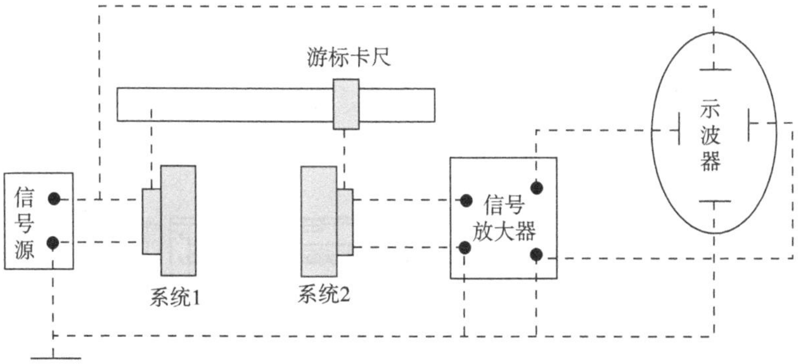

图 7-2　相位比较法测量声速

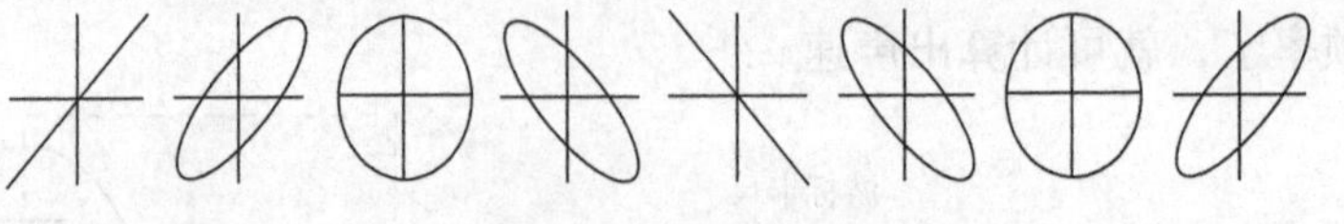

图 7-3 李萨如图形

(四)时差法测量声速

若以脉冲调制正弦信号输入到发射器，使其发出脉冲声波，经时间t后到达距离L处的接收器. 接收器接收到脉冲信号后，能量逐渐积累，振幅逐渐加大，脉冲信号过后，接收器作衰减振荡，如图 7-4 所示. t可由测量仪自动测量，也可从示波器上读出. 实验者测出L后，即可由$v=L/t$计算声速.

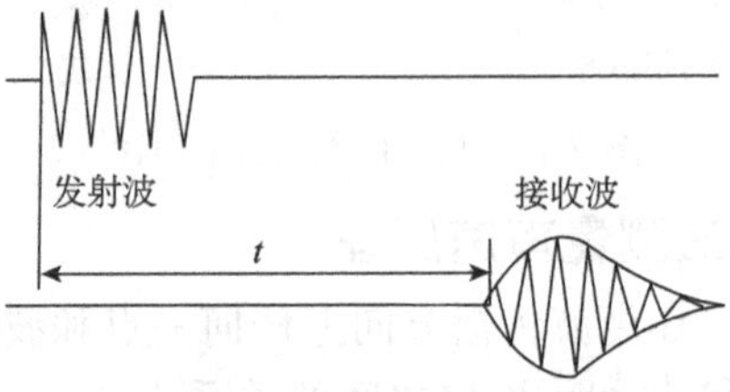

图 7-4 时差法测声速

二、实验装置

实验装置如图 7-5 所示，主要有 ZKY-SS 型声速测定实验仪(包括信号源)、超声实验装置(换能器及移动支架组合)、示波器、水槽和固体试验样品.

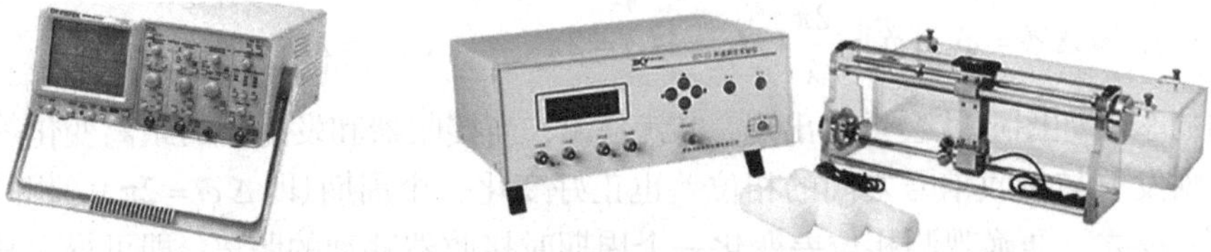

图 7-5 声速测定实验装置

1. 超声实验装置

超声实验装置如图 7-6 所示. 超声波发射器(定子)是固定的. 装置的丝杆上方安装有数字游标尺(带机械游标尺)，可准确显示位移量. 游标与超声波接收器(动子)固连，摇动丝杆摇柄可使游标和接收器一起前后移动，以改变发射器与接收器的距离. 整个装置可方便地装入或拿出水槽.

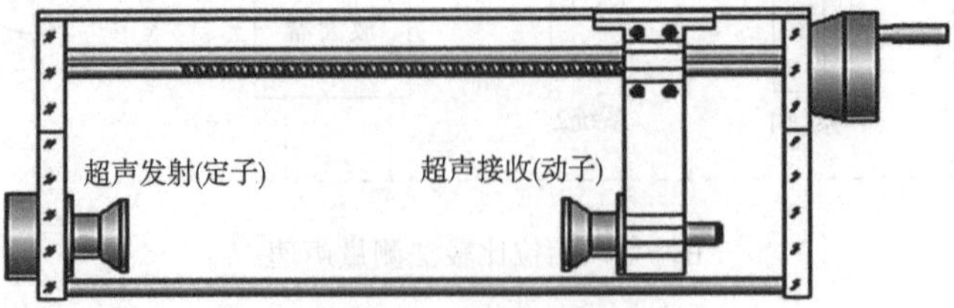

图 7-6 超声实验装置

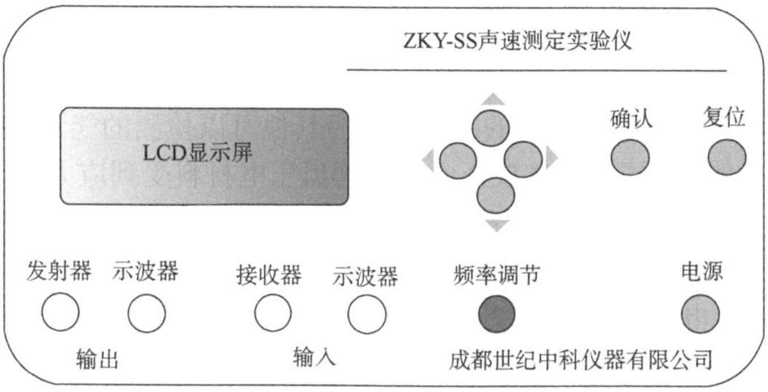

图 7-7　声速测定信号源(实验仪)前面板

2. 声速测定信号源(实验仪)

声速测定信号源(实验仪)的前面板如图 7-7 所示. 面板上的 LCD 显示屏用于显示信号源的工作信息；还具有上、下、左、右按键，确认按键、复位按键、频率调节旋钮和电源开关；输出和输入接口. 具有选择、调节、输出超声发射器驱动信号；接收、处理超声接收器信号；显示相关参数；提供发射监测和接收监测端口，连接到示波器等其他仪器等功能.

信号源面板上的“发射器”信号输出端口, 用于输出一定频率的功率信号, 要接至测试架左边的发射换能器(定子), 定子输入端已经连好；仪器面板上的“接收器”信号输入端口，要连接到测试架右边的接收换能器(动子)，动子输出端已经连好.

信号源面板上的输出组“示波器”端口输出发射波形，要接至双踪示波器的 CH1(Y 通道)，用于在示波器上观察发射波形；仪器面板上的输入组“示波器”端口输出接收的波形，要接至双踪示波器的 CH2(X 通道)，用于在示波器上观察接收波形.

接通电源后，LCD 显示屏显示欢迎界面；按“确认”按键，LCD 显示屏显示“各个按键的功能界面”；再按“确认”按键，LCD 显示屏显示“信号源工作模式选择”界面，可选择的工作模式有两种：正弦波(sine-wave)和脉冲波(pulse-wave)，通过“上、下按键”上下移动光标选择信号源工作模式；选择好信号源工作模式后，再按“确认”按键，LCD 显示屏显示“信号增益选择”界面，可选择的信号增益有两种：接收增益(receive gain)和发射增益(transmit gain)，通过“上、下按键”上下移动光标进行选择，再通过“左、右按键”设定增益挡(有 4 个值). 在选定“正弦波”工作模式(共振干涉法与相位比较法)的情况下，LCD 显示屏的上半部分同时显示当前的信号频率值(Freq=? kHz)，可以通过“频率调节”旋钮调节信号源的输出频率；在选定“脉冲波”工作模式(时差法)的情况下，LCD 显示屏的上半部分同时显示当前的脉冲信号时差值(Time=? μs)，即超声波通过目前超声波换能器之间的距离所需的时间值，可以通过“频率调节”旋钮调节信号源的脉冲输出时差值. 如果前述设定有误或需要变换信号源的工作模式，可以按“复位”按键，重新进入“欢迎界面”，重新设定. 用频率调节旋钮调节频率，在连续波工作模式下显示屏将显示当前输出驱动信号的频率值. 增益可在 0～3 挡之间调节，初始值为 2 挡；发射增益调节驱动信号的振幅；接收增益将调节接收信号放大器的增益，放大后的接收信号由接收监测端口输出. 以上调节完成后就可进行测量了.

3. 压电换能器(传感器)

超声波的发射和接收都需要用换能器，换能器的作用是将其他形式的能量转换成超声波的能量(发射换能器)或将超声波的能量转换为其他可以检测的能量(接收换能器). 最常使用的是压电换能器. 压电晶体或压电陶瓷这类压电材料受到应力会在材料内产生电场，称为压电效应，压电换能器接收超声波信号使之转换为电信号，从而将机械能转换为电能，就是利用压电效应的原理. 当超声波频率与系统固有(共振)频率一致时电信号最强. 压电材料还具有逆压电效应，在交变电场的作用下会产生周期性的压缩和伸长，当外加电场的频率和压电体固有频率相同时振幅最大. 发射换能器利用逆压电效应就可以将电能转换成超声振动能，在周围介质中激发超声波.

本实验采用压电陶瓷超声换能器来实现声压和电压之间的转换. 压电换能器作波源具有平面性、单色性好以及方向性强的特点. 同时，由于频率在超声范围内，一般的音频对它没有干扰. 频率提高，波长 λ 变短，在不长的距离中可测到许多个波长 λ，取其平均值，波长 λ 的测定就比较准确. 这些都可使实验的精度大大提高.

压电陶瓷超声换能器由压电陶瓷片和轻、重两种金属组成. 压电陶瓷片(如钛酸钡、锆钛酸铅等)是由一种多晶结构的压电材料做成的，在一定的温度下经极化处理后，具有压电效应. 在简单情况下，压电材料受到与极化方向一致的应力 T 时，在极化方向上产生一定的电场强度 E，它们之间有一简单的线性关系 $E=gT$；反之，当与极化方向一致的外加电压 U 加在压电材料上时，材料的伸缩形变 S 与电压 U 也有线性关系 $S=dU$. 其中，g 为比例常数，d 称为压电常数，与材料性质有关. 由于 E，T，S，U 之间具有简单的线性关系，因此就可以将正弦交流电信号转变成压电材料纵向长度的伸缩，成为声波的波源，同样也可以使声压变化转变为电压的变化，用来接收声信号.

在压电陶瓷片的头尾两端胶粘两块金属，组成夹心型振子. 头部用轻金属做成喇叭形，尾部用重金属做成锥形或柱形，中部为压电陶瓷圆环，紧固螺钉穿过环中心. 这种结构增大了辐射面积，增强了振子与介质的耦合作用，由于振子是以纵向长度的伸缩直接影响头部轻金属作同样的纵向长度伸缩(对尾部重金属作用小)，这样所发射的波方向性强，平面性好.

三、实验内容和目的

分别用驻波法和相位比较法测定超声波在空气中传播的速度；分别用相位比较法和时差法测定超声波在水中传播的速度；用时差法测定超声波在固体(塑料)中传播的速度.

(1) 了解超声换能器的工作原理和功能.

(2) 学习不同方法测定声速的原理和技术.

(3) 测定声波在空气及水中的传播速度.

四、注意事项

(1)使用游标卡尺时必须轻而缓慢地调节，手勿压游标尺，以免主尺弯曲而引起误差.

(2)旋动各仪器的旋钮时不能用力过猛.

(3)实验前必须认真阅读示波器实验中的有关内容，熟悉示波器的使用方法.

(4)发射、接受增益的大小应在监测信号不失真的原则下设定.

(5)超声实验装置装入或拿出水槽的过程中，动作要轻，避免将水溅洒到实验仪和示波器上.

(6)在测量过程中，一定要慢慢移动游标，同时要时刻观察示波器，不要漏掉共振点.

(7)测量距离不宜过长，因为超声波在传输的过程中要被介质吸收.

(8)使用游标卡尺时，要避免回测.

注：关于固体中声速的测量，由于被测固体样品的长度不能连续变化，因此只能采用时差法进行测量. 为了增强测量的可靠性，在换能器端面及被测固体的端面上涂上声波耦合剂，建议采用医用超声耦合剂.

在水中共振法测量声速的效果较差，接收波形的幅度变化不明显，这可能是由于水介质与接收头对声波的特性阻抗相接近，反射信号弱，从而导致了驻波现象的不明显，故无法做水介质中共振干涉法测量声速的实验.

在空气中建议使用共振干涉法和相位比较法测量声速，水中建议使用相位比较法和时差法测量声速，固体中只能使用时差法测量声速.

五、实验操作

(一)实验准备

(1)将发射换能器(定子)上的信号输入线的另一端接入“实验仪”面板上的“发射器”信号输出端口，以便给发射换能器输入信号，准备发射超声波.

(2)将接收换能器(动子)上的信号输出线的另一端接入“实验仪”面板上的“接收器”信号输入端口，以便实验仪接收换能器(动子)发射的信号.

(3)用专用电缆线将信号源面板上的“输出组”的“示波器”端口接至双踪示波器的CH1(Y 通道)，用于在示波器上观察发射波形.

(4)用专用电缆线将信号源面板上的“输入组”的“示波器”端口接至双踪示波器的CH2(X 通道)，用于在示波器上观察接收波形.

(5)连接好后，开启电源.

(6)调节驱动信号频率到压电陶瓷换能器系统的最佳工作点.

只有当发射换能器的发射面与接收换能器的接收面保持平行时才有较好的系统工作效果. 为了得到较清晰的接收波形，还需将外加的驱动信号频率调节到发射换能器的谐振频率点处，才能较好地进行声能与电能的相互转换，以得到较好的实验效果. 按照调节到压电陶瓷换能器谐振点处的信号频率估计下示波器的扫描时基并进行调节，使在示波器上获得稳定波形. 以目前使用的换能器的标称工作频率而言，时基选择在 5～20 μs/div 会有较好的显示效果.

超声换能器工作状态的调节方法如下：在仪器预热 15 min 并正常工作以后，首先自行约定超声换能器之间的距离变化范围，在变化范围内随意设定超声换能器之间的距离，然后调节声速测定仪信号源输出电压(10～15 V_{pp})，调整信号频率(30～45 kHz)，观察频率调整时接收波形的电压幅度变化，在某一频率点处(34～38 kHz)电压幅度最大，这时稳定信号频率；再改变超声换能器之间的距离，改变距离的同时观察接收波形的电压幅度变化，记录接收波形电压幅度的最大值和频率值；再次改变超声换能器间的距离到适当选择位置，重复上述频率测定工作，共测多次，在多次测试数据中取接收波形电压幅度最大的信号频率作为压电陶瓷换能器系统的最佳工作频率点.

(二)共振干涉法测量空气中的声速

(1)按(一)的要求完成系统连接与调谐，并保持在实验过程中不改变调谐频率.

(2)将示波器设定在扫描工作状态，扫描速度约为 10 μs / 格，信号输入通道的输入调节旋钮约为 1 V / 格(根据实际情况有所不同)，并将发射监测输出信号的输入端设为触发信号端.

(3)信号源选择连续波(sine-wave)模式，设定发射增益为 2 挡、接收增益为 2 挡.

(4)摇动超声实验装置丝杆摇柄，在发射器与接收器距离为 5 cm 附近处找到共振位置(振幅最大)，作为第 1 个测量点. 记录游标卡尺的读数.

(5)摇动摇柄使接收器远离发射器，每到共振位置记录位置读数，共记录 16 组以上数据.

注：在接收器移动过程中，若接收信号振幅变动较大而影响测量，可调节示波器的**通道增益旋钮**，使波形显示大小合理.

(三)相位比较法测量空气中的声速

(1)按(一)的要求完成系统连接与调谐，并保持在实验过程中不改变调谐频率.

(2)将示波器在设定 X-Y 工作状态，将信号源的发射监测输出信号接到示波器的 X 输入端，并设为触发信号，接收监测输出信号接到示波器的 Y 输入端， 信号输入通道输入调节旋钮约为 1 V / 格(根据实际情况有所不同).

(3)信号源选择连续波模式，设定发射增益为 2 挡、接收增益为 2 挡.

(4)在发射器与接收器距离为 5 cm 附近处，找到 $\Delta\phi=0$ 的点，作为第 1 个测量点.

(5)摇动摇柄使接收器远离发射器，每到 $\Delta\phi=0$ 时均记录位置读数，共记录 16 组以上数据.

注：在接收器移动过程中，若接收信号振幅变动较大而影响测量，可调节示波器 Y 通道增益旋钮，使波形显示大小合理.

(四)相位比较法测量水中的声速

测量水中的声速时，将实验装置整体放入水槽中，槽中的水高于换能器顶部 1～2 cm.

(1)按(一)的要求完成系统连接与调谐，并保持在实验过程中不改变调谐频率.

(2)将示波器在设定 X-Y 工作状态. 将信号源的发射监测输出信号接到示波器的 X 输入端，并设为触发信号，接收监测输出信号接到示波器的 Y 输入端， 信号输入通道输入调节旋钮约为 1 V / 格(根据实际情况有所不同).

(3) 信号源选择连续波模式，设定发射增益为 0 挡、接收增益为 0 挡.

(4) 在发射器与接收器距离为 3 cm 附近处，找到 $\Delta\phi=0$ (或 π) 的点，作为第 1 个测量点.

(5) 摇动摇柄使接收器远离发射器，**每到 $\Delta\phi=0$ 和 π 时均记录位置读数**，共记录 16 组以上数据. 由于水中声波长约为空气中的 5 倍，为缩短行程，可在 $\Delta\phi=0$ 和 π 处均进行测量.

注：摇动摇柄使接收器远离发射器，在接收器移动过程中，若接收信号振幅变动较大而影响测量，可调节示波器 Y 衰减旋钮.

(五)用时差法测量水中的声速

(1) 按(一)的要求完成系统连接与调谐，并保持在实验过程中不改变调谐频率.

(2) 信号源选择脉冲波工作模式，设定发射增益为 2 挡，接收增益调节为 2 挡.

(3) 将发射器与接收器距离为 3 cm 附近处，作为第 1 个测量点，并记录时差.

(4) 摇动摇柄使接收器远离发射器，每隔 20 mm 记录位置与时差读数，共记录 16 个点.

(六)用时差法测量固体中的声速(选作)

(1) 按(一)的要求完成系统连接与调谐，并保持在实验过程中不改变调谐频率.

(2) 信号源选择脉冲波工作模式，设定发射增益为 2 挡，接收增益调节为 2 挡.

(3) 将实验室提供的 3 个不同长度的固体圆柱棒依次用两个换能器夹住，测量时差 Δt.

(七)实验结束

(1) 关闭电源，卸下电缆.

(2) 将超声实验装置从水中取出.

(3) 擦拭干净仪器和桌面的水.

(4) 经教师同意，方可结束实验.

六、数据记录

表 7-1　谐振频率的确定

测量次数	
电压幅度的最大值	
频率	

表 7-2　共振干涉法测量空气中的声速

谐振频率______kHz；　温度______℃

测量次数 i	1	2	3	4	5	6	7	8
位置 L_i /mm								
测量次数 i	9	10	11	12	13	14	15	16
位置 L_i /mm								

表 7-3 相位比较法测量空气中的声速

谐振频率______kHz； 温度______℃

测量次数 i	1	2	3	4	5	6	7	8
位置 L_i /mm								
测量次数 i	9	10	11	12	13	14	15	16
位置 L_i /mm								

表 7-4 相位比较法测量水中的声速

谐振频率______kHz； 温度______℃

测量次数 i	1	2	3	4	5	6	7	8
位置 L_i /mm								
测量次数 i	9	10	11	12	13	14	15	16
位置 L_i /mm								

表 7-5 时差法测量水中的声速

谐振频率 f_0=______kHz； 温度 T=______℃

测量次数 i	1	2	3	4	5	6	7	8
位置 L_i /mm								
时刻 t_i /μs								
测量次数 i	9	10	11	12	13	14	15	16
位置 L_i /mm								
时刻 t_i /μs								

表 7-6 时差法测量固体中的声速

谐振频率 f_0=____kHz； 温度 T=______℃

固体长度 L_i /mm	100	150	200
时差 t_i /μm			

七、数据处理

1. 换能器谐振频率的确定

从表 7-1 的数据直接给出.

2. 超声波频率

频率是数字式一次测量，因此其标准不确定度只计算其 B 类标准不确定度，即仪器的误差；而且仪器误差取数字的最小变化为 $u(f)=\Delta_I$.

频率表示为

$$f=\left(f\pm u(f)\right)\text{Hz}\quad (P=0.955)$$

3. 共振干涉法测量超声波声速

(1) 逐差法数据处理，并填入表 7-2 中

$$\Delta L_i=8\times\frac{\lambda}{2}=L_{i+8}-L_i$$

(2) 计算 ΔL_i 的算术平均值

$$\overline{\Delta L}=\frac{1}{8}\sum_{i=1}^{8}\Delta L_i$$

(3) 计算 ΔL 的不确定度.

标准偏差为

$$\sigma_{\Delta L}=\sqrt{\frac{\sum_{i=1}^{8}\left(\overline{\Delta L}-\Delta L_i\right)^2}{8-1}}$$

A 类不确定度为

$$u_{\text{A}}(\Delta L)=t_P\cdot\frac{\sigma_{\Delta L}}{\sqrt{8}}$$

ΔL 测量的 B 类不确定度，主要考虑仪器的示值误差. 使用游标卡尺，则

$$u_{\text{B}}(\Delta L)=\varDelta_I=0.05\text{ mm}$$

则 ΔL 测量的合成不确定度为

$$u(\Delta L)=\sqrt{\left[u_{\text{A}}(\Delta L)\right]^2+\left[u_{\text{B}}(\Delta L)\right]^2}$$

(4) 计算半波长的算术平均值

$$\frac{\overline{\lambda}}{2}=\frac{1}{8}\overline{\Delta L}$$

(5) 计算半波长的不确定度

$$u\left(\frac{\lambda}{2}\right)=\frac{1}{8}u(\Delta L)$$

(6) 半波长的表示.

根据半波长的不确定度，修约半波长的有效数字，半波长表示为

$$\frac{\lambda}{2}=\left(\frac{\overline{\lambda}}{2}\pm u\left(\frac{\lambda}{2}\right)\right)\text{（单位）}\quad (P=0.955)$$

(7) 计算声速测量的最佳值

$$\overline{v}=2\cdot f\cdot\frac{\overline{\lambda}}{2}\text{（单位）}$$

(8)计算声速测量的不确定度

$$E_v = \frac{u(v)}{\overline{v}} = \sqrt{\left(\frac{u(f)}{f}\right)^2 + \left(\frac{u(\lambda/2)}{\overline{\lambda}/2}\right)^2}, \quad u(v) = E_v \cdot \overline{v}$$

(9)根据波速的不确定度，修约波速的有效数字，声速测量结果表示

$$v = \left(\overline{v} \pm u(v)\right) \text{（单位）} \quad (P = 0.955)$$

4. 相位比较法测量超声波声速

(1)逐差法数据处理，并填入表 7-3、表 7-4 中

$$\Delta M_i = 8 \times \lambda = M_{i+8} - M_i$$

(2)计算 ΔM_i 的算术平均值

$$\overline{\Delta M} = \frac{1}{8}\sum_{i=1}^{8} \Delta M_i$$

(3)计算 ΔM 的不确定度.

A 类不确定度

$$u_{\mathrm{A}}(\Delta M) = t_P \cdot s(\overline{\Delta M}) = t_P \cdot \sqrt{\frac{\sum_{i=1}^{8}\left(\overline{\Delta M} - \Delta M_i\right)^2}{8 \times (8-1)}}$$

ΔM 测量的 B 类不确定度，主要考虑仪器的示值误差. 使用游标卡尺，则

$$u_{\mathrm{B}}(\Delta M) = \varDelta_I = 0.05\ \mathrm{mm}$$

则 ΔM 测量的合成不确定度为

$$u(\Delta M) = \sqrt{\left[u_{\mathrm{A}}(\Delta M)\right]^2 + \left[u_{\mathrm{B}}(\Delta M)\right]^2}$$

(4)计算波长的算术平均值

$$\overline{\lambda} = \overline{\Delta M} / 8$$

(5)计算波长的不确定度

$$u(\lambda) = u(\Delta M) / 8$$

(6)根据波长的不确定度，修约波长的有效数字，波长表示为

$$\lambda = \left(\overline{\lambda} \pm u(\lambda)\right) \text{（单位）} \quad (P = 0.955)$$

(7)计算声速测量的最佳值

$$\overline{v} = f \cdot \overline{\lambda} \text{（单位）}$$

(8)计算声速测量的不确定度

$$E_v = \frac{u(v)}{\overline{v}} = \sqrt{\left(\frac{u(f)}{f}\right)^2 + \left(\frac{u(\lambda)}{\overline{\lambda}}\right)^2}, \quad u(v) = E_v \cdot \overline{v}$$

(9) 根据波速的不确定度，修约波速的有效数字，声速测量结果表示

$$v=\left(\overline{v}\pm u(v)\right)\ （单位）\quad (P=0.955)$$

特别注意：用相位比较法测量水中超声波声速时，位置的变化是半个波长.

5. 时差法测量超声波声速

(1) 逐差法数据处理，并填入表 7-5、表 7-6 中

$$\Delta L_i=L_{i+8}-L_i\ ,\quad \Delta t_i=t_{i+8}-t_i$$

(2) 计算 ΔM_i 和 Δt_i 的算术平均值

$$\overline{\Delta M}=\frac{1}{8}\sum_{i=1}^{8}\Delta M_i\ ,\quad \overline{\Delta t}=\frac{1}{8}\sum_{i=1}^{8}\Delta t_i$$

(3) 计算 ΔM 和 Δt 的不确定度.

A 类不确定度

$$u_{\mathrm{A}}(\Delta M)=t_P\cdot s(\overline{\Delta M})=t_P\cdot\sqrt{\frac{\sum_{i=1}^{8}\left(\overline{\Delta M}-\Delta M_i\right)^2}{8\times(8-1)}}$$

$$u_{\mathrm{A}}(\Delta t)=t_P\cdot s(\overline{\Delta t})=t_P\cdot\sqrt{\frac{\sum_{i=1}^{8}\left(\overline{\Delta t}-\Delta t_i\right)^2}{8\times(8-1)}}$$

ΔM 测量的 B 类不确定度，主要考虑仪器的示值误差. 使用游标卡尺，则

$$u_{\mathrm{B}}(\Delta M)=\varDelta_I=0.05\ \mathrm{mm}$$

Δt 测量的 B 类不确定度，主要考虑仪器的示值误差. 显然，最小变化 0.1s，则

$$u_B(\Delta t)=\varDelta_I=0.1\ \mathrm{s}$$

则 ΔM 和 Δt 测量的合成不确定度为

$$u(\Delta M)=\sqrt{\left[u_{\mathrm{A}}(\Delta M)\right]^2+\left[u_{\mathrm{B}}(\Delta M)\right]^2}\ ,\qquad u(\Delta t)=\sqrt{\left[u_A(\Delta t)\right]^2+\left[u_B(\Delta t)\right]^2}$$

(4) 计算速度测量的算术平均值

$$\overline{v}=\overline{\Delta M}/\overline{\Delta t}\ （单位）$$

(5) 计算速度测量的不确定度

$$E_v=\frac{u(v)}{\overline{v}}=\sqrt{\left(\frac{u(\Delta M)}{\overline{\Delta M}}\right)^2+\left(\frac{u(\Delta t)}{\overline{\Delta t}}\right)^2}\ ,\qquad u(v)=E_v\cdot\overline{v}$$

(6) 根据波速的不确定度，修约波速的有效数字，声速测量结果表示

$$v=\left(\overline{v}\pm u(v)\right)\ （单位）\quad (P=0.955)$$

八、参考讨论问题

(1) 在共振干涉法测量声速的实验中，移动压电转换系统 2 时，如果仔细观察，在两次

波形峰值最大的中间左右还会有一个峰值极大(值较小)的波形出现. 这是什么现象?

(2)实验前为什么要先调整测试系统的谐振频率?

九、参考文献

[1] 丁慎训，张连芳. 物理实验教程. 北京：清华大学出版社， 2002
[2] 是度芳. 基础物理实验. 武汉：湖北科学技术出版社，2003
[3] 周殿清. 大学物理实验. 武汉：武汉大学出版社，2002
[4] 李平舟，陈秀华，吴兴林. 大学物理实验. 西安：西安电子科技大学出版社，2002
[5] 江影，安文玉，王国荣等. 普通物理实验. 哈尔滨：哈尔滨工业大学出版社，2002
[6] 陆廷济，胡德敬，陈铭南. 物理实验教程. 上海：同济大学出版社，2000

(詹卫伸　王小风)

实验 8　光量子实验

光到底是什么，几千年来一直是人类研究的课题. 到 17 世纪，研究光的反射、折射、成像等规律的几何光学基本确立. 牛顿等在研究几何光学现象的同时，根据光的直线传播性质，认为光是一种微粒流，微粒从光源飞出来，在均匀物质内以力学规律做匀速直线运动. 微粒流学说很自然地解释了光的直线传播等性质. 这一理论在 17、18 世纪的学术界占有主导地位，但在解释牛顿环等光的干涉现象时遇到了困难. 惠更斯等在 17 世纪就提出了光的波动学说，认为光是以波的方式产生和传播的，但早期的波动理论缺乏数学基础，很不完善，没有得到重视. 19 世纪初，托马斯·杨发展了惠更斯的波动理论，成功地解释了干涉现象，并提出了著名的杨氏双缝干涉实验，为波动学说提供了很好的证据. 1818 年，菲涅耳从光是横波的观点出发，圆满地解释了光的偏振，并以严密的数学推理定量地计算了光通过圆孔、圆板等形状的障碍物所产生的衍射花纹，推出的结果与实验符合得很好. 1856～1865 年，麦克斯韦建立了电磁场理论，指出光是一种电磁波，因此光的波动理论得到确立.

但是，1887 年赫兹在用两套电极做电磁波的发射与接收的实验中，发现当紫外光照射到接收电极的负极时，接收电极间更易于产生放电. 赫兹的发现吸引许多人去做这方面的研究工作. 斯托列托夫发现负电极在光的照射下会放出带负电的粒子，形成光电流，光电流的大小与入射光强度成正比，光电流实际是在照射开始时立即产生，无需时间上的积累. 1899 年，汤姆孙测定了光电流的荷质比，证明光电流是阴极在光照射下发射出的电子流. 1900 年，勒纳德利用在阴阳电极间加反向电压的方法研究了电子逸出金属表面的最大速度，发现光源和阴极材料都对截止电压有影响，但光的强度对截止电压无影响，电子逸出金属表面的最大速度与光强无关. 勒纳德因在这方面的工作获得了 1905 年的诺贝尔物理学奖. 金属所发射的带电粒子是电子. 金属及其化合物在光照下发射电子的现象称为光电效应，而把所发射的电子称为光电子. 然而，用经典电磁场理论无法解释这一实验结果.

普朗克于 1900 年在研究黑体辐射时提出了量子论，不仅圆满地解释了黑体辐射的实验结果，而且建立起全新的“能量”概念. 普朗克于 1918 年为此荣获诺贝尔物理学奖. 1905 年，爱因斯坦在普朗克能量子假说的启发下提出了光量子概念，并成功地解释了光电效应. 接着，密立根对光电效应进行了 10 年左右的研究，于 1916 年发表论文证实了爱因斯坦方程的正确性，并精确测出了普朗克常量，从而为量子物理学的诞生奠定了坚实的理论和实验基础. 爱因斯坦和密立根都因光电效应等方面的杰出贡献分别于 1921 年和 1923 年获得了诺贝尔物理学奖.

光量子理论创立后，在固体比热、辐射理论、原子光谱等方面都获得成功，人们逐步认识到光具有波动和粒子双重属性. 光子的能量与频率有关，当光传播时，显示出光的波动性，产生干涉、衍射、偏振等现象；当光和物体发生作用时，它的粒子性又突出了出来. 利用光电效应制成的光电器件，如光电管、光电池、光电倍增管等，已成为生产和科研中不可缺少的传感和换能器.

一、实验原理

1905 年爱因斯坦依照普朗克的量子假设，提出了关于光的本性的**光子**假说：当光与物质相互作用时，其能流并不像波动理论所想象的那样是连续分布的，而是集中在一些叫做光子(或光量子)的粒子上. 每个光子都具有能量 $h\nu$，其中 h 是普朗克常量，ν 是光的**频率**. 根据这一理论，在光电效应中，金属中的电子要么吸收一个光子，要么完全不吸收. 当金属中的自由电子从入射光中吸收一个光子的能量 $h\nu$ 时，一部分消耗于电子从金属表面溢出时所需要的**逸出功** W，其余部分转变为电子的动能，根据能量守恒有

$$h\nu = \frac{1}{2}mV_{\mathrm{m}}^2 + W \tag{8-1}$$

上式称为爱因斯坦方程，其中 m 是光电子质量，V_{m} 是光电子离开金属表面时的最大速度.

(一)光电效应实验规律

如图 8-1 所示为研究光电效应的一种简单的实验装置，图中上方为一抽成真空的玻璃管(光电管). 当光通过石英窗口照射由金属或其氧化物做成的阴极 K 时，就有电子(称为光电子)从阴极表面逸出. 在光电管的阳极 A 和阴极 K 之间加上直流电压 U，当用单色光照射阴极 K 时，阴极上就会有光电子逸出，它们将在加速电场的作用下飞向阳极 A 而形成电流 I，称为光电流. 其中的双刀双掷开关是为了改变加在光电管上的电压的极性的. 可变电阻可以改变加在光电管上的电压的大小.

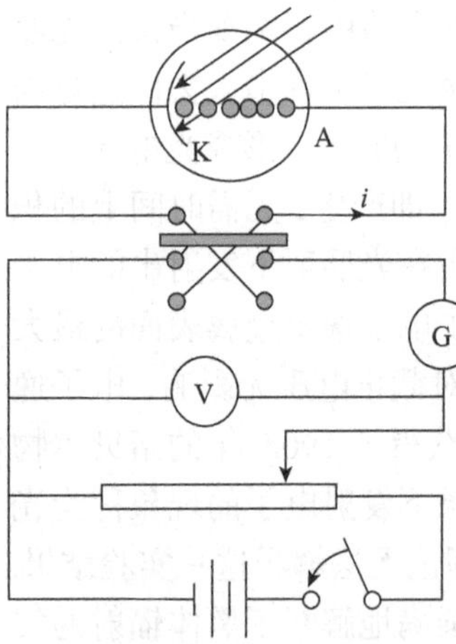

图 8-1 光电效应实验装置

当阴极 K 为负极、阳极 A 为正极，即 AK 加正向电压时，具有一定初速度的光电子在电场加速下向阳极 A 运动，就形成光电流. 当阴极 K 为正极、阳极 A 为负极，即 AK 加负向电压时(反向电压)，具有一定初速度的光电子在电场减速下向阳极 A 运动，如果反向电压小，光电子仍能到达阳极 A，仍能形成光电流；当反向电压达到某值时，具有最大初动能的光电子也不能到达阳极 A，就不能形成光电流. 注意：不能以光电流的有无来判断光电效应是否发生，而应以是否有光电子逸出为判断光电效应是否发生的标准.

1. 红限频率的存在

实验发现，只有当入射光的频率大于某一值 ν_0 时，才能有电子从金属表面逸出. 当入射光的频率 $\nu < \nu_0$ 时，无论光强多强、照射时间多长、加的正向电压多大，都不会有光电流产生，即不能发生光电效应. 而 $\nu > \nu_0$ 的光都能产生光电效应. 这一频率 ν_0 称为红限频率，相应的光波长 λ_0 称为红限波长. 实验表明，不同金属的红限频率不同. 按爱因斯坦光子理论，由式(8-1)可见，如果 $h\nu > W$，电子一次从光子处获得的能量足够克服金属的逸出功，从金属表面逸出，发生光电效应；如果 $h\nu < W$，则电子一次从光子处获得的能量不足以克服金属的逸出功，电子通过热运动很快释放吸收的能量，不能从金属表面逸出，

不能发生光电效应. 因此，存在一个发生光电效应的红限频率

$$\nu_0 = \frac{W}{h} \tag{8-2}$$

2. 光电流与正向电压的关系

当用大于红限频率的某固定频率的光照射某金属时，实验表明，光强一定时，光电流随加速电压的增加而增加；当加速电压增加到一定值时，光电流不再增加，而是达到一饱和值 i_m. 如图 8-2 所示. 饱和现象说明，此时，单位时间内从阴极 K 逸出的光电子已经全部被阳极 A 接收. 按爱因斯坦光子理论，如果光强一定，单位时间内到达阴极 K 的光子数一定，单位时间内从阴极 K 上打出的光电子数一定. 当加速电压较小时，由于其他的阻碍作用，从阴极 K 上打出的光电子并没有全部到达阳极 A，因此光电流较弱；当加速电压逐渐增加时，能够到达阳极 A 的光电子数随之增加，因此光电流随加速电压的增加而增加. 当单位时间内从阴极 K 上打出的光电子全部被加速电压运送到阳极 A 时，再增大加速电压，能够到达阳极 A 的光电子数不会增加了，因此存在饱和电流.

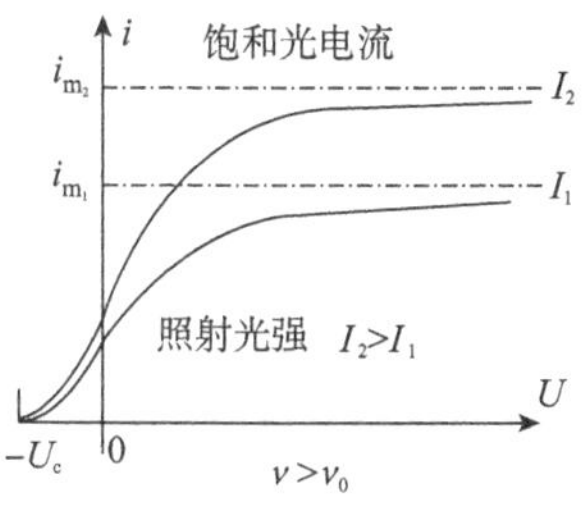

图 8-2　光电效应伏安特性曲线

3. 饱和电流与入射光强的关系

当用大于红限频率的某固定频率的光照射某金属时，实验表明，饱和电流 i_m 与光强 I 成正比，如图 8-2 所示. 这说明，单位时间内阴极 K 逸出的光电子数与入射光强成正比. 按爱因斯坦光子理论，如果入射光强增大，单位时间内到达阴极 K 的光子数随之成正比增加，单位时间内从阴极 K 上打出的光电子数也成正比增加. 因此，饱和电流 i_m 与光强 I 成正比.

4. 截止电压

用大于红限频率的某固定频率的光照射某金属时，实验表明，当加速电压减小到零，并反向(减速电压)增加时，电流并不为零. 仅当反向电压增加到某值 U_c 时，电流为零；再增加反向电压，电流一直为零. 这一电压值 U_c 称为截止电压，如图 8-2 所示. 按爱因斯坦光子理论，用大于红限频率的某固定频率的光照射某金属时，从阴极 K 上打出的光电子具有一定的初动能. 尽管光电子的运动方向各异，但总还是有一部分光电子在没有加速电压的作用下也会到达阳极 A，从而形成光电流. 如果加一个反向减速电压，阻止光电子向阳极 A 运动，则光电流就会减小；当反向减速电压达到某一数值 U_c 时，连具有最大初动能(准确地说是沿电场方向的最大初动量)的光电子都不能到达阳极 A 时，光电流才为零.

根据能量分析，得到光电子从阴极 K 逸出时的最大初动能与截止电压的关系

$$\frac{1}{2}mV_m^2 = eU_c \tag{8-3}$$

5. 截止电压与入射光频率的关系

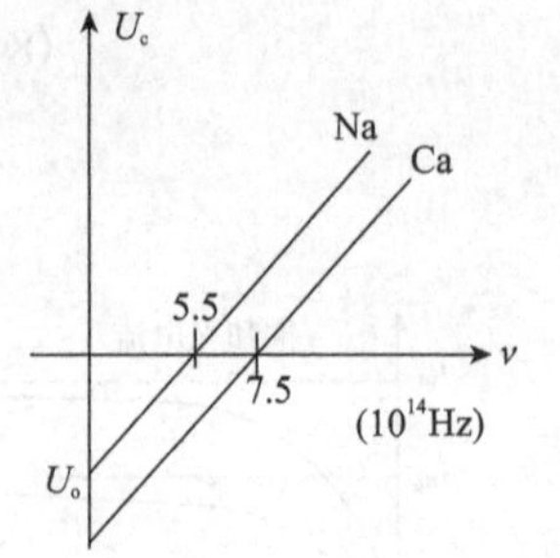

图 8-3 入射光频率与截止电压的关系

用大于红限频率的某固定频率的光照射某金属时，实验表明，截止电压与入射光频率呈线性关系. 而且，对于不同的金属材料，其直线平行，如图 8-3 所示. 由光电效应方程和截止电压的定义，可以得到

$$U_c = \frac{h}{e}\nu - \frac{W}{e} \tag{8-4}$$

由于h和e都是与金属材料无关的常数，W是与金属材料有关的常数，因此，截止电压与入射光频率呈线性关系. 而且，直线的斜率$k = h/e$与金属材料无关，对于所有金属材料，直线是平行的；但由于金属的逸出功W与金属材料有关，对于不同的金属材料，直线的截距不同. 由于e是物理学常数，所以h也是物理学常数，即著名的普朗克常量.

6. 光电效应与光照时间的关系

实验表明，光电子的逸出几乎是在光照射到金属表面的那一刻发生的，其延时在10^{-9}s以下. 即使用极弱的光，只要光频率大于红限频率，光电效应的发生几乎与光照时间无关. 按爱因斯坦光子理论，因为一个电子一次吸收一个具有足够能量的光子而逸出金属表面是不需要多长时间的，因此光电效应的延迟时间极短.

(二)光强度

前面我们所说的光强实际上是指光波的强度，其定义是：单位时间内通过与光波传播方向垂直的单位面积的光波的能量. 按爱因斯坦光子理论，频率为ν的一个光子的能量为

$$\varepsilon = h\nu \tag{8-5}$$

其中，h为普朗克常量. 则光强计算公式为

$$I = N\varepsilon = Nh\nu \tag{8-6}$$

其中，N为单位时间内通过与光波传播方向垂直的单位面积的光子数.

如果不考虑光在传播过程中介质的吸收，绝对的平行光的光强与传播距离无关；而其他光源(如点光源、线光源等)，随着光的传播距离的增加，光强度减小.

在光电效应实验中，“光强”实际上指的是“光功率”，是单位时间内照射到光电管的光能量. 在光电管与光源之间有一个小光阑，限制了光能量(光通量)的进入. 同时，光栏的通光孔径很小，使得非平行光光源在光阑的通光孔径面上的各点的光强度近似相等. 这样，如果光阑不变，通过光阑的“光功率”与“光强”成正比，“光功率”可以代替“光强”.

光电效应的饱和电流与入射光的光功率成正比，所以在光电效应实验中，饱和电流值的测量可以“代替”入射光光功率的测量；在光阑不变的情况下，可以“代替”入射光光强度的测量.

(三)实验误差

1. 接触电位

爱因斯坦方程是在同种金属材料做发射体(阴极)和接收体(阳极)的情况下导出的. 在用光电管进行光电效应实验从而测量普朗克常量时,应该考虑接触电势带来的影响.

在两种金属接触的地方存在“接触电势差”. 接触电势差的大小与这些金属的逸出功有关. 光电管一般用逸出功大的金属做阳极,用逸出功小的金属做阴极.

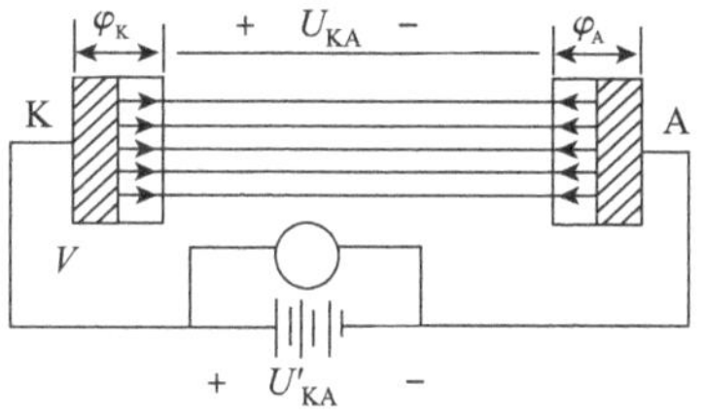

图 8-4 光电管电极间的电势分布

图 8-4 所示,光电管两电极间的电势U_{KA}与两电极的逸出电势φ_A、φ_K及外加电压U'_{KA}之间的关系为

$$U_{KA} = U'_{KA} + \varphi_A - \varphi_K \tag{8-7}$$

在截止电压情况下

$$U_s = U'_s + \varphi_A - \varphi_K \tag{8-8}$$

代入式(8-4)得

$$U'_s = U_s - \varphi_A + \varphi_K = \left(\frac{h}{e}\nu - \varphi_K\right) - \varphi_A + \varphi_K = \frac{h}{e}\nu - \varphi_A \tag{8-9}$$

反映到I-U特性曲线上,是电流轴I_{KA}作了φ_{KA}平移(图 8-5(a));而在U_s-ν关系曲线中则是频率轴作了φ_{KA}平移(图 8-5(b)).

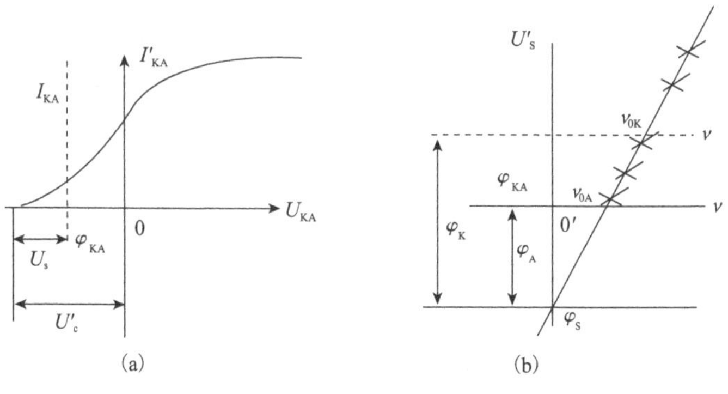

图 8-5 光电管极间接触电势差的影响

由图 8-5 可见,U_s-ν关系曲线与U_s轴的交点φ_s代表的不是阴极逸出电势φ_{sK},而是阳极逸出电势φ_{sA}. 曲线与ν轴的交点ν_0也只是阳极截止频率ν_{0A}. 所以,欲知阴极逸出电势φ_{sK}和截止频率ν_{0K},必须先清楚两极之间的接触电势差φ_{KA}.

在用工业光电管进行此项实验时,由于制作工艺等原因,阳极均溅射有阴极材料,并且无法去除. 此时,可以认为$\varphi_K = \varphi_A$,并有$U_s = U'_s$. U_s-ν关系曲线与纵、横坐标轴的交点可以认为是阴极逸出电势φ_{sK}和截止频率ν_{0K}.

2. 暗电流

光电管在不受光照射时也会有微弱的电流，称为**暗电流**. 产生暗电流的原因较复杂，发射极涂覆的合金在室温下会有电子逸出，光电管玻璃壳受潮或不干净产生漏电，都会产生暗电流.

对于暗电流，盖上遮光盖，加反向电压可测量出暗电流曲线，用此曲线修正数据.

3. 反向电流

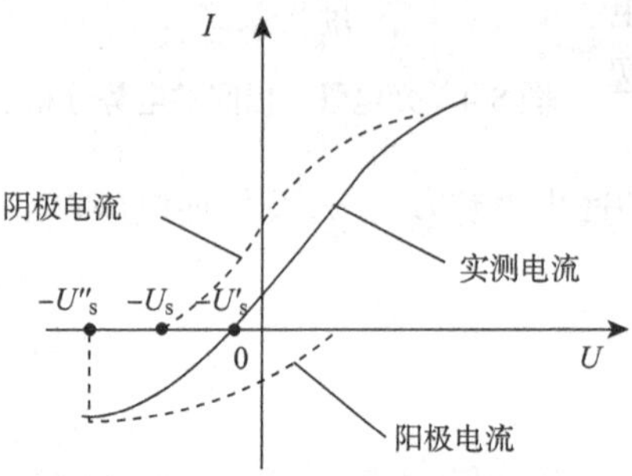

图 8-6　光电管的伏安特性曲线

制造光电管时，阳极 A 往往也溅射有阴极材料，所以当光照射到阳极 A 上或由阴极 K 漫反射到阳极 A 上时，阳极 A 也有光电子发射. 当加反向电压（阳极 A 加负电势、阴极加正电势）时，对阴极 K 发射的光电子起到了减速作用，而对阳极 A 发射的光电子却起到了加速作用，从而形成反向电流. I-U 特性曲线如图 8-6 所示.

对于不同的光电管，应根据其电流特性曲线的不同，采用不同的方法确定截止电势 U_s. 例如，当正向电流（阴极电流）上升很快，反向电流很小时，可以用光电流特性曲线与横轴的交点 U'_s 近似地作为 U_s（截止电势），这叫"交点法"；如果反向电流虽然较大，但饱和很快，则可将反向电流开始饱和时的拐点电势差 U''_s 当成截止电势 U_s，这叫"拐点法".

二、实验装置

实验装置如图 8-7 所示，主要由 ZKY-GD-4 智能光电效应（普朗克常量）实验仪和光电效应实验装置组成. 实验仪有手动和自动两种工作模式，具有数据自动采集、存储、实时显示采集数据、动态显示采集曲线（连接普通示波器，可同时显示 5 个存储区中存储的曲线）及采集完成后查询数据的功能.

光电效应实验系统示意图如图 8-8 所示，其中光电效应实验系统主要由光电管及光电管暗盒、光阑选择圈、滤色片选择圈、汞灯及汞灯暗盒、汞灯电源、基座以及汞灯盒遮光盖等构成.

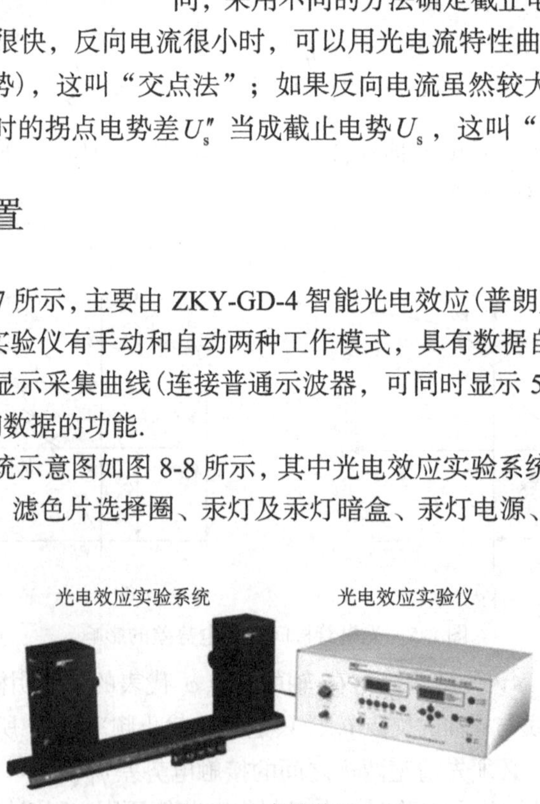

图 8-7　实验装置

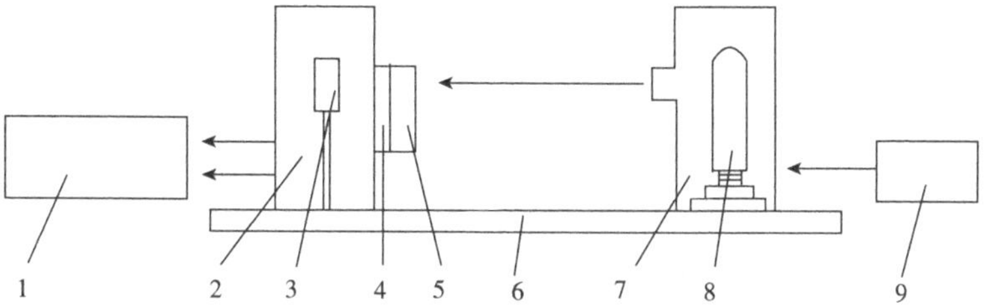

图 8-8　实验系统示意图

1. 实验仪；2. 光电管暗盒；3. 光电管；4. 光阑选择圈；5. 滤色片选择圈；6. 基座；7. 汞灯暗盒；8. 汞灯；9. 汞灯电源

光电效应实验系统

1. 汞灯

汞灯是光电效应实验中为光电管提供入射光的光源，由专用的汞灯电源供电. 可以使用谱线分别为 365.0 nm、404.7 nm、435.8 nm、546.1 nm、577.0 nm 等 5 种可见光照射光电管，以便发生光电效应. 不需要汞灯光源时，可以用汞灯盒遮光盖盖住.

2. 光阑选择圈

安装在光电管暗盒的外面，是用来选择照射到光电管的通光孔径的. 可选择的通光孔径(光阑)为 2 mm、4 mm、8 mm 等 3 种；同时还有与光阑相间的 3 个“遮光”部分(避免光照射到光电管上). 可以根据需要旋转光阑选择圈，选用不同的光阑或“遮光”. 在不使用光电管时，要把“光阑选择圈”旋转到“遮光”位置，以尽量延长光电管的使用寿命.

3. 滤色片选择圈

安装在光电管暗盒和光阑选择圈的外面，是用来选择照射到光电管的光的频率(波长)的，可以选择的中心波长为 365.0 nm、404.7 nm、435.8 nm、546.1 nm、577.0 nm. 可以根据需要旋转滤色片选择圈，选用不同波长的可见光照射光电管.

4. 光电管及其暗盒

光电管安装在光电管暗盒内，当小于红限波长(大于红限频率)的光照射到光电管上时，可以发生光电效应，在实验仪(主机)提供的外电压的驱动下可以由专用电缆输出光电流. 光电管的光谱响应范围为 320～700 nm；最小阴极灵敏度≥1 μA/Lm；阳极：镍圈；暗电流为 $I \leqslant 2\times10^{-13}$ A. 光电管工作电源的电压调节范围为-2～0 V 挡，示值精度≤1%，最小调节电压 2 mV；-1～+50 V 挡，示值精度≤5%，最小调节电压 0.5 V.

在光电管暗盒的后面板上有 3 个输出输入插孔：“A”、“接地”和“K”，是为光电管提供工作电压输入和光电流输出的. 使用时，要用专用导线将“A”和“接地”分别与实验仪(主机)后面板上的“光电管电源输出”的“+”和“−”连接；用专用电缆将“K”与实验仪(主机)后面板上的“微电流输入”连接.

5. 实验仪(主机)

这是光电效应控制和显示系统. 其前面板如图 8-9 所示.

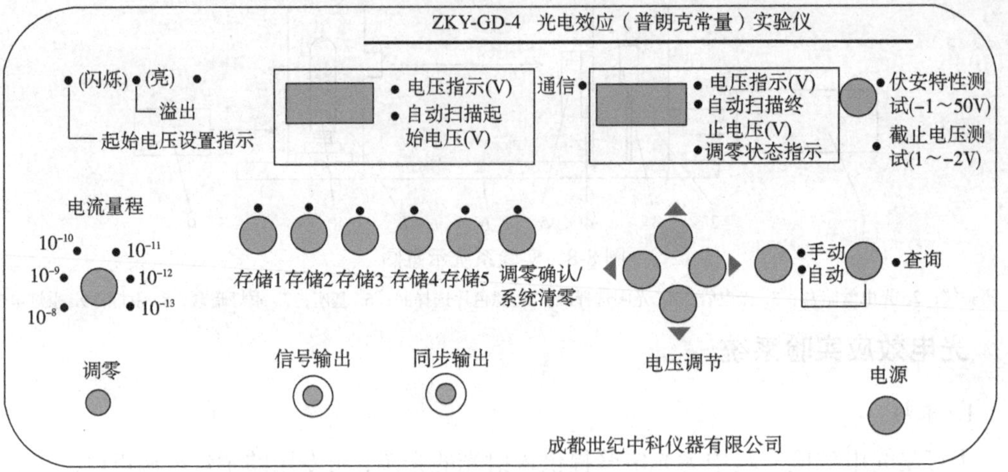

图 8-9　实验仪前面板

1)“电流量程”和“调零”

“电流量程”是设定光电流测量量程的，挡位从 10^{-8} ～10^{-13} 共 6 个挡位. “调零”是指每次换挡位都要调节“调零”旋钮，使“电流指示”数字表示数为零.

换挡位都要“调零”：将“电流量程”选择开关置于所选挡位，将光电管暗盒电流输出端 K 与实验仪微电流输入端(后面板上)断开，旋转“调零”旋钮使电流指示为“+”、“−”零转换点处. 在以后的测量过程中，不可以再旋转“调零”旋钮，除非换挡位.

调节好后，用高频匹配电缆将电流输入连接起来，按“调零确认/系统清零”键，系统进入测试状态.

实验仪在开机或改变电流量程后，都会自动进入调零状态.

2)左数字表

显示电流测量值.

在“自动扫描”设定扫描电压范围时，显示“自动扫描起始电压”.

3)右数字表

显示输入电压值.

在“自动扫描”设定扫描电压范围时，显示“自动扫描终止电压”.

在“自动扫描”开始前(扫描范围设定后，按下某一“存储”键)，扫描“倒计时”.

4)“电压调节”

调节光电管输入电压，有 4 个按键.

“左”和“右”按键是电压显示“位数”选择键，可以通过要调节的电压的“位数”，选定某一个电压“位数”，该位数字在显示表上闪烁，表示该位处于可调节的状态.

“上”和“下”按键是电压调节键. 选定某一个电压“位数”后，通过该按键，调节该位的“电压”值. 设定好该位后，通过“左”和“右”按键，选择其他“位数”.

在“手动”状态，是调节“右数字表”的显示.

在“自动”状态，“左数字表”显示的是“自动扫描起始电压”，“右数字表”显示的是“自动扫描终止电压”. 可以通过“左”和“右”按键选择“左、右数字表”的不同“位”.

5) 调零确认/系统清零

在开机和换挡后，系统处于“调零”等待. “调零”后进入等待测量状态，只有按下“调零确认/系统清零”后，系统才能进入测量状态，才能开始进行实验测量.

在“自动”工作状态或“自动”测量结束，在相应的存储器中存有测量数据. 如果按下“调零确认/系统清零”按钮，将清除存储器内的数据，同时，系统进入等待测量状态；只有再按下“调零确认/系统清零”，系统才能重新进入测量状态.

6) 实验选择按钮

实验选择只有“伏安特性测试”和“截止电压测试”两种实验可供选择，使用同一个按钮. 按一下此按钮，可以在两种实验中循环选择. 选中某一实验，相应的红色指示灯亮. 该按钮只有在“调零”并按下“调零确认/系统清零”后，才有效.

7) 存储器按钮

存储器共有 5 个，每个存储区可存储 500 组数据，并有指示灯表示其状态，是在“自动”工作状态时存储自动测量的实验数据的. 5 个存储器可以单独使用，也可以每一个实验分别使用 1 个存储器，最后再查询. 使用时，按下相应的存储器按钮，进入“自动”测量倒计时，该存储器的指示灯亮；自动测量进行时，该指示灯“快闪”；测量结束，该指示灯“亮”，表示该存储区已存有数据；灯不亮为空存储区.

8) 查询按钮

“自动”测量结束，“查询”指示灯亮，等待查询“自动”测量结果. 按一下“查询”按钮，进入查询状态. 可以通过“电压调节”的 4 个按钮调节电压值(“右数字表”显示)，在“左数字表”上显示与此电压值对应的电流测量值.

9) 实验方式选择按钮

实验方式只有“手动”和“自动”两种，使用同一个按钮. 该按钮只有在“调零”后按下“调零确认/系统清零”才有效. 按一下此按钮，可以在两种实验方式中循环选择. 选中某一实验方式，相应的红色指示灯亮.

“手动”：在“调零”后按下“调零确认/系统清零”，选择“手动”. 通过“电压调节”的 4 个按钮调节电压值(“右数字表”显示)，在“左数字表”上显示与此电压值对应的电流测量值.

“自动”：实际上是系统自动调节电压(电压扫描)，测量相应的电流，并将测量结果自动存储在存储器中. 在“调零”后按下“调零确认/系统清零”，选择“自动”，进入扫描起始和终止电压范围设定. 设定好电压扫描范围后，按一下选择的存储器按钮，进入“自动”测量倒计时，该存储器的指示灯亮；自动测量进行时，该指示灯“快闪”；测量结束，该指示灯“亮”，“查询”指示灯亮，等待查询“自动”测量结果.

由于本实验仪器的电流放大器灵敏度高，稳定性好；光电管阳极反向电流，暗电流水平也较低. 在测量各谱线的截止电压 U_c 时，可采用零电流法，即直接将各谱线照射下测得的电流为零时对应的光电管电压 U_{AK} 的绝对值作为截止电压 U_c. 此法的前提是阳极反向电流、暗电流和本底电流都很小，用零电流法测得的截止电压与真实值相差较小，且各谱线的截止电压都相差 ΔU 对 U_c-ν 曲线的斜率无大的影响，因此对 h 的测量不会产生大的影响.

10)动态显示

若要动态显示采集曲线，需将实验仪的“信号输出”端口接至示波器的“Y”输入端，“同步输出”端口接至示波器的“外触发”输入端. 示波器“触发源”开关拨至“外”，“Y 衰减”旋钮拨至约“1 V/格”，“扫描时间”旋钮拨至约“20 μs/格”. 此时示波器将用轮流扫描的方式显示 5 个存储区中存储的曲线，横轴代表电压U_{AK}，纵轴代表电流I.

三、实验内容和目的

测量不同频率(波长)的光照射光电管时的截止电压；不同谱线在同一光阑、同一距离下饱和伏安特性曲线；同谱线在同一距离、不同光阑下饱和电流；同谱线在同一光阑、不同距离下饱和电流.

(1)由光电效应实验测量普朗克常量.

(2)验证光电效应中饱和电流与光强度成正比.

四、注意事项

(1)在仪器的使用过程中，汞灯不宜直接照射光电管.

(2)不宜长时间连续照射加有光阑和滤光片的光电管，如此将减少光电管的使用寿命.

(3)实验完成后，请将光电管光阑选择圈旋转到任意两个光阑中间的位置.

(4)仪器不宜在强磁场、强电场、高湿度及温度变化率大的场合下工作.

(5)汞灯电源关停之后，不能立即重新开启，必须待几分钟之后再开通电源.

(6)不要在强光下使用仪器.

(7)汞灯开启 20 min 后才能开始实验，开启后不要随意关闭汞灯电源.

(8)滤色片是精选加工的组合玻璃片，注意避免污染，保持良好的透光率.

(9)实验过程中，仪器暂不使用时，需将汞灯暗箱用遮光盖盖上，并将光电管光阑选择圈旋转到任意两个光阑中间的位置，使光电管暗箱处于完全闭光状态.

五、实验操作

(一)实验准备

(1)把汞灯盒遮光盖盖上，将光电管暗盒的光阑选择圈调整到任意两个光阑的中间位置，以此遮住光电管.

(2)将汞灯暗盒光输出口对准光电管暗盒光输入口，调整光电管与汞灯距离为约 40 cm.

(3)开启测试仪及汞灯电源，预热 20 min.

(4)用专用连接线将光电管暗箱电压输入端与实验仪电压输出端(后面板上)连接起来(红-红，蓝-蓝).

(5)预热完毕，将“电流量程”选择开关置于所选挡位(可先选 10^{-13} 挡).

(6)进行测试前调零. 实验仪在开机或改变电流量程后，都会自动进入调零状态. 调零时应将光电管暗盒电流输出端 K 与实验仪微电流输入端(后面板上)断开. **注意：必须断开实验仪一端.**

(7)旋转“调零”旋钮，使电流指示为“+”、“−”零转换点处. **注意：测试过程中，不得再旋转“调零”旋钮.**

(8)调节好后，用高频匹配电缆(短 Q9 线，长 500 mm)将电流输入连接起来. **注意：连接上后，可能电流指示有少许变化，但依然不得再旋转“调零”旋钮.**

(9)按“调零确认/系统清零”键，**系统进入测试状态.**

特别提示：如果测试过程中，“溢出”指示灯亮，表示测试到的电流已经超过当前的量程. 这时应该**变换量程，并重新调零**，按“调零确认/系统清零”键，系统进入测试状态，开始重新测试.

(二)手动测量不同光频率(波长)照射下光电管的截止电压

(1)确定系统进入了测试状态.

(2)按实验选择按钮，选择“截止电压测试”(“截止电压测试”指示灯亮).

(3)按“手动/自动”键将仪器切换到“手动”模式(手动指示灯亮).

(4)确定光电管与汞灯距离为约 40 cm；旋转光阑选择圈和滤色片选择圈，“$\Phi 4$”光阑及“365.0”滤色片调到“↓”下方；打开汞灯遮光盖. **注意：先调光阑和滤光片后，才能打开汞灯遮光盖.** 此时电压表显示光电管电压 U_{AK} 的值，单位为伏；电流表显示与 U_{AK} 对应的电流值 I，单位为所选择的“电流量程”.

(5)用“电压调节”键，可调节 U_{AK} 的值.

“←”(“左”)、“→”(“右”)为调节电压“位”；“↑”(“上”)、“↓”(“下”)为调节电压“值(大小)”.

从低到高调节电压(绝对值减小)(右数字表显示电压值)，观察电流值的变化(左数字表显示电流值).

寻找电流为零时(电流指示为“+”、“−”零转换点处)对应的光电管电压 U_{AK}，以其绝对值作为该波长对应的截止电压 U_c 的值，并将数据记于数据记录表中.

为尽快找到 U_c 的值，调节时应从高位到低位，先确定高位的值，再顺次往低位调节.

(6)旋转滤色片选择圈，依次换 404.7 nm，435.8 nm，546.1 nm，577.0 nm 的滤色片，重复以上测量步骤.

(7)测试结束，盖上汞灯遮光盖.

(三)自动测量不同光频率(波长)照射下，光电管的截止电压

(1)确定系统进入了测试状态.

(2)确定光电管与汞灯距离为约 40 cm；旋转光阑选择圈和滤色片选择圈，“$\Phi 4$”光阑及“365.0”滤色片调到“↓”下方；打开汞灯遮光盖. 注意，先调光阑和滤光片后，才能打开汞灯遮光盖.

(3)按实验选择按钮，选择“截止电压测试”(“截止电压测试”指示灯亮).

(4)按“手动/自动”键将仪器切换到“自动”模式(自动指示灯亮).

(5)“左数字表”显示“自动扫描起始电压”，“右数字表”显示“自动扫描终止电

压”，可通过“电压调节”的 4 个按钮调节电压值. 首先设定“自动扫描起始电压”；设定好“自动扫描起始电压”的最后一位(第 4 位)后，再按一下“电压调节”的“→”(“右”)按钮，进入“右数字表”，设定好“自动扫描终止电压”.

(6)设定好“自动扫描起始电压”和“自动扫描终止电压”后，选择一个存储器，按一下相应的存储器按钮.

仪器将先清除存储区原有数据，系统进入自动扫描测量倒计时，“右数字表”显示倒计时时间；计时 30 s 后，系统自动进入电压自动扫描测量，按 4 mV 的步长自动扫描.

进入自动扫描测量后，“右数字表”实时显示电压，“左数字表”实时显示相应的电流，并自动将测量数据存入选中的存储器. 此状态下，全部按钮均已失效.

自动扫描测量结束，查询指示灯亮，系统处于查询测量数据状态，等待查询.

(7)自动扫描测量结束，盖上汞灯遮光盖.

(8)用“电压调节”的 4 个按钮改变电压值，就可查阅到在测试过程中，扫描电压为当前显示值时相应的电流值.

读取电流为零时(电流指示为“+”、“−”零转换点处)对应的 U_{AK}，以其绝对值作为该波长对应的 U_c 的值，并将数据记于表 8-1 中.

(9)旋转滤色片选择圈，依次换 404.7 nm，435.8 nm，546.1 nm，577.0 nm 的滤色片，重复步骤(2)～(8).

(10)全部测试结束后，盖上汞灯遮光盖，将光阑选择圈旋转到任意两个光阑中间的位置.

注意：

(1)对各条谱线，建议扫描范围大致设置为：365 nm，−1.90～−1.50 V；405 nm，−1.60～−1.20 V；436 nm，−1.35～−0.95 V；546 nm，−0.80～−0.40 V；577 nm，−0.65～−0.25 V.

(2)自动测量可以更换滤光片连续测量，最后再一起查询实验结果.

这就是从第(6)步结束后，按一下“查询”按钮，“查询”指示灯灭，进入第(5)步，扫描起始和终止电压的设定，自动测量数据存储在相应的存储器中. 更换滤光片，设定好扫描起始和终止电压，按一下选中的另一个存储器按钮，开始自动测量并存储实验数据. 直到 5 个滤光片更换完毕，自动测量的实验数据分别存储在 5 个存储器中.

依次按一下存储器按钮，查询相应的实验数据，直至记录下全部实验数据.

(3)在自动测量过程中或测量完成后，按“手动/自动”键，系统回复到手动测量模式，模式转换前工作的存储区内的数据将被清除.

(四)不同谱线在同一光阑、同一距离下饱和伏安特性曲线

(1)预热完毕，将“电流量程”选择开关置于所选挡位(可先选 10^{-11} 挡).

(2)进行测试前调零. 实验仪在开机或改变电流量挡后都会自动进入调零状态.

调零时应将光电管暗盒电流输出端 K 与实验仪微电流输入端(后面板上)断开. **注意：必须断开实验仪一端.**

(3)旋转“调零”旋钮，使电流指示为“+”、“−”零转换点处. **注意：测试过程中，不得再旋转“调零”旋钮.**

(4)调节好后，用高频匹配电缆(短 Q9 线，长 500 mm)将电流输入连接起来. **注意：**

连接上后，可能电流指示有少许变化，但依然不得再旋转“调零”旋钮.

(5)按“调零确认/系统清零”键，**系统进入测试状态**.

(6)确定光电管与汞灯距离为约 40 cm；旋转光阑选择圈和滤色片选择圈，“Φ4”光阑.“365.0”滤色片调到“↓”下方.

(7)打开汞灯遮光盖. 注意，先调光阑和滤光片后，才能打开汞灯遮光盖.

(8)按实验选择按钮，选择“伏安特性测试”(“伏安特性测试”指示灯亮).

(9)按“手动/自动”键将仪器切换到“手动”模式(手动指示灯亮).

(10)用“电压调节”键，可调节 U_{AK} 的值.

“←”、“→”为调节电压“位”；“↑”、“↓”为调节电压“值(大小)”.

从低到高调节电压(绝对值减小)(右数字表显示电压值)，记录下不同电压值及其对应的电流值(左数字表显示电流值). 电压调节的范围为：-1～50 V.

(11)旋转滤色片选择圈，依次换 404.7 nm，435.8 nm，546.1 nm，577.0 nm 的滤色片，重复步骤(7)～(10).

(12)实验结束，盖上汞灯遮光盖，将光阑选择圈旋转到任意两个光阑中间的位置.

注意：如果在测量过程中，“溢出”指示灯亮，表示电流已经超出量程，必须更换电流量程，重新开始实验准备和测量.

上述实验也可以在“自动”状态下完成.

(五)测量饱和电流与入射光强之间的关系

取 U_{AK} 为 50 V(认为在 50 V 下，光电流达到了饱和)，选择 10^{-10} 电流挡，手动测量.

(1)选择某一波长的光和某一光源与光电管之间的距离，通过更换光阑来改变入射到光电管上的光功率.

(2)选择某一波长的光和某一光阑，通过移动光电管暗盒的位置，改变光源与光电管之间的距离来改变入射到光电管上的光功率(距离为 300～400 mm).

(六)实验结束

需将汞灯暗箱用遮光盖盖上，并将光电管光阑选择圈旋转到任意两个光阑中间的位置，关闭电源，整理好实验台.

六、数据记录

表 8-1　不同光频率(波长)照射下，光电管的截止电压测量

光电管与汞灯距离：约40 cm；光阑：“Φ4”；滤色片：______

波长 λ_i /nm		365.0	404.7	435.8	546.1	577.0
频率 $\nu_i / \times 10^{14}$ Hz		8.214	7.408	6.879	5.490	5.196
截止电压 U_{ci} /V	手动					
	自动					

表 8-2　不同谱线在同一光阑、同一距离下饱和伏安特性测量

光电管与汞灯距离：约40 cm；光阑：“$\Phi 4$”；　滤色片：____

U_{AK}/V \ $I/\times10^{-10}$A \ λ_i/nm; $\nu_i/\times10^{14}$Hz	365.0 8.214	404.7 7.408	435.8 6.879	546.1 5.490	577.0 5.196
-1.0					
0.0					
1.0					
…					
50.0					

表 8-3　同谱线在同一距离、不同光阑下饱和电流

光电管与汞灯距离：______；　滤色片：________

光阑 Φ/mm	2	4	8
$I_M/\times10^{-10}$A			

表 8-4　同谱线在同一光阑、不同距离下饱和电流

光阑：_____mm；　滤色片：______nm

入射距离 L/mm	300	…	400
$I_M/\times10^{-10}$A			

七、数据处理

(1)由表 8-1 的实验数据，在坐标纸上分别画出手动和自动测量的$|U_c|$-ν 直线，并由下式计算测得的普朗克常量 h：

$$|U_c| = \frac{h}{e}\nu - \frac{W}{e}$$

(2)用最小二乘法处理表 8-1 的实验数据，得出普朗克常量h的测量结果.

(3)由“不同谱线在同一光阑、同一距离下饱和伏安特性”的测量数据，在同一张坐标纸上画出U_{AK}-I 曲线.

(4)由表 8-3 的测量数据，说明饱和电流I_M与通光孔径Φ 的关系；讨论饱和电流与入射光强(入射光功率)的关系.

(5)由表 8-4 的测量数据，说明饱和电流I_M与光电管和汞灯距离L的关系；讨论饱和电流与入射光强(入射光功率)的关系.

八、参考讨论问题

(1) 光电管一般都用逸出功小的金属做阴极，用逸出功大的金属做阳极，为什么？

(2) 当加在光电管两极间的电压为零时，光电流却不为零，为什么？

(3) 为什么反向电压加到一定值后，光电流会出现负值？继续增大反向电压，为什么光电流不变？

(4) 截止电压与入射光成什么关系？

(5) 为何说更换光阑就是改变入射到光电管的光强？

(6) 为何说改变光电管与汞灯距离就是改变入射到光电管的光强？

(7) 根据本实验的数据，讨论饱和电流与入射到光电管的光强的关系.

九、参考文献

[1] 陆果. 基础物理学. 北京：高等教育出版社，1997
[2] 周殿清.大学物理实验. 武汉：武汉大学出版社，2002
[3] 是度芳.基础物理实验. 武汉：湖北科学技术出版社，2003
[4] 曾金根，刘崧，戚小平. 大学物理实验教程. 上海：同济大学出版社，2002
[5] 罗新明，潘石，关文铎等. 近代物理实验. 大连：大连理工大学出版社，1995

（詹卫伸　王小风）

第三篇

著名物理实验简介

阅读材料 1　扫描隧道显微镜

人类对微观世界的探索是永恒的话题，胡克用原始光学显微镜发现了细胞，帮助人们第一次叩开了微观世界的大门，但是由于受到衍射极限的限制（$\delta=0.61\lambda/NA$），光学显微镜不可能无止境地将物体“放大”下去. 为了提高显微镜的分辨率，后来采用波长较短的电子束作为“光源”，研制出了分辨率较高的扫描电子显微镜和透射电子显微镜，但是由于基于电子光学的原理，仍受到衍射极限的限制，想进一步观察原子的图像是十分困难的.

1981 年，格尔德・宾宁(G. Binnig)和海因里希・罗雷尔(H. Rohrer)在 IBM 位于瑞士的苏黎世实验室发明了扫描隧道显微镜(scanning tunneling microscope，STM)，使人类第一次可以在物质表面实时地观测单个原子，其核心原理是利用量子力学中的隧穿效应. 宏观尺度下认为，当样品与探针之间处于真空状态并保持一定距离时，在它们之间加上电压，针尖与样品之间是不会形成电流的. 但是在微观尺度下，根据量子力学的理论，样品上电子是有一定概率通过真空势垒，跃迁到探针上，形成隧道电流的，而且电流大小与样品到探针之间的距离有关. 因此，可以利用隧道电流大小作为反馈信号，控制样品与针尖之间的距离. 当针尖前端做得足够尖，达到原子尺度时，隧道电流的变化就可以反映相邻两个原子的高低起伏，从而获得原子图像. 格尔德・宾宁和海因里希・罗雷尔也因此项发明获得了 1986 年的诺贝尔物理学奖.

（王　硕）

阅读材料 2　理查森定律

20 世纪上半叶，无线电技术是物理学在工程技术方面最引人注目的应用之一. 半导体器件发展之前，在无线电装置中最关键的器件当属电子管，其工作基础是热电子发射. 包括后来的显像管、X 射线管以及现在用于高分辨表面成像的扫描电子显微镜中的电子枪都利用了热电子发射. 热电子发射所遵守的规律就是理查森定律.

在理查森(Owen Richardson)找到热电子发射基本规律之前，前人已经做了大量实验，如炽热金属丝附近的电压正负与真空度的高低有关，电压大小与金属丝的温度有关，但结论大都只停留在表面. 理查森需要弄清楚：热的物体周围的电荷从哪里来；电荷是正是负，电量与什么因素有关；这个现象是热现象还是化学现象. 为此需要做大量的实验并且具备相当扎实的理论知识，理查森前后用了 12 年时间(1901～1912 年)，克服了诸多实验上的困难(当时抽真空的设备还很简陋，需要手动抽气)，于 1911 年提出了完善的关于热电子发射的理论公式：$i = AT^2 e^{-W/kT}$（i 是热电子电流密度，A 是普适常数，T 是绝对温度，W 是金属逸出功，k 是玻尔兹曼常量)，即理查森定律. 其重要性已被后来的无线电技术和电子技术的蓬勃发展所证明. 研究热电子发射目的之一就是要选择合适的阴极物质，理查森定律为此指明了方向，他也因此获得了 1928 年的诺贝尔物理学奖.

（王　硕）

阅读材料 3　威尔逊云室

1894 年，威尔逊(Charles Thomson Rees Wilson)在苏格兰的本内维斯峰的天文台看到了“佛光”(一般出现在山区，即太阳在人身后将人影投射到较低的云彩上，光经云层中的小水滴散射，在人影周围呈现彩色光环)，他因此受到启发，开始在实验室里搭建云室，研究云的形成以及潮湿空气中的光学现象. 最初的云室是通过冷却和绝热膨胀、纯净的水蒸气(无漂浮的灰尘)达到过饱和状态的，很快他就在云室中发现离子可以作为水滴的凝结核，当带电粒子经过饱和水蒸气时，在其路径上会形成离子，进而形成一个个小水滴，这些转瞬即逝的小水滴连在一起可以反映出带电粒子的运动轨迹. 若在此装置上加上磁场和拍照装置，就可以根据照片中粒子的运动轨迹判断带电粒子的性质，后来正电子的发现正是利用威尔逊云室观察到的(运动的正电子与负电子磁场中偏转，半径一致，但偏转方向刚好相反)，威尔逊也因云室的发明获得了 1927 年的诺贝尔物理学奖.

(王　硕)

阅读材料4　引力波探测

引力波是由于某种引力相互作用，在弯曲时空中产生的时空扰动，这种扰动通过光速以波动的形式向外传播. 引力波的预见是由爱因斯坦根据其广义相对论的理论提出的，因此引力波的观测也就成为了广义相对论实验验证的方案之一. 但是相当长的一段时间并没有迹象表明它的存在，原因在于引力波的强度十分微弱，即使爱因斯坦本人也不相信引力波能被观测到. 人们猜测，或许某些天体有可能发出足够大能量的引力波. 为此，20世纪50年代，美国马里兰大学的韦伯尝试制作引力波天线，它采用长2 m、直径0.5 m的铝棒作为探测器，当引力波传来时，铝棒两端会在变化的时空中产生伸展和收缩，当铝棒频率与引力波频率一致时就会发生共振，产生共振信号. 1969年他宣布接收到了来自银河中心的爆发式引力波信号，轰动了全球，但后来他的结果也未能重复，由于仪器灵敏度的原因，人们认为他观测到的是错误的信号. 后来加州理工学院的物理学家莱纳·魏斯等意识到利用激光干涉方法探测引力波的可能性，但对仪器灵敏度的要求非常高，需要在1000 m的距离上感知10^{-18} m的变化. 1991年，麻省理工学院与加州理工学院开始联合建设“激光干涉引力波天文台”(laser interferometer gravitational wave observatory，LIGO)，由两个干涉仪组成，每个干涉仪带有两个4 km长的臂并组成L形(其结构与实验6中的迈克耳孙干涉仪类似)，并于2010年进行了为期5年的最新升级.

2015年9月14日LIGO探测到了引力波的信号，并于2016年2月11对外宣布：“人类首次直接探测到了引力波！”这为人类打开了探索宇宙的全新窗口，一场认知革命即将到来.

（王　硕）

阅读材料 5　激光冷却实验

在原子与分子物理学中，人们希望更好地研究气体的原子与分子，但它们在室温下以每小时上千公里的速度朝各个方向移动，唯一可行的方法是冷却，然而一般的冷却方法会让气体凝结为液体进而结冻.

1985 年，斯坦福大学的朱棣文(Steven Chu，美籍华人)等首先实现了激光冷却原子的实验，得到了极低温度(240 μK)的钠原子气体. 他们进一步用三维激光束形成磁光阱，将原子囚禁在一个空间的小区域中加以冷却，获得了更低温度的“光学黏胶”. 原子一旦陷入其中，速度将变得非常缓慢，而变得容易俘获. 这种囚禁类似于微粒在黏稠的液体中作布朗运动的情况. 由于阻尼力的作用，原子的运动速度很慢，每扩散 1 cm 需要 1 s. 如果没有光场的作用，原子扩散 1 cm 只需 20 ms.

人们早在 20 世纪初就发现光对于其照射的物体有压力的作用，但直到激光器发明之后，才发展出利用光压改变原子速度的技术. 当原子在频率略低于原子跃迁能级差且相向传播的一对激光束中运动时，由于多普勒效应，原子倾向于吸收与原子运动方向相反的光子，而对与其相同方向行进的光子吸收概率较小，吸收后的光子将各向同性地自发辐射. 平均地看来，两束激光的净作用是产生一个与原子运动方向相反的阻尼力，从而使原子的运动减缓.

激光制冷技术促进了原子钟等冷原子气体的研究，为人类深入理解气体在低温下的量子物理特性开辟了道路. 1997 年，朱棣文、威廉・菲利普斯、克洛德・科昂-唐努德日三人因发展了用激光冷却和捕获原子的方法而获得了诺贝尔物理学奖.

(刘边卓)

阅读材料6　α粒子散射实验

20世纪初，人们对于原子的结构知之甚少，最为普遍的看法是1903年汤姆孙提出的“葡萄干布丁”：原子是一块带有正电荷的布丁，电子在原子中就如葡萄干镶嵌在布丁里.

1910年，卢瑟福和他的学生们用准直的α射线(即电离的氦原子)轰击厚度为微米的金箔，他们预计，如此厚度的金箔阻止α粒子的能力仅相当于1.6 mm厚度的空气. 然而实验的结果令人匪夷所思：绝大多数的α粒子照直穿过薄金箔，偏转很小，但有少数α粒子发生角度比汤姆孙模型所预言的大得多的偏转，大约有1/8000的α粒子偏转角大于90°，甚至观察到偏转达到180°被反弹回来的α粒子.

卢瑟福意识到，这些发生大角度散射的α粒子，必定遭遇了原子中又小又密的东西. 基于实验结果，卢瑟福于1911年提出原子的核式结构模型：原子的中心有一个很小的原子核(nucleus)，原子的全部正电荷和几乎全部质量都集中在原子核里，带负电的电子在核外广阔的空间里绕着核旋转. 这一理论开创了原子结构研究的先河，为现代核物理学打下基石.

(刘边卓)

阅读材料 7　迈克耳孙-莫雷实验

早在公元前 300 年，古希腊哲学家亚里士多德就设想存在一种叫做“以太”的物质. 随着物理学的发展，其内涵被不断扩充，成为许多物理学家赖以思考的假想物质，19 世纪，人们认为它是电磁波的传播介质.

用实验去验证“以太”的存在成为许多科学家追求的目标，这其中就有阿尔贝特·亚伯拉罕·迈克耳孙(Albert Abrahan Michelson，1852～1931). 按照牛顿力学的预言，光在以太中运动的速度是不一样的，取决于观察者是朝着还是逆着光源的方向移动.

迈克耳孙突然想到，地球有半年时间朝着太阳运动，另外半年时间则是逆着太阳运动的. 他说服贝尔(电话的发明者，刚发了笔大财)提供资金，依据这个点子造出精密的光学仪器干涉仪，与莫雷一起开展了数年精细而费力的测量，试图测量以太漂移.

1887 年，他们的实验终于有了结果，然而结果令人出乎意料——无论在哪个季节、在何种方向，光的速度是不变的. 这是 200 年来(1687 年牛顿发表《自然定律》)第一次出现经典力学所不能解释的现象. 为了捍卫经典力学的地位，许多人重复了迈克耳孙-莫雷实验，却不幸地得到了同样的结果. 直到 1905 年，爱因斯坦大胆抛弃以太说，以光速不变为基本原理建立相对论，人们才开始渐渐放弃“以太”.

迈克耳孙-莫雷实验动摇了经典物理学基础，成为近代物理学的发端之一，在物理学史上占有十分重要的地位. 1907 年，迈克耳孙获得诺贝尔物理学奖，成为第一个获此奖项的美国人.

(刘边卓)

阅读材料8 傅 科 摆

为了证明地球在自转，法国物理学家让・傅科(Jean Foucault，1819～1868)于 1851 年做了一次成功的摆动实验，傅科摆由此而得名. 实验在法国巴黎先贤祠最高的圆顶下方进行，摆长 67 m，摆锤重 28 kg，悬挂点经过特殊设计使摩擦减少到最低限度. 这种摆惯性和动量大，因而基本不受地球自转影响而自行摆动，并且摆动时间很长.

在傅科摆试验中，人们看到，摆动过程中摆动平面沿顺时针方向缓慢转动，摆动方向不断变化. 分析这种现象，摆在摆动平面方向上并没有受到外力作用，按照惯性定律，摆动的方向不会改变，因而可知这种摆动方向的变化是由于观察者所在的地球沿着逆时针方向转动的结果，地球上的观察者看到相对运动现象，从而有力地证明了地球是在自转.

(刘边卓)

阅读材料 9　斯特恩-盖拉赫实验

在利用量子力学对原子结构进行研究的过程中，为了解释塞曼效应以及光谱的精细结构等现象，索末菲早在 1916 年便出了空间量子化的假设. 而这一假设也指出，原子角动量应是量子化的. 为了证明这一假设的真实性，1921 年 O. 斯特恩和 W. 盖拉赫设计完成了著名的斯特恩-盖拉赫实验. 他们令加热后蒸发的银原子通过两个狭缝，使形成的银原子束经过一个不均匀磁场区域后到达照相底片上，结果发现在底片中出现了两条黑斑，银原子束被磁场分裂成了两束. 经过严格的比对和计算，最终他们证明这一现象是由原子磁矩的量子化造成的，从而也证实了原子角动量的量子化. 奥托·斯特恩因此项成就获得了 1943 的诺贝尔物理学奖. 斯特恩的实验也为电子自旋的概念提供了实验基础，同时又促进了分子束方法在实验中的应用和发展.

（程大海）

阅读材料 10　正电子的发现

正电子是一种基本粒子，除了带有正电荷外，其他性质与电子相同，因此是电子的反粒子. 它并不是地球物质组成的基本成分，而最早是狄拉克的量子理论预言了它的存在. 而正电子的存在被证实是在 1932 年，美国物理学家安德森在利用云室观察宇宙射线时，发现有一个粒子的轨迹与电子完全一样但却有相反的弯曲方向. 次年，安德森利用伽马射线轰击法成功地获得了正电子，从而从实验上完全证实了正电子的存在. 也正因此项发现，安德森被瑞典皇家科学院授予了诺贝尔物理学奖. 而事实上早在 1930 年，在德国工作的物理学家赵忠尧就发现了正负电子湮灭的现象. 当正负电子相遇后，会发生湮灭现象，释放出两个伽马光子，每个能量为 0.511 MeV，这比核能大上几个数量级. 正电子的发现使人们对基本粒子的认识上升到了一个新的高度，从而推动了粒子物理学的发展.

（程大海）

阅读材料 11　磁共振实验

核磁共振现象主要是指自旋不为零的原子核在外磁场下由于自旋能级发生塞曼分裂所引起的在射频波段的光谱吸收. 核磁共振最初是由美国物理学家拉比在实验中所发现的. 1927 年，哥伦比亚大学的拉比获得了赴欧留学的机会，来到了著名物理学家斯特恩的分子束实验室. 颇有建树的拉比提出了对分子束实验的改进，并得到了斯特恩的支持. 在随后的研究中，拉比发展了分子束实验，并将其用之于磁共振. 1944 年，拉比由于发明了精确测定核磁属性的方法而获得了诺贝尔物理学奖. 这为当今核磁共振技术走向应用奠定了基础. 如今，核磁共振已经发展为一种比较成熟的光谱成像技术，广泛地应用于医学成像领域. 由于磁场和低剂量的射频辐射不会危害人体，核磁共振也被认为是一种比较安全的医学影像检查技术.

（程大海）

阅读材料 12　拉曼光谱的发现

瑞利定律指出，分子散射中散射光强与波长四次方成反比，这恰好解释了为什么我们看到的天空是蓝色. 那么大海为什么也是蓝色的呢？起初人们认为是海水反射天空颜色所致. 为了追究海水颜色的来源，1921 年夏，印度学者拉曼在启程去英国时，行装里准备了一套实验装置. 在地中海航行的客轮“纳昆达”号上，他对海面进行观测. 用尼科尔棱镜观察沿布儒斯特角从海面反射的光线，即可消去来自天空的蓝光，这样看到的光应该就是海水自身的颜色. 结果证明，由此看到的是比天空还更深的蓝色. 他又用光栅分析海水的颜色，发现海水光谱的最大值比天空光谱的最大值更偏蓝. 可见，海水的颜色并非由天空颜色引起的，而是海水本身的一种性质. 拉曼认为这一定是由于水分子对光的散射. 经过进一步的研究，拉曼终于发现了以其名字命名的一种新的散射形式. 1930 年，拉曼因此项发现获得了诺贝尔物理学奖，并和汤川秀树（日）一起成为仅有的两位没有受过西方教育的诺贝尔科学奖得主.

（程大海）

阅读材料 13　X 射线晶体衍射

X 射线及其通过晶体时衍射现象的发现是 20 世纪物理学的伟大研究成果之一.

1912 年德国物理学家劳厄(Max von Laue, 1879～1960)等利用晶体代替人造光栅成功地观察到了 X 射线的衍射现象. 他因此获得了 1914 年的诺贝尔物理学奖. 劳厄实验既证实了 X 射线的电磁波本性，又证明了晶体是内部质点原子、离子或原子群在三维空间做有规则排列而构成的固体，从而为人类深入认识物质结构提供了新方法.

X 射线晶体衍射实验除了验证 X 射线和晶体的基本性质外，对于晶体(特别是固体)材料的研究、控制和改进生产工艺过程，具有非常重要的应用价值. 自从 X 射线被发现和 X 射线的一系列的实验出现以后，人类对物质结构的认识发生了质的飞跃，它不但推进了物理学的发展，而且也使化学、地质学、天文学、医学、工艺学等许多科学领域得到新的重大的发展，近年来特别对生物化学的发展也起了重要的作用.

(王小风)

阅读材料14 塞曼效应

塞曼效应是物理学史上一个著名的实验. 荷兰物理学家塞曼在 1896 年发现把产生光谱的光源置于足够强的磁场中，一条谱线即会分裂成几条谱线，随后洛伦兹在理论上解释了谱线分裂的原因，这种现象称为塞曼效应.

塞曼效应是继1845年法拉第效应和1875年克尔效应之后又一个反映光的电磁特性的效应. 这个现象的发现是对光的电磁理论的有力支持，证实了原子具有磁矩和空间取向量子化，也叫做角动量量子化，使人们对物质光谱、原子、分子有了更多了解，特别是由于及时得到洛伦兹的理论解释，更受到人们的重视，被誉为继 X 射线之后物理学最重要的发现之一.

1902 年的诺贝尔物理学奖共同授予塞曼与洛伦兹，以表彰他们研究磁场对光的效应所做的特殊贡献.

（王小风）

阅读材料 15　赫兹的电磁波实验

19 世纪 60 年代英国物理学家麦克斯韦建立了电磁场理论，其中一个与电磁场有关的重大预测，电磁场并非静态不变的，而是像波一样出现周期性的振荡变化，并在空间中传播. 麦克斯韦方程组预测，电磁场中的振荡是互相制约的，进而得出电磁波会在空间中高速传播的结论. 此外，还计算出电磁波在真空中的传播速度. 虽然结果鼓舞人心，但是还需要有力的实验证据. 直到 25 年后才有人通过实验证明电磁波在物理上确实存在.

赫兹实验中所用的装置如图所示，振子为直线型开放振荡器，铜棒上各接一个小铜球，两球中间留有空隙，两棒分别接到感应线圈的两端. 当通电时两球之间产生放电，形成电磁振荡. 为了探测由振子发射出来的电磁波，赫兹采用圆形铜环作为接收装置——谐振器. 将谐振器放在距直线振荡器一定的距离以外，适当地选择方位，使之产生电谐振. 赫兹发现，在直线振荡器的间隙有火花跳过的同时，谐振器的间隙里也有火花跳过，这样就观察到了电磁振荡在空间的传播.

海因里希·赫兹（Heinrich Hertz）证明了电磁波的物理实在性：他在实验室里产生了周期性振荡的电流，然后隔空在接收器中检测到了相应的无线电波信号. 埃利斯讲到，“你也许会认为这只是在实验室里的好奇尝试，但是没过多久，古列尔莫·马可尼（Guglielmo Marconi）就成功让无线电波穿越了大西洋，彻底变革了人类沟通的方式.”

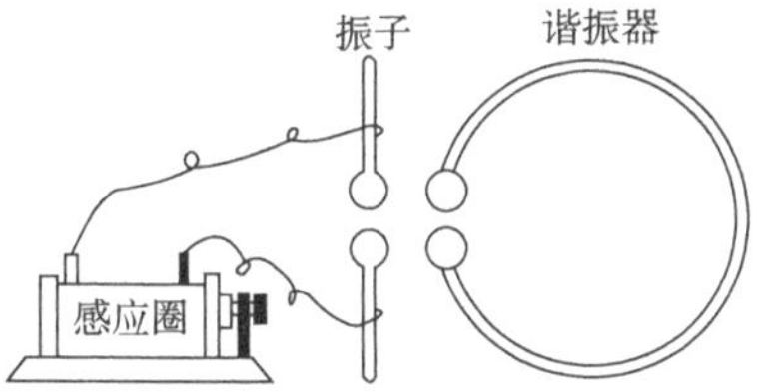

（王小风）

阅读材料 16　石墨烯的发现

石墨烯作为目前发现的最薄、强度最大、导电导热性能最强的一种新型纳米材料，被称为“黑金”，是“新材料之王”，科学家甚至预言石墨烯将“彻底改变 21 世纪”，极有可能掀起一场席卷全球的颠覆性新技术新产业革命.

实际上石墨烯本来就存在于自然界，只是难以剥离出单层结构. 石墨烯一层层叠起来就是石墨，厚 1 mm 的石墨大约包含 300 万层石墨烯. 铅笔在纸上轻轻划过，留下的痕迹就可能是几层甚至仅仅一层石墨烯.

在实验室中制备石墨烯是在 2004 年，当时，英国曼彻斯特大学的两位科学家安德烈·杰姆和克斯特亚·诺沃消洛夫发现他们能用一种非常简单的方法得到越来越薄的石墨薄片. 他们从高定向热解石墨中剥离出石墨片，然后将薄片的两面粘在一种特殊的胶带上，撕开胶带，就能把石墨片一分为二. 不断地这样操作，于是薄片越来越薄，最后他们得到了仅由一层碳原子构成的薄片，这就是石墨烯. 他们也因此获得了 2010 年度诺贝尔物理学奖.

（王小风）

阅读材料 17　电子衍射实验

1923 年，德布罗意借鉴爱因斯坦光量子化的思想，提出一个假设：电子也具有波动性. 这个假设如此之新奇，以至于虽然之后得到了爱因斯坦的高度评价，但绝大多数的物理学家都对其持怀疑态度，希望可以有物理实验予以验证，德布罗意提出了可以用电子的衍射来证实电子的波动性. 1927 年，戴维孙与其助手革末用电子束轰击镍靶，电子经晶体表面散射形成了衍射图样，证实了电子衍射的存在；同年，G. P. 汤姆孙(发现电子的诺贝尔物理学奖获得者 J. J. 汤姆孙的儿子)让电子束射向感光底片，得到了边缘模糊的晕环照片，即电子衍射花纹. 戴维孙和汤姆孙用不同的实验实现了电子的衍射，为德布罗意的物质波假说提供了重要的证据，使人们对物质世界的认识达到了新的高度，由于电子衍射的发现对物理学的重要意义，戴维孙和 G. P. 汤姆孙共同获得了 1937 年的诺贝尔物理学奖.

(孙宏恩)

阅读材料 18 运动电子质量测量实验

1905 年爱因斯坦发表狭义相对论，提出了一种崭新的时空观，但由于长期受到绝对时空观的束缚，人们在相当长的一段时间里对这种观点持怀疑、甚至反对的态度. 狭义相对论有一重要结论，就是预言电子质量会随运动速度增长. 从经典电磁理论也可以得到类似的结论，只是函数关系不同. 1901 年考夫曼用 β 射线的高速电子流进行实验，证实电子的质量确实是随速度变化的. 但是在 1906 年，考夫曼宣布他的实验结果与“洛伦兹-爱因斯坦的基本假定不符”，一度成了否定相对论的依据. 但是爱因斯坦一直坚定地相信狭义相对论是“总结了大量现象得到的理论体系”，是经得起考验的. 果然，在 1908 年布雪勒改进了考夫曼的实验方法，测得的电子质量基本与洛伦兹-爱因斯坦公式相符，只是当速度大于 $0.7c$ 时偏离了公式(后来发现这是散射效应造成的). 1940 年，罗吉斯等用径向静电场聚焦法，对高速电子的荷质比做了更精确的测定，证实速度大到 $0.75c$ 时仍服从洛伦兹-爱因斯坦公式. 随着加速器的发展，1963 年，迈尔等比较了电子和质子的磁偏转，证实高达 $0.99c$ 的电子仍服从质量的相对论公式. 至此，质量-速度的相对论公式得到了严格的验证.

(孙宏恩)

阅读材料 19　引力场中的光线偏折实验

在实验物理领域当中，有一个很重要的分支，就是空间观测，因为宇宙就是一个大的实验室，很多在地球上没有办法进行的实验，通过空间观测可以得到很好的答案. 这其中一个著名的观测，就是引力场中的光线偏折实验. 1915 年年末，爱因斯坦完成了广义相对论，但是这个理论无法在实验室里验证，于是爱因斯坦提出三项实验检验，其中之一就是：光线经过太阳附近时由于太阳引力的作用会产生弯曲，这一现象可以在日全食时进行观测. 1919 年日全食期间，英国皇家学会和皇家天文学会派出了由爱丁顿等率领的两支观测队分赴西非几内亚湾的普林西比岛和巴西的索布腊尔两地进行观测. 经过比较，两个小组测得的偏角数据和爱因斯坦的理论预言基本相符，有力地支持了广义相对论理论. 有意思的是，当有人把这个结果告诉爱因斯坦，询问他有什么想法的时候，他只是淡淡地回了一句：“我从来没想到过会是别的结果.”

（孙宏恩）

阅读材料 20　宇称不守恒实验验证

所谓的宇称守恒就是指物理规律在空间反演(如镜像)下完全不变,形象地说就是物理规律是左右对称的，这一直被视为物理学中神圣不可动摇的定律. 直到 1956 年，李政道和杨振宁提出弱相互作用中宇称不守恒，这一结论震惊了物理学界. 随后吴健雄进行了相关的实验："假定有两个钴 60 装置，它们的初态是完全一样的，都没有极化. 我们对他们都加一个电流，但是方向相反. 这样就造成它们互为镜像，好像中间放了一面镜子. 外加的电流使钴 60 极化，由于电流方向相反，两个钴 60 的极化方向也就相反. 两个钴 60 都衰变出电子，按通常的想法，它们衰变出来的电子数应该一样多，与外加电流的左右方向无关，但结果却完全不一样(李政道)". 正是吴健雄精巧的设计、无可争辩的实验事实证明了弱相互作用中宇称不守恒的结论，使得李政道和杨振宁在提出该理论的第二年(1957)便获得了诺贝尔物理学奖.

(孙宏恩)